# 高専の応用物理 第2版

小暮陽三 [監修]
潮 秀樹／中岡鑑一郎 [編集]

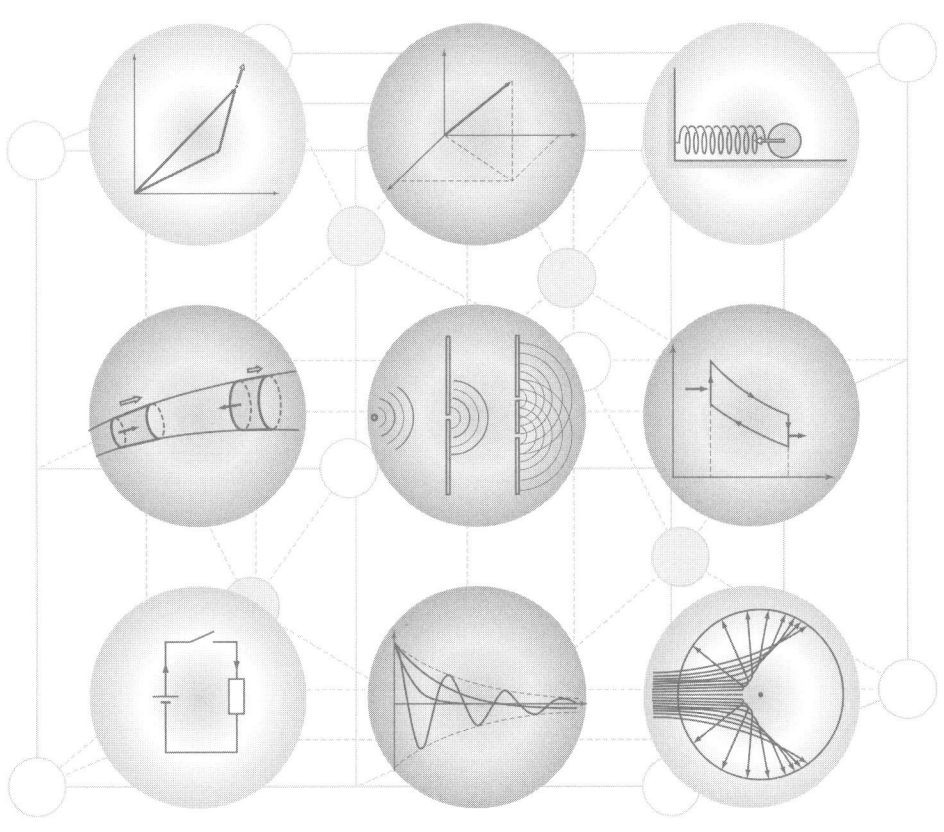

森北出版株式会社

**監修者**

小暮　陽三　　埼玉大学名誉教授・理学博士

**編集者**

潮　　秀樹　　東京工業高等専門学校名誉教授・理学博士
中岡鑑一郎　　茨城工業高等専門学校名誉教授・理学博士

**執筆者**　（執筆順）

潮　　秀樹　　東京工業高等専門学校名誉教授・理学博士
中岡鑑一郎　　茨城工業高等専門学校名誉教授・理学博士
宮本止戈雄　　奈良工業高等専門学校名誉教授
竹内　彰継　　米子工業高等専門学校教授・博士(理学)
大野　秀樹　　東京工業高等専門学校教授・博士(物理学)

**執筆協力者**

今井　清保　　元石川工業高等専門学校教授・理学博士
　　　（故人）
津金　祥生　　元東京工業高等専門学校教授
　　　（故人）

　　　本書のサポート情報などを当社 Web サイトに掲載する
　　　場合があります．下記の URL にアクセスしご確認下さい．
　　　　　　http://www.morikita.co.jp/support

■本書の無断複写は著作権法上での例外を除き禁じられています．
複写される場合は，そのつど事前に（一社）出版者著作権管理機構
（電話 03-5244-5088，FAX03-5244-5089，e-mail:info@jcopy.or.jp）
の許諾を得てください．

# 第 2 版改訂にあたって

　早いもので，初版を出版してから 10 年が経過した．この間，高専をとりまく環境は大きく変貌した．なかでも，新学習指導要領が実施されたことは，高専の物理・応用物理教育に大きな影響を与えざるを得ない．

　週休 2 日制をはじめとする新学習指導要領が 1999 年に公示され，2002 年から実施されている．2005 年度の新入生は，中学校の 3 年間新学習指導要領にもとづく教育を受けてきた学生である．2006 年度は新学習指導要領にもとづく教育を受けてきた学生が，応用物理を履修するときにあたっている．

　理科の授業が約 3 割削減されている新学習指導要領にもとづく教育を受けてきた学生が，応用物理を履修する場合，今まで以上に精選された内容の教科書が求められる．

　このような背景を考慮して，今まで以上に精選した内容に絞り，今まで以上にわかりやすい記述を心がけるという方針で，改訂作業に臨んだ．特に，本文に関連した興味ある話題，または，ややレベルの高い内容は〈参考〉をつけて囲み記事とした．〈参考〉を省いても本書の内容を理解する上で困ることはないので自由に取捨選択していただきたい．

　また，初版からの著者に加え，新たに二名の若い先生に改訂作業に加わっていただくことにより，教育現場の声を十分にとりいれることができたと思うが，思わぬ誤りや不十分な箇所もあるかと思う．これらについては，読者の忌憚のないご意見をいただき，なおいっそうの充実を期したい．

　なお，この改訂に対して，森北出版編集部の石田昇司氏に格段のお骨折りをいただいたことを附記しておきたい．

2005 年 11 月

編集　潮　秀　樹・中岡鑑一郎

## 初版編集のことば

　高等専門学校は，早期5年一貫教育による技術者養成の高等教育機関として，昭和37年に制度化され，現在国公立59校，私立3校の高専が設置されている．

　それ以来，30年余，多くの優秀な科学技術者を世に送り出してきたが，その間，科学技術の急速な進展，産業構造の変革，国際化の進行など社会的基盤が著しく変化している．これらの情勢を受けて，平成3年2月，大学審議会は「高等専門学校教育の改善について」の答申を提出し，高専についての分野の拡大，準学士称号の付与，および専攻科制度の創立が実施されることになった．

　国立高専協会教育課程等委員会では，これを受けて，春山志朗東京高専校長を委員長として教育方法改善委員会を設置し，13の部会に分かれて教育方法改善について審議を行った．

　これらの部会のうち，とくに応用物理については，専門基礎教育部会と理科教育部会の二つの部会にわたって多くの調査・研究が実施された．その結果，一般物理との一体化の必要性が強調されるなど，多くの討議が重ねられた．これらの成果は，「21世紀へ向けての高専教育」（平成4年3月・高専教育特集号）としてまとめられた．

　本書の著者，津金教授は理科部会の主査；潮，中岡両先生は委員として参画し，小暮も助言者として，応用物理学習の実情について知見を得ることができた．

　本書の骨格と内容は，そのときの調査結果を参考にし，多様な意見を可能なかぎり集約して構成している．また，前記の委員にかぎらず，広く全国的に著者を依頼して，高専の実情に適した応用物理の教科書であることを意図している．

　物理学は自然科学の模範として，長く理科教育の主流として学習されてきた．しかし，近年，若者の理科離れ，とくに物理離れが危機感をもって叫ばれている．その理由は単純ではないが，未来の科学技術者としての高専生にとって物理的な思考，物理学の基本は欠かせない．

　本書が高専生にとって，物理学への興味と関心呼び起こす一助となれば，これに過ぎる幸いはない．

1995年1月　　　　　　　　　　　　　　　　　　　　　　　　　　小暮　陽三

# は　し　が　き
(本書の活用にあたって)

　高等専門学校における「応用物理」という科目は，その設立時の事情もあり，必ずしも内容が一定ではない．しかし，多くの高専では，1～2年で学ぶ「物理（一般科目）」の続きとして，微積分やベクトル解析を用いた上級物理に，その名前どおりの応用物理的なものを加味した内容の授業を行っている．本書は，このような実情に対応する内容になっている．また，本書は，森北出版から刊行されている「高専の物理」とも密接な関連を計っているが，独立な教科書や参考書として用いることもできるように，基礎的なところから始めている．

　数学の授業がどこまで進んでいるかも，授業をする際に問題になるところである．本書では，現場での経験を活かし，このことにも考慮した構成にしたつもりである．具体的には，次の点に配慮した．
1. 「力学」は，ほとんどの学科で最初に学習すると思われるので，通常どおり，初めの章においてある．ただし，数学の進度を考えて思い切って簡略にしてある．
2. 「光学」は，波動の後にくるのが普通であるが，現象が理解しやすいこと，1～2年の物理でも一応学んでいること，低学年で学んだ数学でも何とか扱うことができるなど考慮して，力学の次に配列してある．
3. それに対して，本来，力学の次におきたい「振動と波動」が電磁気の後にきているのは，数学で微分方程式を学ぶのが積分よりもさらに遅くなることを考慮した結果である．
4. 「力学」や「熱力学」で用いる偏微分に関しては，数学で扱うまで待つのは無理なようであるし，それが必要な箇所で少していねいに説明することで対処できる．本書でも，力学の中でそのように扱っている．

　高専にはいろいろな学科があるので，本書は，ほとんど全分野を網羅している．しかし，高専における「応用物理」は4単位程度であるから，本書の内容を授業で全部扱うことは，散漫になり良い結果が得られないと思われる．これに対処する本書の使い方はいろいろ考えられるが，たとえば，各学科の事情に応じて取捨選択する方法も

あろう．つまり，その学科で扱われる専門の内容と重複するところは省略したり，その専門ではあまり必要でないところは簡単な扱いにすることがあってもよいと思われる．

　なお，問題を解く際には，適宜，付録の定数表を参照されたい．また，練習問題のうち，むずかしい問題には番号に＊印を付けた．

　以上のように，高専の実情を考慮し，また，内容の充実にも努めたつもりであるが，思わぬ誤りや不十分な箇所もあると考えられる．これらについては，読者各位のきたんのないご意見をいただき，なお一層の充実を期したい．

　なお，本書の出版に当たっては，森北出版編集部長・石田達雄氏に格段のお骨折りをいただいた．厚くお礼をお申し上げる次第である．

1995年1月

著　　者

# 目　　次

## 第 1 章　力学の基本　　　　　　　　　　　　　　　　　　　　　（潮　秀樹）

1.1　速度と加速度 ········································································· 1
　　（1）　位置と位置ベクトル　1　　　（2）　速さと速度　1
　　（3）　ベクトルについて　4　　　　（4）　加速度の大きさと加速度　6
1.2　運動の法則 ··········································································· 10
　　（1）　運動の第1法則（慣性の法則）　10
　　（2）　運動の第2法則（運動方程式）　11
　　（3）　運動の第3法則（作用反作用の法則）　13
　　（4）　重力　14　　　　　　　　　　（5）　万有引力　16
1.3　慣　性　力 ··········································································· 19
　　（1）　慣性系　19　　　　　　　　　（2）　慣性力　20
1.4　エネルギー ··········································································· 22
　　（1）　仕　事　22　　　　　　　　　（2）　運動エネルギー　24
　　（3）　保存力と位置エネルギー　25　（4）　位置エネルギーの例　27
　　（5）　力学的エネルギー保存則　28　（6）　位置エネルギーと力　30
練習問題　1 ·················································································· 31

## 第 2 章　質点系の力学　　　　　　　　　　　　　　　　　　　　（潮　秀樹）

2.1　重　　　心 ··········································································· 34
　　（1）　二つの質点の重心　34　　　　（2）　多くの質点の重心　35
2.2　運　動　量 ··········································································· 35
　　（1）　全運動量　35
　　（2）　全運動量と重心に対する運動方程式　35
　　（3）　運動量保存則　36
2.3　角 運 動 量 ··········································································· 38

（1）　力のモーメント　38　　　　（2）　角運動量　39
　　（3）　回転の運動方程式　40
　　（4）　全角運動量と角運動量保存則　41
練習問題　2 ·················································································42

## 第3章　剛体の力学　　　　　　　　　　　　　　　　（潮　秀樹）

3.1　回転軸の周りの回転 ·····················································43
　　（1）　運動方程式　43　　　　　（2）　運動エネルギー　45
3.2　慣性モーメント ·····························································45
　　（1）　慣性モーメントを計算するための式　45
　　（2）　慣性モーメントを計算するための便利な定理 Ⅰ（平行軸の定理）　47
　　（3）　慣性モーメントを計算するための便利な定理 Ⅱ（平板の定理）　48
3.3　自由な運動 ·····································································49
練習問題　3 ·················································································52

## 第4章　変形する物体　　　　　　　　　　　　　　（中岡鑑一郎）

4.1　弾　性　体 ·····································································54
　　（1）　応　力　54　　　　　　（2）　固体の変形　55
4.2　流　　　体 ·····································································56
　　（1）　完全流体　56　　　　　（2）　連続の方程式　57
　　（3）　ベルヌーイの定理　58
練習問題　4 ·················································································61

## 第5章　光　　　　　　　　　　　　　　　　　　　（中岡鑑一郎）

5.1　光　の　伝　搬 ·····························································62
　　（1）　光の速さと波長　62　　（2）　光の反射と屈折　63
　　（3）　全反射　64
　　（4）　フェルマーの原理と光学距離　65
5.2　光　の　干　渉 ·····························································67
　　（1）　ヤングの実験　67　　　（2）　光の可干渉性と非干渉性　68

　　　　　（3）　光の反射による位相の変化　69
　　　　　（4）　薄膜や薄い空気の層による光の干渉　70
5.3　光の回折 ················································································· 73
　　　　　（1）　単スリットによる回折　73　　（2）　回折格子　73
5.4　偏　　　光 ················································································· 74
5.5　光の応用 ················································································· 76
　　　　　（1）　分光器　76　　　　　　　　　　（2）　レーザー　78
　　　　　（3）　光ファイバーと光通信　80
練習問題　5 ······················································································· 81

## 第6章　熱と分子運動　　　　　　　　　　　　　　　　　　　　（宮本止戈雄）

6.1　温度と熱 ················································································· 84
　　　　　（1）　温度と熱平衡　84　　　　　　（2）　熱の移動　85
6.2　気体の状態と分子運動 ····························································· 87
　　　　　（1）　状態方程式　87　　　　　　　（2）　気体の分子運動　88
　　　　　（3）　物質の相　94
6.3　熱力学の第1法則とカルノー・サイクル ····································· 95
　　　　　（1）　熱力学の第1法則　95　　　　（2）　気体の比熱　96
　　　　　（3）　気体のいろいろな状態変化　97
　　　　　（4）　理想気体の断熱過程　98　　　（5）　カルノー・サイクル　99
6.4　熱力学の第2法則とエントロピー ············································· 102
　　　　　（1）　熱力学の第2法則　102　　　　（2）　カルノーの定理　105
　　　　　（3）　熱力学的絶対温度　105　　　　（4）　エントロピー　106
練習問題　6 ······················································································· 111

## 第7章　静的な電気と磁気　　　　　　　　　　　　　　　　　　（竹内彰継）

7.1　静的な電気 ··············································································· 113
　　　　　（1）　電荷と力　113　　　　　　　　（2）　電界　114
　　　　　（3）　電界の求め方　116　　　　　　（4）　電位　120
　　　　　（5）　導体　122　　　　　　　　　　（6）　電気容量　124
　　　　　（7）　コンデンサーのエネルギー　126

viii 目　　次

　　（8）　誘電体　128
　　（9）　誘電体と電界のエネルギー　133
7.2　静的な磁気 ································································································· 134
　　（1）　磁荷と力　134　　　　　　　（2）　磁性体　135
　　（3）　いろいろな磁性体　136
練習問題　7 ······································································································· 138

---

### 第 8 章　電流と磁気　　　　　　　　　　　　　　　　　　　　（竹内彰継）

8.1　電流と磁界 ································································································· 140
　　（1）　電　流　140　　　　　　　　（2）　オームの法則　141
　　（3）　超伝導　143　　　　　　　　（4）　電流磁界の計算法　-その 1-　145
　　（5）　電流磁界の計算法　-その 2-　146　（6）　電流に働く力　148
8.2　変動する電磁界 ··························································································· 150
　　（1）　電磁誘導　150　　　　　　　（2）　インダクタンス　152
　　（3）　コイルと磁界のエネルギー　153
　　（4）　電気振動　155
8.3　電　磁　波 ································································································· 156
　　（1）　変位電流　157
　　（2）　マクスウェルの電磁方程式　158
　　（3）　電磁波　158
練習問題　8 ······································································································· 161

---

### 第 9 章　振動と波動　　　　　　　　　　　　　　　　　　　　（宮本止戈雄）

9.1　振　　　動 ································································································· 164
　　（1）　調和振動（単振動）　164　　（2）　振動のエネルギー　165
　　（3）　$LC$ および $LCR$ 回路　169
9.2　波動と波動方程式 ······················································································· 171
　　（1）　波　動　171　　　　　　　　（2）　弦を伝わる波動　172
　　（3）　波動方程式とその解　174　　（4）　細い棒を伝わる縦波　175
　　（5）　音　速　176　　　　　　　　（6）　周期的な波の性質　177
　　（7）　波のエネルギー　177
　　（8）　弦や管の中の気体の定常波　179

練習問題 9 ·····················································································181

## 第 10 章　特殊相対性理論　　　　　　　　　　　　　　（大野秀樹）

10.1　ガリレイ変換と相対論の要請 ·················································184
　　（1）ガリレイ変換（準備）　184
　　（2）光速度一定と相対性原理（要請）　185
10.2　ローレンツ変換 ·······························································186
　　（1）ローレンツ変換の導入　186　　（2）速度の合成則　188
10.3　長さと時間間隔 ·······························································189
　　（1）長　さ　189　　　　　　　　（2）時間間隔　190
10.4　相対論的力学 ·································································191
　　（1）質　量　191　　　　　　　　（2）エネルギー　192
練習問題 10 ····················································································194

## 第 11 章　量子力学とその応用（原子と電子物性）　　　　（大野秀樹）

11.1　物質の構成 ···································································195
　　（1）原子・分子の存在　195　　　（2）電子とイオン　199
　　（3）原子の構造　201
11.2　粒子性と波動性 ·······························································204
　　（1）現象とモデル　204　　　　　（2）光の粒子性　204
　　（3）電子の波動性　207
11.3　量子力学の原理 ·······························································209
　　（1）波動性と不確定性原理　209
　　（2）定常状態のシュレーディンガー方程式　211
　　（3）1次元の箱の中に閉じこめられた粒子　214
　　（4）波動関数の解釈　215　　　　（5）位置の期待値　217
11.4　原子と周期律 ·································································219
　　（1）水素原子　219　　　　　　　（2）多電子原子と周期律　227
11.5　材料の電子物性 ·······························································230
　　（1）原子の集まりとエネルギー準位の分裂　230
　　（2）自由電子とエネルギー帯　233

（3）　状態の数と占有確率　　235
　　　（4）　導体・絶縁体・半導体　　237
練習問題　11 ……………………………………………………………239

付録（重要物理定数表）……………………………………………………242
練習問題　解答………………………………………………………………243
索　　引………………………………………………………………………251

# 第1章 力学の基本

## 1.1 速度と加速度

　この節では，点Pの運動を考える．運動を表すために大切な量は位置，速度，加速度であるが，「動いた距離を時間で割ったものが速さ」という初歩的な説明からはじめて，ベクトルと微分積分を使った一般的な定義へと進む．

### （1） 位置と位置ベクトル

　「点Pがどういう運動をしているか」ということを表すには，はじめに「いつ，どこにいるか」ということを示す必要がある．直線的な運動では，位置を表すには，「基準点から左右に，どれだけの距離はなれているか」ということを示せばよく，そのためには，基準点Oを原点とする座標軸をとり，座標（たとえば$x$座標）により位置を表すことができる．この場合，時間$t$の関数$x(t)$が与えられれば，どういう運動をするかすべて決まってしまう．

　3次元の運動で位置を表すには，「基準点から，どの方向にどれだけの距離はなれているか」ということを示さなくてはならない．3次元運動の場合の位置は，「方向と距離の大きさ」を示す必要があるので，大きさだけの数（**スカラー** scalar）で表すことはできない．方向と大きさをもつ量は**ベクトル**（vector）と呼ばれており，位置を表すには，「基準点からみた方向と基準点からの距離の大きさ」を表すベクトルを用いる．このベクトルは**位置ベクトル**と呼ばれ$r$で表される．

　位置ベクトルを表すには，大きさと方向を与える以外に，ベクトルの成分で表す方法がある．図1.1のように，位置ベクトルの$x$成分，$y$成分，$z$成分は，基準点を原点とした座標系の$x$座標，$y$座標，$z$座標にほかならない．

### （2） 速さと速度

　直線的な運動の場合，速さは，「動いた距離を時間で割ったもの」である．もう少し正確にいえば，「無限に短い時間の間に動いた距離を時間で割ったもの」である．位置が$x(t)$で与えられるとき，「無限に短い時間$\Delta t$の間に動く距離」は
$$\Delta x = x(t+\Delta t) - x(t)$$

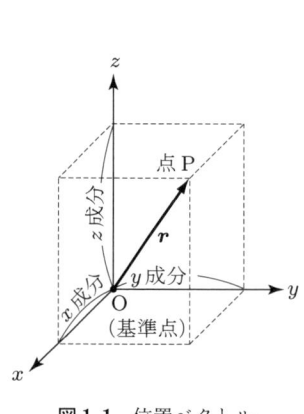

図 1.1 位置ベクトル

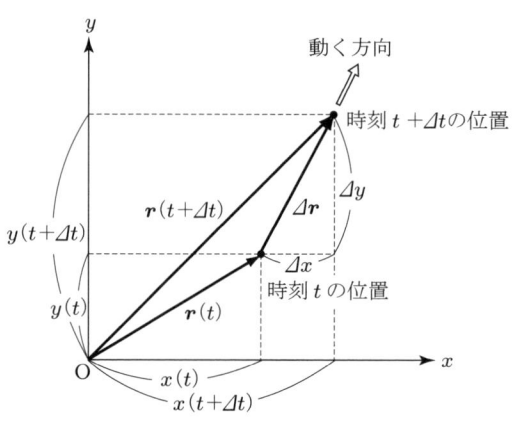

図 1.2 変位ベクトル

であるから，速度 $v$ は $\Delta x/\Delta t$ となる．この式は $\Delta t$ がゼロに近づいたとき $\mathrm{d}x/\mathrm{d}t$ という微分（differential）で表される．つまり，速度は次のように表される．

$$v = \frac{\mathrm{d}x}{\mathrm{d}t} \tag{1.1}$$

2 次元の運動の場合，無限に短い時間の間に位置が $\boldsymbol{r}(t)$ から $\boldsymbol{r}(t+\Delta t)$ へ変化したとすると，動いた距離は $|\Delta \boldsymbol{r}| = |\boldsymbol{r}(t+\Delta t) - \boldsymbol{r}(t)|$ であり，速さは $|\Delta \boldsymbol{r}|/\Delta t$ である．動く方向は図 1.2 に示したように $\Delta \boldsymbol{r}$（**変位ベクトル**（displacement vector）と呼ばれる）の方向であり，$\Delta \boldsymbol{r}/\Delta t$ の方向といってもよい．「速さと運動の方向を示すもの」を**速度**（velocity）または**速度ベクトル**という．速度ベクトルは $\Delta \boldsymbol{r}/\Delta t$ と表せる．この速度ベクトルの大きさは速さを表しており，方向は運動の方向を表している．無限に短い時間に対して，このベクトルは

$$\boldsymbol{v} = \frac{\mathrm{d}\boldsymbol{r}}{\mathrm{d}t} \tag{1.2}$$

と微分で表される．

速度ベクトルの成分について考えてみよう．無限に短い時間を $\Delta t$ として，速度ベクトルの $x$ 成分 $v_x$ は $\Delta \boldsymbol{r}/\Delta t$ の $x$ 成分であるが，$\Delta t$ がスカラー量であることを考えると，「$\Delta \boldsymbol{r}$ の $x$ 成分を $\Delta t$ で割ったもの」ということもできる．すなわち，$v_x = \Delta x/\Delta t$ であり，微分の形で書けば

$$v_x = \frac{\mathrm{d}x}{\mathrm{d}t} \tag{1.3}$$

である．ここで，$\Delta x$ は「$x$ 方向に動いた距離」であるから，速度の $x$ 成分 $v_x = \Delta x/\Delta t$

は「$x$ 方向に動く速さ」である．速さ $v$ は，$|\varDelta \bm{r}|/\varDelta t$ であるが，速度の $x$ 成分と $y$ 成分を使って，次のように表される．

$$v=\sqrt{v_x{}^2+v_y{}^2} \tag{1.4}$$

ここまで，位置が与えられたとき速度がどうなるかを考えてきたが，今度は逆に速度から位置を求めることを考えてみよう．

直線的な運動の場合，「無限に短い時間 $\varDelta t$ の間に動く距離 $\varDelta x$」は $v\varDelta t$ である（図1.3 の灰色部分の面積が $v\varDelta t$ を表している）．「有限の時間 $t_1$ から $t_2$ の間に動く距離」はこの有限の時間を無限に短い時間に分割し，「それぞれの無限に短い時間の間に動く距離」を足し合わせてやればよい．図で説明すれば，図1.3 の無限に細い長方形の面積を足し合わせることになり，それは速さ $v$ の曲線の下の面積になる．式で書くと

$$\begin{aligned} x(t_2)-x(t_1) &= \lim_{N\to\infty}\sum_{i=1}^{N} v(t_i)\varDelta t \\ &= \int_{t_1}^{t_2} v(t)\,\mathrm{d}t \end{aligned} \tag{1.5}$$

となる．

2次元の運動の場合，「動いた距離と方向を表す変位ベクトル $\varDelta \bm{r}$」は，時間が無限に短い場合 $\bm{v}\varDelta t$ となり，「有限の時間の変位 $\bm{r}(t_2)-\bm{r}(t_1)$」は無限小の変位を足し合わせて次のように書ける．

$$\begin{aligned} \bm{r}(t_2)-\bm{r}(t_1) &= \lim_{N\to\infty}\sum_{i=1}^{N} \bm{v}(t_i)\varDelta t \\ &= \int_{t_1}^{t_2} \bm{v}(t)\,\mathrm{d}t \end{aligned} \tag{1.6}$$

成分で考えると，変位 $\varDelta \bm{r}$ の $x$ 成分 $\varDelta x$ は「$x$ 方向に動いた距離」であり，「$x$ 方向の速さ $v_x$ に無限小の時間 $\varDelta t$ を掛けたもの」になる．「有限時間の変位の $x$ 成分」が積分

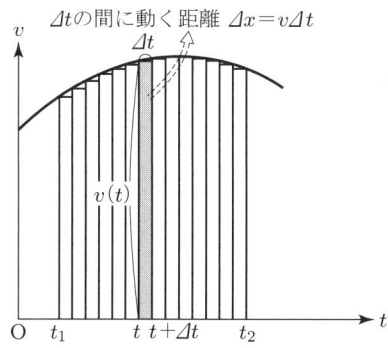

図 1.3 速さと変位

で次のように書き表されることはいうまでもない.

$$x(t_2) - x(t_1) = \int_{t_1}^{t_2} v_x(t)\,\mathrm{d}t \tag{1.7}$$

**例題 1.1** 位置が $x = (a_0/2)t^2 + v_0 t + x_0$ で与えられるとき,速度を求めよ.ただし,$a_0$, $v_0$, $x_0$ は定数である.(この運動は等加速度運動である.)

**解** 速度の式 (1.3) より

$$v_x = \frac{\mathrm{d}x}{\mathrm{d}t} = a_0 t + v_0$$

となる. ∎

**例題 1.2** 位置が $x = A\cos\omega t$ で与えられるとき,速度を求めよ.ただし,$A$, $\omega$ は定数である.(この運動は単振動と呼ばれる.)

**解** 速度の式 (1.3) より

$$v_x = \frac{\mathrm{d}x}{\mathrm{d}t} = -A\omega\sin\omega t$$

となる. ∎

**例題 1.3** 速度が $v_x = v_1$, $v_y = v_2 + a_0 t$ で与えられるとき,位置ベクトルの各成分 $x$, $y$ を求めよ.ただし,$v_1$, $v_2$, $a_0$ は定数である.また,$t=0$ で $x=x_0$, $y=y_0$ とする.

**解** 速度から位置を計算する式 (1.7) で,$t_2$ を $t$ とし $t_1$ を 0 として

$$x(t) = x_0 + \int_0^t v_x(t)\,\mathrm{d}t = x_0 + v_1 t$$

$$y(t) = y_0 + \int_0^t v_y(t)\,\mathrm{d}t = y_0 + v_2 t + \frac{1}{2}a_0 t^2$$

∎

**(3) ベクトルについて**

前項においてすでにベクトルが登場したが,ここで,ベクトルについて基本的なことを復習しておく.

ベクトル $\boldsymbol{A}$ の成分 $A_x$, $A_y$, $A_z$ と大きさ $A$ の間の関係は,図 1.4 より明らかなように

$$A = \sqrt{A_x^2 + A_y^2 + A_z^2} \tag{1.8}$$

となる.また,ベクトル $\boldsymbol{A}$ とベクトル $\boldsymbol{B}$ の和(または差)は $\boldsymbol{C} = \boldsymbol{A} \pm \boldsymbol{B}$ のように表し,成分で書けば

$$\begin{aligned} C_x &= A_x \pm B_x \\ C_y &= A_y \pm B_y \\ C_z &= A_z \pm B_z \end{aligned} \tag{1.9}$$

となることが図 1.5 よりわかる.

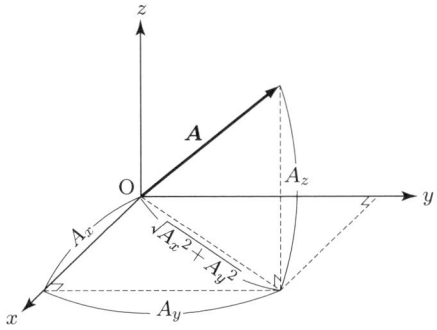

図 1.4　ベクトルの大きさ

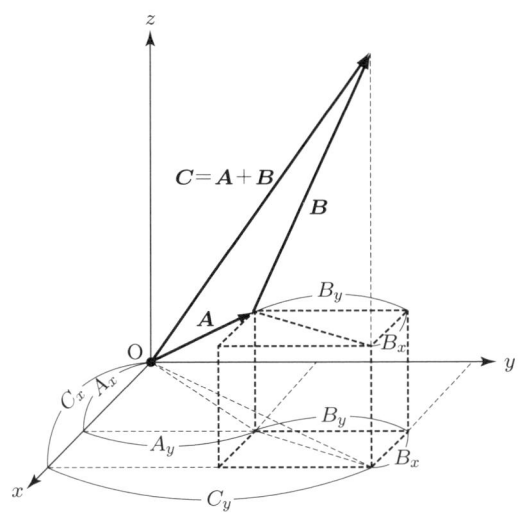

図 1.5　ベクトルの和

　二つのベクトル $\boldsymbol{A}$ と $\boldsymbol{B}$ のなす角が $\theta$ である場合，$AB\cos\theta$ を**内積**（inner product）（またはスカラー積）といい，$\boldsymbol{A}\cdot\boldsymbol{B}$ または $(\boldsymbol{A},\boldsymbol{B})$ と書く．ベクトルの成分を使って表すと次のようになる．

$$\boldsymbol{A}\cdot\boldsymbol{B}=AB\cos\theta=A_xB_x+A_yB_y+A_zB_z \tag{1.10}$$

内積は後に仕事を学習するときなどに使われるが，ベクトルの方向を知るためにも使われる．

　力のモーメントや角運動量を学ぶときに使う**外積**（outer product）（または，ベクトル積）は $\boldsymbol{A}\times\boldsymbol{B}$ と書かれる．この外積は「$\boldsymbol{A}$ と $\boldsymbol{B}$ の両方に垂直なベクトル」であり，その向きは図 1.6 に示したように「$\boldsymbol{A}$ から $\boldsymbol{B}$ へ右ねじを回したとき右ねじが進む

**6** 第1章 力学の基本

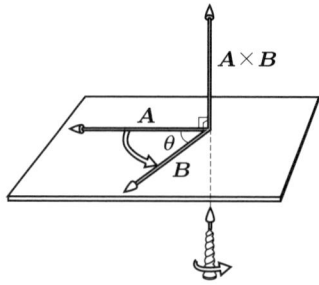

図1.6 ベクトルの外積

向き」である．このベクトルの大きさは $AB\sin\theta$ である．成分で書くと

$$(\boldsymbol{A}\times\boldsymbol{B})_x = A_y B_z - A_z B_y$$
$$(\boldsymbol{A}\times\boldsymbol{B})_y = A_z B_x - A_x B_z$$
$$(\boldsymbol{A}\times\boldsymbol{B})_z = A_x B_y - A_y B_x$$

となる．

**（4） 加速度の大きさと加速度**

「速度の変化する割合」を加速度（acceleration）という．直線運動についていえば，加速度の大きさ $a$ は，

「無限に短い時間 $\Delta t$ の間に速さの変化する量 $\Delta v = v(t+\Delta t) - v(t)$ を $\Delta t$ で割ったもの」

である．

2次元の運動の場合，無限に短い時間 $\Delta t$ の間に速度が $\boldsymbol{v}(t)$ から $\boldsymbol{v}(t+\Delta t)$ に変化したとすると，「速度の変化 $\Delta\boldsymbol{v} = \boldsymbol{v}(t+\Delta t) - \boldsymbol{v}(t)$ を $\Delta t$ で割ったもの」が**加速度 $\boldsymbol{a}$** であり，微分を用いて

$$\boldsymbol{a} = \frac{\mathrm{d}\boldsymbol{v}}{\mathrm{d}t} \qquad (1.11)$$

と書ける．もちろん，これはベクトルであり**加速度ベクトル**と呼んでもよい．このベクトルの大きさは $|\Delta\boldsymbol{v}|/\Delta t$ であり，「速度の変化の大きさを時間で割ったもの」になっている．方向は「速度の変化の方向」であり，速度の方向と一致するとは限らない．現に，例題で扱う円運動の場合，速度の方向と加速度の方向は直交しているし，ブレーキをかけている電車の場合，動く向きと加速度の向きは逆である．

もう一つ注意しておきたいのは，速度の変化の大きさ $|\Delta\boldsymbol{v}|$ は速さの変化 $\Delta v$ とは異なるということである．たとえば，一定の速さで回る円運動の場合も加速度はゼロにならない（p.9, 図1.7参照）．

加速度を成分で表してみよう．加速度ベクトルの $x$ 成分は $\mathit{\Delta}\boldsymbol{v}/\mathit{\Delta}t$ の $x$ 成分であるが，$\mathit{\Delta}t$ がスカラーであることを考えると，「$\mathit{\Delta}\boldsymbol{v}$ の $x$ 成分を $\mathit{\Delta}t$ で割ったもの」になる．すなわち，$a_x = \mathit{\Delta}v_x/\mathit{\Delta}t$ であり，微分の形で書けば

$$a_x = \frac{\mathrm{d}v_x}{\mathrm{d}t} \tag{1.12}$$

である．ここで，$\mathit{\Delta}v_x$ は $x$ 方向の速さの変化であるから，$a_x = \mathit{\Delta}v_x/\mathit{\Delta}t$ は $x$ 方向の速さの変化率である．加速度の大きさ $a$ は

$$\begin{aligned} a = \frac{|\mathit{\Delta}\boldsymbol{v}|}{\mathit{\Delta}t} &= \sqrt{a_x^2 + a_y^2} \\ &= \sqrt{\left(\frac{\mathrm{d}v_x}{\mathrm{d}t}\right)^2 + \left(\frac{\mathrm{d}v_y}{\mathrm{d}t}\right)^2} \end{aligned} \tag{1.13}$$

となる．

次は，逆に加速度から速度を求める式を導くことにする．直線的な運動の場合，無限に短い時間 $\mathit{\Delta}t$ の間の速度の変化 $\mathit{\Delta}v_x$ は $a_x \mathit{\Delta}t$ である．有限の時間 $t_1$ から $t_2$ の間の速度の変化を求めるには（位置の変化について図 1.3 で考えたのと同様にして），有限の時間を無限に短い時間に分け，「それぞれの無限に短い時間の間に速度が変化する量」を足し合わせればよい．式で書くと

$$\begin{aligned} v(t_2) - v(t_1) &= \lim_{N \to \infty} \sum_{i=1}^{N} a(t_i)\mathit{\Delta}t \\ &= \int_{t_1}^{t_2} a(t)\,\mathrm{d}t \end{aligned} \tag{1.14}$$

となる．

2 次元の運動の場合，速度ベクトルの変化は $\mathit{\Delta}\boldsymbol{v} = \boldsymbol{a}\mathit{\Delta}t$ となり，有限の時間での速度の変化は無限小の変化を足し合わせて次のように書ける．

$$\begin{aligned} \boldsymbol{v}(t_2) - \boldsymbol{v}(t_1) &= \lim_{N \to \infty} \sum_{i=1}^{N} \boldsymbol{a}(t_i)\mathit{\Delta}t \\ &= \int_{t_1}^{t_2} \boldsymbol{a}(t)\,\mathrm{d}t \end{aligned} \tag{1.15}$$

成分で考えると，「速度の変化 $\mathit{\Delta}\boldsymbol{v}$ の $x$ 成分 $\mathit{\Delta}v_x$」は「$x$ 方向の速さの変化」であり，「$x$ 方向の加速度 $a_x$ に無限小の時間 $\mathit{\Delta}t$ を掛けたもの」になる．「有限時間の間に速度の $x$ 成分が変化する量」は積分で次のように書き表される．

$$v_x(t_2) - v_x(t_1) = \int_{t_1}^{t_2} a_x(t)\,\mathrm{d}t \tag{1.16}$$

なお，3 次元の運動への拡張は容易であるから，各自で試みてもらいたい．また，今後，微分積分で書かれた式が出てきた場合，ここでのやり方に習い，式の表す物理的

意味を理解するよう努めてもらいたい．

**例題 1.4** 位置が $x=(a_0/2)\cdot t^2+v_0 t+x_0$ で与えられるとき，加速度を求めよ．ただし，$a_0$, $v_0$, $x_0$ は定数とする．（この運動は等加速度運動である．）

**解** 速度と加速度の式 (1.3)，(1.12) より
$$v_x=\frac{dx}{dt}=a_0 t+v_0$$
$$a_x=\frac{dv_x}{dt}=a_0$$
となり，初速が $v_0$ で，加速度が一定の値 $a_0$ である等加速度運動であることがわかる．■

**例題 1.5** 位置が $x=A\cos\omega t$ で与えられるとき，加速度を求めよ．ただし，$A$, $\omega$ は定数である．（この運動は単振動と呼ばれる．）

**解** 速度と加速度の式 (1.3)，(1.12) より
$$v_x=\frac{dx}{dt}=-A\omega\sin\omega t$$
$$a_x=\frac{dv_x}{dt}=-A\omega^2\cos\omega t$$
となる．■

**例題 1.6** 位置が $x=v_{x0}t+x_0$, $y=-(g/2)t^2+v_{y0}t+y_0$ で与えられるとき，速度と加速度を求めよ．（この運動は地上でものを投げたときの放物運動である．）

**解** 速度と加速度の式 (1.3)，(1.12) より
$$v_x=\frac{dx}{dt}=v_{x0}$$
$$v_y=\frac{dy}{dt}=-gt+v_{y0}$$
$$a_x=\frac{dv_x}{dt}=0$$
$$a_y=\frac{dv_y}{dt}=-g$$
となり，$y$ 軸の負の向きに $g$ の加速度をもつ等加速度運動である．

位置が時間の関数として与えられているとき，運動の軌跡を求めるには $t$ を消去すればよい．そうすることにより，この運動の軌跡が放物線であることを示す．
$$t=\frac{x-x_0}{v_{x0}}$$
$$y=-\frac{g}{2}\left(\frac{x-x_0}{v_{x0}}\right)^2+v_{y0}\left(\frac{x-x_0}{v_{x0}}\right)+y_0$$
■

**例題 1.7** 位置が $x=r\cos\omega t$, $y=r\sin\omega t$ で与えられるとき，速度と加速度を求めよ．図 1.7 からわかるように，この運動は半径 $r$ の円運動である．また，$\omega t$ が回転し

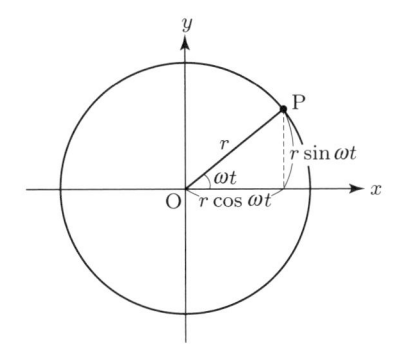

図 1.7 円運動

た角を表すので，$\omega$ は単位時間に回転する角度を表し，**角速度**と呼ばれる．

**解** 速度と加速度の式より

$$v_x = \frac{dx}{dt} = -r\omega \sin \omega t$$

$$v_y = \frac{dy}{dt} = r\omega \cos \omega t$$

$$a_x = \frac{dv_x}{dt} = -r\omega^2 \cos \omega t$$

$$a_y = \frac{dv_y}{dt} = -r\omega^2 \sin \omega t$$

となる．ついでに速さと加速度の大きさも求めておく．

$$v = \sqrt{v_x^2 + v_y^2} = \sqrt{r^2\omega^2 \sin^2 \omega t + r^2\omega^2 \cos^2 \omega t} = r\omega$$

$$a = \sqrt{a_x^2 + a_y^2} = \sqrt{r^2\omega^4 \cos^2 \omega t + r^2\omega^4 \sin^2 \omega t} = r\omega^2$$

速さが $v = r\omega$ となることは，円弧の長さが半径と中心角の積であることからも求められ，円運動に関連してしばしば使われる大切な関係である．

さて，速度の方向と加速度の方向はどうなっているだろう．位置ベクトル $\boldsymbol{r}$ と速度ベクトル $\boldsymbol{v}$ のなす角度を $\theta$ とすると，$\theta$ は内積を計算することにより求めることができる．内積は

$$\boldsymbol{r} \cdot \boldsymbol{v} = xv_x + yv_y = (r\cos\omega t)(-r\omega\sin\omega t) + (r\sin\omega t)(r\omega\cos\omega t) = 0$$

である．これが $rv\cos\theta$ に等しいためには $\cos\theta = 0$ であり，$\theta = \pi/2$ である．すなわち，位置ベクトルと速度ベクトルは直交している．加速度ベクトルが速度ベクトルと直交していることは，同様に内積を計算して示すこともできるが，$\boldsymbol{a} = -\omega^2 \boldsymbol{r}$ であることからも明らかである． ∎

**例題 1.8** 加速度が一定値であるとき（$a_x = 0$, $a_y = a_0$），速度を求めよ．ただし $t = 0$ で，$v_x = v_1$, $v_y = v_2$ とせよ．ここに $v_1$, $v_2$ は定数である．

**解** 加速度から速度を計算する式 (1.16) で $t_2$ を $t$ とし，$t_1$ を 0 として

$$v_x(t) = v_1 + \int_0^t 0\,dt = v_1$$
$$v_y(t) = v_2 + \int_0^t a_0 dt = v_2 + a_0 t$$

が得られる. ■

## 1.2 運動の法則

　この節では，点（と考えてよい小さな物体）に力が働いた場合の運動を考える[1]．この場合，物体の質量は点に集中していると考え，質量をもつ点という意味で**質点**（material particle）と呼ぶことにする．質点の運動に関する基本法則はニュートンの運動の第1法則，運動の第2法則，運動の第3法則である．

### （1） 運動の第1法則（慣性の法則）

　静止しているものに力が働かなければ静止したままであり，動いているものに力が働かなければその物体は一定の速度で一直線上を動き続ける．この法則を**運動の第1法則（慣性の法則，law of inertia）**という．

　「静止しているものに力が働かなければ静止したままである」ということは誰でもすぐ納得できる．「動いているものに力が働かなければ，その物体は一定の速度で一直線上を動き続ける」ということは少し説明がいるかもしれない．われわれは日常の経験で，これに反した感じを受けることがあるからである．

　たとえば，幼少のころ，三輪車をこいだとき，力を入れるほど速くなり力を入れないと止まってしまうという経験をしたことがあるであろう．そのため，「力と速度が比例している」かのように思っていたものである．しかし，これらの錯覚は摩擦力のために生じるのである．三輪車を速く動かすと摩擦や空気抵抗が大きくなり，一定速度を維持するには，摩擦力や空気抵抗を打ち消すために大きな力を必要とするわけである．

　「力が働かなければ，物体は一定の速度で一直線上を動き続ける」ということを実感として感じさせてくれるものを，ゲームセンターで見たことがある．それはパックを打ち合って相手のゴールに入れるゲームである．そのゲーム機では，台にあいた無数の小さな穴から空気を吹き出し，それによってパックを浮かせて摩擦を非常に小さくしてある．そのため，いったん動きだしたパックはそのままの速度で一直線に進んでいく．他の例としては，人工衛星も（動く方向には）全く力が働かないのに何年も同じ速さでまわり続けている．

---

[1] 本書では，質点の振動に関しては，電気振動とともに第9章で取り扱う．

むろん，この慣性の法則は座標系のとり方によっては成り立たなくなる場合がある．急に動き出した電車の中にいる人からみると（その電車の中に固定された座標系で位置を測定すると），静止していた質点は力が働かないのに急に動き出す（1.3節参照）．慣性の法則が成り立つ座標系は**慣性系**（inertial system）と呼ばれる．運動の第1法則は，「自然界には慣性系が存在する」といい直すこともできる．

**（2） 運動の第2法則（運動方程式）**

ニュートンは力が働いたとき慣性系で質点がどう運動するかということを考察し，力と加速度が比例することを見出した．比例定数を**質量**（mass）と名づけ，次のような**運動方程式**（equation of motion）を提唱した．

$$m\boldsymbol{a} = \boldsymbol{F} \tag{1.17}$$

ここで，$\boldsymbol{F}$ は力，$m$ は質量，$\boldsymbol{a}$ は加速度である．もちろんこの式は速度や位置ベクトルを使って

$$m\frac{\mathrm{d}^2\boldsymbol{r}}{\mathrm{d}t^2} = m\frac{\mathrm{d}\boldsymbol{v}}{\mathrm{d}t} = \boldsymbol{F} \tag{1.18}$$

と書くこともできる．この運動方程式は**運動の第2法則**とも呼ばれている．質量の単位は kg であり，加速度の単位は m/s$^2$ である．力の単位は kg·m/s$^2$ となるが，これを N と書き，ニュートンと呼ぶ．

質量は重さに比例する量であり，そのため時として混同されるが，区別して理解しなくてはならない．質量は「力と加速度の関係の比例定数」であり，質量が大きいほど，同じ力が働いても加速度が小さくなる．すなわち，質量が大きいほど速度が変化しにくくなる．これに対し，重さは質点に働く重力である．たとえば，月にいけば重さは小さくなるが，質量は変わらない．

---

〈参考〉　　　　　　　　　　**重さと質量**

　人工衛星の中または宇宙空間のように無重力の場所では，質量はゼロであろうか．またゼロでないとすると，どうやって測定することができるであろうか．答は，質量はもちろんゼロではない．重力がゼロであるから秤（はかり）で測定することはできないが，質量は運動方程式から求めることができる．力を加えて加速度を測定し，力と加速度の比を計算すればよいのである．

　この場合，重力がゼロであるから重さはゼロであるが，質量はゼロではない．（重さがゼロであっても）質量が大きい物体の速度を変えるには大きな力を必要とする．そういうわけで，（重さがゼロであっても）質量が大きい物体が飛んできて人にぶつかれば，はねとばされてしまうので気をつけなくてはならない．

前節の三輪車の例でもそうであるが，力と速度が比例するのではなく，力と加速度(すなわち速度の増加率)が比例するのである．最初は，このことがなかなか理解できないようである．「速度が速いから，強い力が働いているはずだ．」とか，「こちらに動いているのだから，その方向に力が働いているはずだ．」ということを主張する人がときどきいる．これは「三輪車の経験」や，「重いタンスを押すとき動かす方向に力を加えなくてはならないという経験」からきているのだと思うが，いずれも摩擦力の影響である．「こちらに動いているのだから，その方向に力が働いているはずだ．」と主張する人は，急ブレーキをかけている(そしてまだ止まっていない)電車を考えてほしい．動く方向は前方であるが，力の方向は後方である．

一般にどんな運動をするかを知るには，どんな力が働いているかを考え，運動方程式をたて，加速度を求め，それから速度や位置を計算すればよい．このように，質点に力が働いた場合の運動を考える際の基本の法則が運動方程式である．

**例題 1.9** 速度 $v_0$ で走っている質量 $m$ の電車が急ブレーキをかけた．ブレーキによる力は進行方向と逆向きに大きさ $F_0$ の一定の力であった．ブレーキをかけ始めてから $t$ 秒後の速度 $v$ と位置 $x$ を求めよ．ただし，ブレーキをかけ始めた位置を $x$ 軸の原点 $0$ とし，電車の進む向きを $x$ 軸の正の向きとする．

**解** 運動方程式は，式 (1.18) を用いると
$$m\frac{dv}{dt}=-F_0$$
である．この式を積分して
$$v(t)=-\frac{F_0}{m}t+C$$
となるが，$t=0$ のとき $v(t)=v_0$ だから $C=v_0$ であり
$$v(t)=-\frac{F_0 t}{m}+v_0$$
である．また，$t=0$ のとき $x(t)=0$ だから，式 (1.1) を用いて積分すると
$$x(t)=-\frac{F_0 t^2}{2m}+v_0 t$$
である． ■

**例題 1.10** 摩擦のない滑らかな机の上に一端を固定されたばねがあり，他端に質量 $m$ の質点がとりつけられている(図1.8)．ばねが伸び縮みしていないときの質点の位置を原点として質点の位置座標を $x$，速度を $v$ とする．最初 ($t=0$ のとき)，$x=0$，$v=1$ m/s として，この質点の運動を数値解析で求めよ．ただし，質量を $m=1.01$ g とし，ばね定数を $k=0.01$ N/m とせよ．この運動は単振動と呼ばれるが，解析的に解く

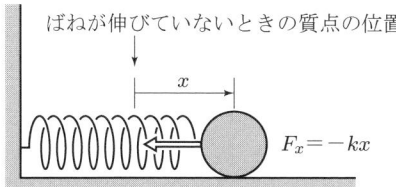

図1.8 ばねの運動（単振動）

ことを含め，第9章で詳しく取り扱う．

**解** 力の $x$ 成分が $F_x = -kx$ となるので，$x$ 方向の速度，加速度を $v(t)$, $a(t)$ と書くと，式 (1.17) より，運動方程式は

$$ma(t) = -kx(t)$$

となる．もちろん，$a(t)$, $x(t)$ の $(t)$ は $t$ の関数という意味である．この式から加速度が求まるが，加速度が位置や時間の関数である場合，速度と位置を解析的に求めるのは簡単ではない．コンピュータを使える場合，時刻 $t$ における位置，速度，加速度から，「（その間に速度や加速度が変化しないような）十分短い時間 $dt$ （以下では $dt = 0.01$ 秒として計算した）」だけ経過した後の位置や速度を求める式

$$v(t+dt) = v(t) + a(t)dt$$
$$x(t+dt) = x(t) + v(t)dt$$

によって，時刻 $t+dt$ における位置，速度，加速度を計算し，これを繰り返すことにより任意の時間経過した後の位置，速度を求めることができる．次にその計算結果として，$x$-$t$ のグラフを載せておく（図1.9）．　■

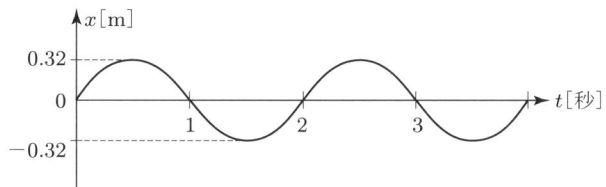

図1.9 ばねの振動のグラフ

### （3） 運動の第3法則（作用反作用の法則）

ボートに乗っている人が手で別のボートを押すと，相手のボートだけでなく自分のボートも動いてしまう．これは，相手のボートに力を加えると「逆向きに，同じ大きさの力を受ける」からであり，この逆向きの力を**反作用**という．

「力を及ぼすと，同じ大きさの逆向きの力を反作用として受ける」という法則を**作用反作用の法則**（principle of action and reaction）または**運動の第3法則**という．ジェット機やロケットはガスを後ろに押し出す反作用によって動くのである．

図 1.10　作用反作用の法則

## （4）重　　力

　ガリレイがピサの斜塔で実験したように，地上では，（空気抵抗がなければ）すべてのものは同時に落下する．いいかえれば，同じ加速度で運動する．「紙切れがゆっくり落ちる」ことから，同じ加速度ではないと考える人もいるかもしれないが，真空にしたガラス管の中では，「どんなものでも同じように落下する」ことが観測される．このことから，地上ではすべての物体に「質量に比例する下向きの力」が働いていることになる．この力を**重力**（gravity）という．地上で自由落下する物体の加速度は文字 $g$ で表され，**重力加速度**と呼ばれる．運動方程式より，重力は $mg$ である．

　厳密には，重力加速度の値は場所により少しずつ異なっている．重力は，次の項で学ぶ万有引力と次の節で学ぶ遠心力の和である．そのため，万有引力が小さくなる高い山の上では重力は小さくなり，遠心力が大きくなる赤道上では重力は小さくなる．標準的な重力加速度の値は $g=9.8\,\mathrm{m/s^2}$ である．

**例題 1.11**　木の枝につかまっているサルに向かってハンターが鉄砲を打った．鉄砲の玉は重力のため放物線を描くので，サルに当たらないはずである．しかし，ハンターが鉄砲を打つと同時にサルが手を離し落下した．このとき鉄砲の玉はサルに当たるか．

**解**　図 1.11 のように座標軸をとり，鉄砲の玉の質量を $m$ とし，位置座標を $(x,y)$，速度を $(v_x,v_y)$，初速度を $(v_0\cos\theta, v_0\sin\theta)$ とする．また，サルの質量を $M$ とし，位置座標を $(x',y')$，速度を $(v_x',v_y')$ とする．運動方程式より

$$m\frac{dv_x}{dt}=0$$

1.2 運動の法則

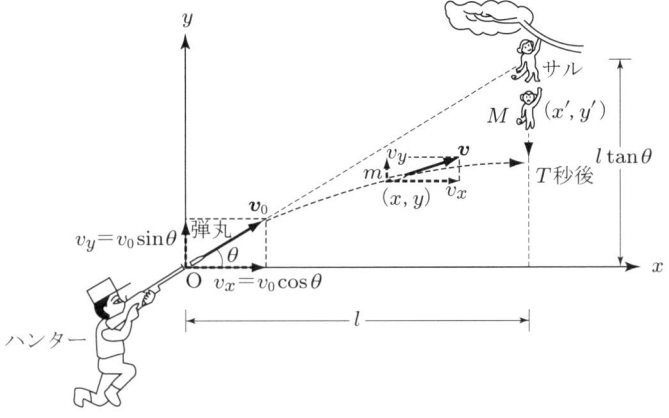

図 1.11 モンキー・ハンティング

$$m\frac{dv_y}{dt}=-mg$$

$$M\frac{dv_x'}{dt}=0$$

$$M\frac{dv_y'}{dt}=-Mg$$

となるが，これを積分して，初期条件より積分定数を決定すると

$$v_x=v_0\cos\theta$$
$$v_y=-gt+v_0\sin\theta$$
$$v_x'=0$$
$$v_y'=-gt$$

これをさらに積分すると（$v_x=dx/dt$ などを使う）

$$x=(v_0\cos\theta)t$$
$$y=-\frac{g}{2}t^2+(v_0\sin\theta)t$$
$$x'=l$$
$$y'=-\frac{g}{2}t^2+l\tan\theta$$

となる．鉄砲の玉がサルに当たるということは，$x=x'$ となる時刻 $T$ において $y=y'$ となるということである．$x(T)=x'(T)$ より $T=l/(v_0\cos\theta)$ となる．この $T$ を $y$，$y'$ に代入すると

$$y-y'=-\frac{g}{2}T^2+(v_0\sin\theta)T+\frac{g}{2}T^2-l\tan\theta=0$$

となり，残念ながら鉄砲の玉はサルに命中する． ■

**例題 1.12** 速度 $v$ に比例する空気抵抗 $-Cv$ （$C$ は正の比例定数）を受けて落下する物体がある．ただし，鉛直下向きを $y$ 軸の正の向きにとる．落下し始めてから $t$ 秒後の速度を求めよ．

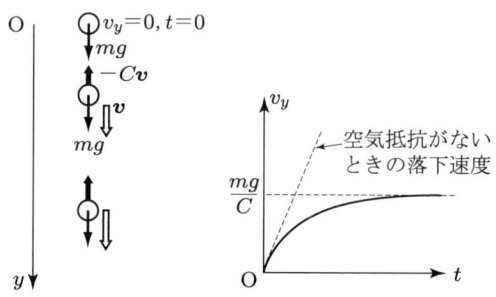

図 1.12 空気抵抗を受ける落下運動

**解** 運動方程式より

$$m\frac{dv_y}{dt} = mg - Cv_y$$

ここで，$V = v_y - mg/C$ とおくと，上の式は $dV/dt = -(C/m)V$ となり，$\dfrac{1}{V}\dfrac{dV}{dt} = -\dfrac{C}{m}$ と変形してから両辺を積分すると

$$\log_e V = -\frac{C}{m}t + \text{const.} \quad (\text{一定})$$

$$V = e^{-\frac{C}{m}t + \text{const.}} = e^{\text{const.}} \cdot e^{-\frac{C}{m}t}$$

となり，初期条件，$t=0$ のとき $v_y = 0$ すなわち $V = -mg/C$ より，$V = -\dfrac{mg}{C}\exp\left(-\dfrac{C}{m}t\right)$ となり，求める速度は

$$v_y = \frac{mg}{C}\left\{1 - \exp\left(-\frac{C}{m}t\right)\right\}$$

である．∎

## （5） 万有引力

ニュートン (I. Newton) は，リンゴの落ちるのを見て「すべての物体に引力が働いている」ことを見出し，その力を**万有引力** (universal gravitation) と名づけたといわれている．万有引力の大きさは質量に比例し距離の 2 乗に反比例するのであるが，このことは「惑星の公転の周期の 2 乗が軌道の長半径の 3 乗に比例する」ことから導くことができる．

惑星の軌道は非常に円形に近いので，軌道が円形だと仮定して「万有引力が距離の

2乗に反比例する」ことを導いてみよう．太陽の質量を $M$，$i$ 番目の惑星の質量を $m_i$，公転周期を $T_i$，軌道の長半径（円の場合，半径に一致する）を $r_i$ とする．「惑星の公転の周期の2乗が軌道の長半径の3乗に比例する（ケプラーの第3法則）」ということを式で表すと，$T_i^2 \propto r_i^3$ となる．半径 $r$，角速度 $\omega$ の円運動では，加速度の大きさ $a$ は $r\omega^2$ となるので(例題1.7)，太陽へ向かう方向の運動方程式は（万有引力を $F_i$ として）

$$F_i = m_i r_i \omega_i^2$$
$$= m_i r_i \left(\frac{2\pi}{T_i}\right)^2$$
$$\propto m_i r_i \frac{1}{r_i^3} = \frac{m_i}{r_i^2} \qquad (1.19)$$

となる．ここで，角速度 $\omega_i$ は「1周の角度（すなわち $2\pi$）を1周する時間 $T_i$ で割ったもの」であることを使った．作用反作用の法則から，惑星に働くこの力は惑星から太陽に働く力と同じ大きさである．一方，惑星に働く万有引力が惑星の質量に比例するならば，太陽に働く万有引力は太陽の質量に比例するはずである．この二つのことから，万有引力は惑星の質量と太陽の質量の両方に比例するはずである．いいかえれば，万有引力は両方の質量の積に比例することになる．

まとめると，質量 $m$，$M$ の二つの質点が $r$ だけ離れているとき，両者の間に万有引力が働き，万有引力の大きさは，次の式で与えられる．

$$F = G\frac{mM}{r^2} \qquad (1.20)$$

ただし，$G$ は**万有引力定数**と呼ばれる定数で，$G = 6.6726 \times 10^{-11}\,\mathrm{N \cdot m^2/kg^2}$ である．

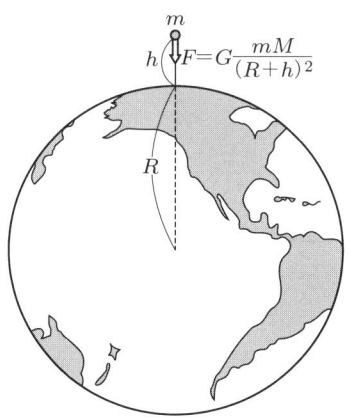

図 1.13 重力と万有引力

地球上では,地球と物体の間に働く万有引力が重力であると考えてよい(遠心力は小さい).地球による万有引力は地球の中心からの距離の2乗に反比例するので[1],図1.13のように,地上 $h$ の高さにある質量 $m$ の物体に働く万有引力の大きさ $F$ は,地球の半径を $R$,質量を $M$ として,次のようになる.

$$F = G\frac{mM}{(R+h)^2} \qquad (1.21)$$

しかし,地表近くでは $R \gg h$ であるから,万有引力はほぼ一定の値 $m(GM/R^2)$ となり,この値が重力 $mg$ である.

**例題 1.13** 半径 $r$ の円軌道をまわる人工衛星の周期 $T$ を求めよ(図 1.14).

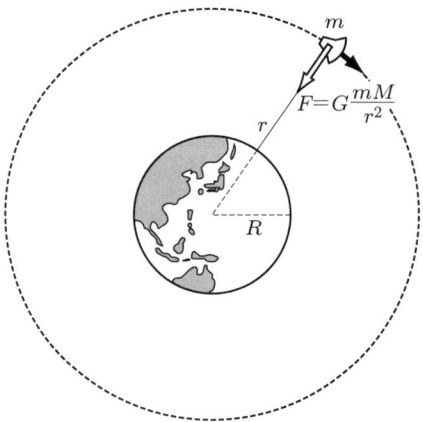

図 1.14 人工衛星(円運動の場合)

**解** 地球の中心に向かう方向の運動方程式は

$$G\frac{mM}{r^2} = mr\omega^2 = mr\left(\frac{2\pi}{T}\right)^2$$

となる.これより周期は次の式で与えられる.

$$T = 2\pi\sqrt{\frac{r^3}{GM}} \qquad \blacksquare$$

**例題 1.14** 地球の中心から $3.3 \times 10^4$ km だけ離れた地点を速さ 2 km/s で地球の中心へ向かう方向と直交する方向に運動している人工衛星の軌道を,数値計算で求めよ.ただし,地球の質量は,$5.97 \times 10^{24}$ kg であるとせよ.

**解** 人工衛星の位置座標を $x(t)$,$y(t)$ とし,運動方程式から加速度を求めると

---

1) 質点でないのに,式(1.20)が適用できる理由については,第 7 章の例題 7.3 を参照すること.

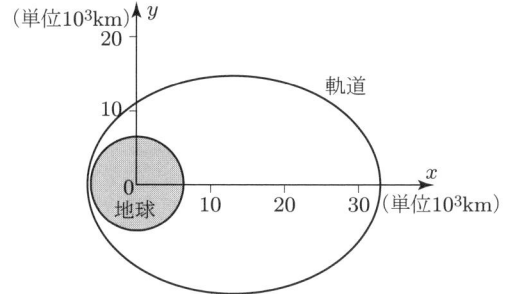

図 1.15　人工衛星の軌道

$$a_x(t) = -\frac{GM}{r(t)^2}\frac{x(t)}{r(t)}$$

$$a_y(t) = -\frac{GM}{r(t)^2}\frac{y(t)}{r(t)}$$

となる．ただし $r(t)=\sqrt{x(t)^2+y(t)^2}$ であり，$x(t)/r(t)$ は力の $x$ 成分と力の大きさの比に等しい．十分短い時間 $\mathrm{d}t$ が経過した後の速度と位置が

$$v_x(t+\mathrm{d}t) = v_x(t) + a_x(t)\mathrm{d}t$$
$$v_y(t+\mathrm{d}t) = v_y(t) + a_y(t)\mathrm{d}t$$
$$x(t+\mathrm{d}t) = x(t) + v_x(t)\mathrm{d}t$$
$$y(t+\mathrm{d}t) = y(t) + v_y(t)\mathrm{d}t$$

で与えられることを使い，($\mathrm{d}t=1$ として) 1 秒経過するごとに速度と位置を計算して軌道を求めると計算結果は図 1.15 のようになる． ■

## 1.3　慣　性　力

電車に乗っているとき，電車が急ブレーキをかけると，前方に力を受けるように感じる．この力が慣性力（force of inertia）である．慣性力は地球の回転によっても生じ，重力加速度の大きさが緯度によって異なる原因となったり，台風が渦を巻く原因になったりしている．また，遠心分離機なども慣性力の応用である．

### (1)　慣　性　系

1.2 節 (2) で，慣性系では運動方程式が成立することを述べた．それでは，図 1.16 のように，慣性系 O に対して動いている座標系 O′ ではどうなるか考えてみよう．言い換えると，ジェット機 O′ に乗っている人からみて点 P（ジェット機）がどのようにみえるか考えてみるということである．なお，この項では，ジェット機 O′ が速度 $\boldsymbol{V}$ で等速度運動をしているとする．

もとの座標系（慣性系 O）でみた O′ の位置と速度をそれぞれ $\boldsymbol{R}$ と $\boldsymbol{V}$ とし，もとの

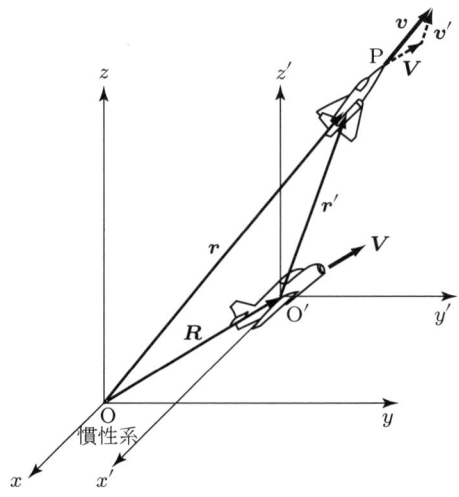

図 1.16 動いている座標系

座標系（慣性系 O）でみた点 P（ジェット機）の座標，速度，加速度をそれぞれ $r$，$v$，$a$ とし，新しい座標系 O′ でみた点 P（ジェット機）の座標，速度，加速度をそれぞれ $r'$，$v'$，$a'$ とする．図 1.16 より

$$r = r' + R \tag{1.22}$$

であるが，これを時間で微分すると

$$v = v' + V \tag{1.23}$$

$$a = a' \tag{1.24}$$

となる．もとの座標系（慣性系 O）での運動方程式は $ma = F$ であるから，式 (1.24) を使って，新しい座標系 O′ での運動方程式は次のようになる．

$$ma' = F \tag{1.25}$$

この式はもとの座標系（慣性系 O）での運動方程式と同じである．ジェット機 O′ から点 P をみたとき，速度は $v' = v - V$ になるが，運動方程式はもとの座標系でみたときと変わらない．すなわち，慣性系に対して等速度で運動している座標系もまた慣性系であることがわかる．このため，ゆれることもなく等速度で動いている電車に乗っていると，物体の運動は電車が止まっているときとまったく同じ状況になり，乗客は動いていることを感じることはない．

### (2) 慣 性 力

電車が等速度で動いている場合，止まっているときと同じ状況にあり，乗客は何も

感じない.しかし,電車が急ブレーキをかけると,乗客は前方向の力を受けて前につんのめる.このとき乗客が感じる力を**慣性力**という.慣性力について調べるために,図1.16のジェット機 O' が加速度 $A$ で加速度運動をしている場合について考えてみよう.今度は,前項と異なり,速度 $V$ の時間微分は $A$ となる.このため,式 (1.23) を時間微分した式 (1.24) は

$$a = a' + A \tag{1.26}$$

となる.もとの座標系(慣性系 O)での運動方程式は $ma = F$ であるから,式 (1.26) を使って,新しい座標系 O' での運動方程式は次のようになる.

$$ma' = F - mA \tag{1.27}$$

新しい座標系 O' がもとの座標系(慣性系 O)に対し加速度運動をしている場合,新しい座標系 O' では,力 $F$ 以外に,見かけの力 $-mA$ が加わることを意味している.この見かけ上の力を慣性力という.

「見かけ上の力」という言葉は誤解を受けやすい言葉である.力が働いているように錯覚するという意味ではない.慣性力はいま考えている座標系で現実に加速度を生じさせるわけであり,その点では現実の力と区別はない.あらゆる測定法で慣性力と現実の力を区別することはできない.また,アインシュタインの一般相対性理論では,慣性力と万有引力は同等のものと考えられている.

電車が加速度 $A$ で運動しているとき,電車の中の質点は $-mA$ の慣性力を受ける.たとえば,電車が急ブレーキを掛けた場合,加速度は進行方向と逆向きである.だから慣性力は電車の進行方向を向き,人は前につんのめるのである.上昇中のエレベータが止まる直前,ふっと体が軽くなるのも慣性力である.エレベータの加速度が下向きになるので,上向きの慣性力を生じるのである.

**例題 1.15** 人工衛星の中は無重力になるであろうか.

**解** 万有引力は,地球の中心からの距離の2乗に反比例する.たとえば人工衛星の位置が地球の中心から $3R$ の場合($R$ は地球の半径),万有引力は地表での値の 1/9 倍になるがゼロにはならない.ところが,衛星の中の質点に働く万有引力は慣性力とつり合うので,結果として力が働かない状態(すなわち**無重力状態**)になる.人工衛星の軌道の半径が $r$,質量が $m$,中心へ向かう方向の加速度の大きさが $a$,地球の質量が $M$ であるとして,このことを確かめよう.人工衛星の(地球の中心へ向かう方向の)運動方程式より

$$ma = G\frac{mM}{r^2}$$

が成立する.一方,人工衛星の中の質量 $m'$ の質点に働く慣性力は加速度と逆向きに $m'a$ の

大きさであるが，これは $a = G\dfrac{M}{r^2}$ を代入すると $G\dfrac{m'M}{r^2}$ となり，質点に働く万有引力と同じ大きさになる．よって，万有引力と慣性力の和はゼロになる．■

---

〈参考〉　　　　　　　　**地上で無重力をつくる**

　例題 1.15 で示したように人工衛星の中は無重力であるが，身近にあって無重力の実験をするための施設として北海道上砂川町の地下無重力実験センターなどがある．原理は簡単で，「長い縦穴の中で，実験装置を入れた容器を落下させる」のである．容器が下向きに $g$ の加速度で落下すれば，容器の中では万有引力と慣性力がつり合う．こうして，容器が縦穴の底に衝突するまでの 1～10 秒間，無重力状態が実現する．

　厳密には，空気抵抗のため，容器は $g$ より小さい加速度で落下する．このため，より厳密に無重力を実現するために，「容器に空気抵抗を打ち消す下向きの力を加える」という方法や，「落下させる容器の中を真空にして，その容器の中で実験装置を入れた小さい容器を落下させる」などの方法が工夫されている．

---

## 1.4　エネルギー

　エネルギーという言葉は日常よく使われる．石油のエネルギー，熱エネルギー，電気エネルギー，原子力エネルギー，エネルギー効率など，さりげなくエネルギーという言葉が使われている．突き詰めて考えると，エネルギーとは仕事に変えることができるものということができる．この節では，仕事，運動エネルギー，位置エネルギーについて学ぶ．

### （1）仕　　　事

　てこや滑車を使えば，小さな力でものを持ち上げることができる．しかし，その場合，動かす距離は長くなり，力と動かす距離の積はいつも同じである．このように，力が働いて力の方向に質点が動くとき，力と動いた距離の積を**仕事**（work）という．

　力の方向と動く方向が異なる場合(図 1.17)，力 $\boldsymbol{F}$ と変位ベクトル $\varDelta \boldsymbol{r}$ の内積(スカ

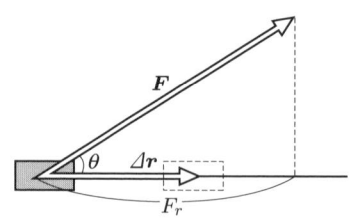

図 1.17　力と仕事

ラー積）を仕事という．式で書くと，仕事 $\Delta W$ は

$$\Delta W = \boldsymbol{F} \cdot \Delta \boldsymbol{r} \tag{1.28}$$

と書けるが，この式は，力と変位のなす角を $\theta$ とし，変位の方向の力の成分を $F_r$ とすると

$$\Delta W = F \Delta r \cos\theta = F_r \Delta r \tag{1.29}$$

と書くこともできる．

　仕事はエネルギーの一形態であり，仕事がなされると，そのエネルギーは質点の運動エネルギーや位置エネルギーに変化する．一方，上の式から，「運動方向に垂直に働く力は仕事をしない」ということがわかる．そのため，円運動をする人工衛星は，（地球の中心方向に）力が働いているにもかかわらず，一定の速さで動き続けるのである．

　なお，力が変化したり，動く方向が変化する場合，これらの式はそのままでは使えない．この場合，図 1.18 のように小さい区間に分割し，その中で力や動く方向が変わらないようにすればよい．そうすれば，その小さい区間の中を質点が動くときに力がする仕事は式 (1.29) で計算できる．

　力のする全仕事量は，「小さい区間でする仕事を全部足し合わせたもの」となる．この全仕事 $W$ は積分を使って次のように表される．

$$W = \lim_{N\to\infty} \sum_{i=1}^{N} F_{si}\, \Delta s_i = \int_{P_1}^{P_2} F_s\, \mathrm{d}s \tag{1.30}$$

この式をベクトルを使って書き表すと

$$W = \lim_{N\to\infty} \sum_{i=1}^{N} \boldsymbol{F}_i \cdot \Delta \boldsymbol{r}_i = \int_{P_1}^{P_2} \boldsymbol{F} \cdot \mathrm{d}\boldsymbol{r} \tag{1.31}$$

となる．また，単位時間当たりの仕事 $\dfrac{\mathrm{d}W}{\mathrm{d}t}$ を**仕事率**（単位は W）という．

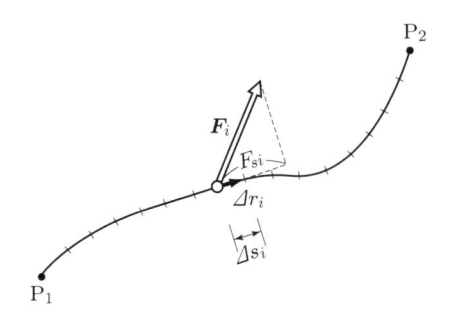

図 1.18　仕事と積分

## （2） 運動エネルギー

　質点が動いていると，その質点は止まるまでの間に，他の物体に仕事をすることができる．「質点が止まるまでの間にすることのできる仕事の量」は質点の速さ $v$ と質量 $m$ で決まっていて，その量を質点の**運動エネルギー**（kinetic energy）と呼ぶ．

　「速さ $v_0$，質量 $m$ の質点が他の物体に衝突して止まるまでの間にする仕事の量」を計算してみよう．衝突することにより質点が受ける力が一定であると仮定して，その力の大きさを $F$，止まるまでの時間を $T$，衝突してから止まるまでの距離を $x$ とすると，運動方程式 $ma=-F$ より $a=-F/m$ となり，これを積分して，$v=v_0-(F/m)t$ となる．止まるまでの時間は $v(T)=0$ より $T=mv_0/F$ となるので，止まるまでの距離は次のようになる．

$$x = v_0 T + \frac{a}{2} T^2 = \frac{mv_0^2}{2F} \tag{1.32}$$

作用反作用の法則より質点がぶつかる相手に及ぼす力の大きさは $F$ であり，力の方向は質点の動く方向である．したがって，質点のする仕事は

$$W = Fx = \frac{mv_0^2}{2} \tag{1.33}$$

となる．そこで，質量 $m$ の質点が速さ $v$ で運動しているとき

$$E_k = \frac{mv^2}{2} \tag{1.34}$$

を**運動エネルギー**と呼ぶことにする．運動エネルギーは「運動している質点がもっている仕事をする能力」といえる．

　運動している質量 $m$ の質点に力 $\boldsymbol{F}$ が働いたとき，質点になされる仕事と質点の運動エネルギーの関係を考えてみよう．運動方程式の両辺に $\boldsymbol{v}$ を掛けて内積をつくり，$\boldsymbol{v}=d\boldsymbol{r}/dt$ を使うと

$$m\boldsymbol{v}\cdot\frac{d\boldsymbol{v}}{dt} = \boldsymbol{F}\cdot\frac{d\boldsymbol{r}}{dt} \tag{1.35}$$

となるが，これを $t$ で積分すると

$$\int_{\boldsymbol{v}(t_1)}^{\boldsymbol{v}(t_2)} m\boldsymbol{v}\cdot d\boldsymbol{v} = \int_{\boldsymbol{r}(t_1)}^{\boldsymbol{r}(t_2)} \boldsymbol{F}\cdot d\boldsymbol{r} \tag{1.36}$$

となる．この式の右辺は，「時刻 $t_1$ から $t_2$ の間に力のする仕事」であり，左辺は，「運動エネルギーの変化 $mv_{(t_2)}^2/2 - mv_{(t_1)}^2/2$」に等しくなる．結局，運動エネルギーの変化 $\varDelta E_k$ は，なされた仕事の量 $\varDelta W$ に等しいことになる．式で書くと次のようになる．

$$\varDelta E_k = \varDelta W \tag{1.37}$$

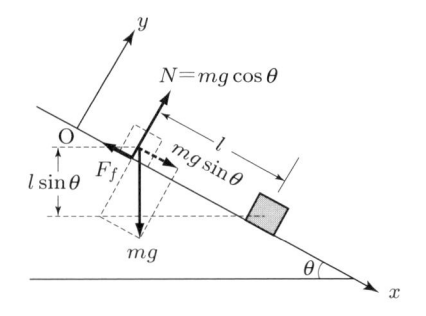

**図 1.19** 摩擦のある斜面をすべり落ちる物体の運動

**例題 1.16** 図 1.19 のように，水平と $\theta$ の角をなす斜面上に質量 $m$ の質点を置いたところ下方に滑り出した．距離 $l$ だけ滑り降りた時点での速度 $v$ を求めよ．ただし，動摩擦力 $F_f$ は動摩擦係数 $\mu'$ と垂直抗力（斜面から斜面と垂直方向に受ける力）$N$ を使って，$F_f = \mu' N$ と書けるとせよ．

**解** 質点は斜面にそって動くので，斜面に垂直な $y$ 方向の加速度はゼロである．そのため，垂直抗力は，重力の $y$ 成分 $-mg\cos\theta$ と等しい大きさである．動摩擦力の $x$ 成分は，$-\mu' mg\cos\theta$ であり，重力の $x$ 成分は $mg\sin\theta$ である．そのため，動摩擦力のする仕事は $-\mu' mgl\cos\theta$ であり，重力のする仕事は $mgl\sin\theta$ である．これらの和が運動エネルギーの変化に等しいことから

$$\frac{mv^2}{2} - 0 = -\mu' mgl\cos\theta + mgl\sin\theta$$

$$v = \sqrt{2gl(-\mu'\cos\theta + \sin\theta)}$$

となる． ∎

### （3）保存力と位置エネルギー

力のする仕事が道筋によらないとき，その力を**保存力**という．基準になる場所 O を決めると，「ある点 P から基準点 O まで質点が動く間に保存力のする仕事 $W$」は途中の道筋によらず，点 P によって決まってしまう（図 1.20）．

つまり，

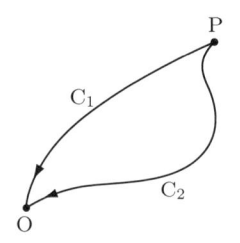

**図 1.20** 保存力と仕事

$$W = \int_{\text{P}\to\text{C}_1\to\text{O}} \boldsymbol{F}\cdot\mathrm{d}\boldsymbol{r} = \int_{\text{P}\to\text{C}_2\to\text{O}} \boldsymbol{F}\cdot\mathrm{d}\boldsymbol{r} \tag{1.38}$$

であり，$W$ は P だけの関数になる．このとき，P から O へ動く間に保存力のする仕事 $W$ を**位置エネルギー** (potential energy) と呼び，$V(\text{P})$ または点 P の位置ベクトル $\boldsymbol{r}$ を使って $V(\boldsymbol{r})$ と書く．位置エネルギーの定義は

$$V(\boldsymbol{r}) = \int_{\text{P}\to\text{O}} \boldsymbol{F}\cdot\mathrm{d}\boldsymbol{r} \tag{1.39}$$

である．

**例題 1.17** 図 1.21 に示したように，質点が $xy$ 面内で $\text{C}_1$，$\text{C}_2$ という道筋を通って P から O へ動くとき，次のような力のする仕事を $\text{C}_1$ と $\text{C}_2$ のそれぞれの道筋に対して計算せよ．

（a） 力が，動く方向と逆向きに一定の大きさ $F[\text{N}]$ であるとき．

（b） 力が，$y$ 軸の負の向きに一定の大きさ $F[\text{N}]$ であるとき．

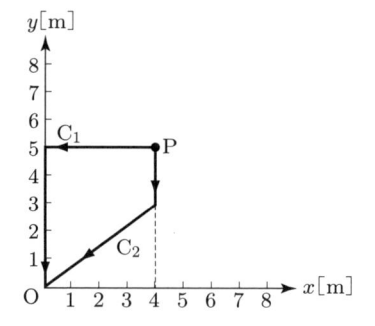

図 1.21 力のする仕事と道筋

**解** （a） この場合，仕事を計算するための積分は（力）×（距離）で計算できるので

$$\int_{\text{P}\to\text{C}_1\to\text{O}} \boldsymbol{F}\cdot\mathrm{d}\boldsymbol{r} = -F\times 4 - F\times 5 = -9F[\text{J}]$$

$$\int_{\text{P}\to\text{C}_2\to\text{O}} \boldsymbol{F}\cdot\mathrm{d}\boldsymbol{r} = -F\times 2 - F\times \sqrt{3^2+4^2} = -7F[\text{J}]$$

となる．

（b） 仕事を計算するための積分は（力の運動方向成分）×（動いた距離）で計算され，

$$\int_{\text{P}\to\text{C}_1\to\text{O}} \boldsymbol{F}\cdot\mathrm{d}\boldsymbol{r} = 0\times 4 + F\times 5 = 5F[\text{J}]$$

$$\int_{\text{P}\to\text{C}_2\to\text{O}} \boldsymbol{F}\cdot\mathrm{d}\boldsymbol{r} = F\times 2 + F\frac{3}{\sqrt{3^2+4^2}}\times \sqrt{3^2+4^2} = 5F[\text{J}]$$

となる．(a) は動摩擦力に対応しているが，この場合，仕事は道筋に依存する．(b) は重力に対応しているが，この場合，仕事は道筋に依存しない．■

### （4） 位置エネルギーの例

この項では，いろいろな力に対して位置エネルギーを計算してみよう．

#### （a） 重力の位置エネルギー

質点が図 1.22 のような道筋を通り点 P から基準点 O まで動くとき，重力のする仕事は $\int_{P \to C \to O} \boldsymbol{F} \cdot d\boldsymbol{r}$ を計算することにより得られる．仕事 $W$ は
$$\boldsymbol{F} \cdot d\boldsymbol{r} = F_x dx + F_y dy = -mg\, dy$$
という式を使って計算すると
$$W = \int_y^0 (-mg)\, dy = mgy \tag{1.40}$$
となり，道筋によらない．よって，重力は保存力であり，重力の位置エネルギーは
$$V(x, y, z) = V(y) = mgy \tag{1.41}$$
となる．

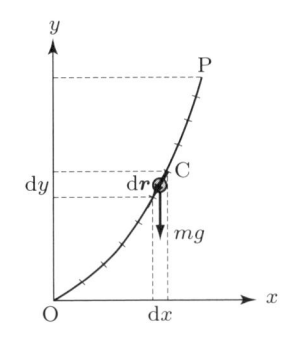

図 1.22　重力の位置エネルギー

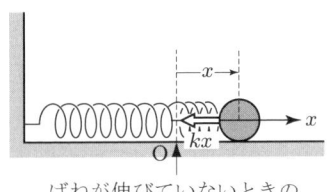

図 1.23　ばねの位置エネルギー

#### （b） ばねの位置エネルギー

図 1.23 のように，水平な床の上にばねが置かれ，一端は壁に固定され，他端には質点が付いている．ばねが $x$ だけ伸びているときの位置エネルギーを求めよう．

ばねによる力はばねの伸びに比例するので，ばね定数を $k$ とすると，$F_x = -kx$ である．ばねの位置エネルギーは「ばねの伸びが $x$ である地点から，伸びがゼロである基準点まで動く間に力がする仕事」であり
$$V(x) = \int_x^0 (-kx)\, dx = \frac{kx^2}{2} \tag{1.42}$$
となる．これは道筋によらないので，ばねの力は保存力である．

#### （c） 万有引力の位置エネルギー

地球の質量を $M$ として，地球の万有引力がする仕事を考えてみよう（図 1.24）．点

**28**　第1章　力学の基本

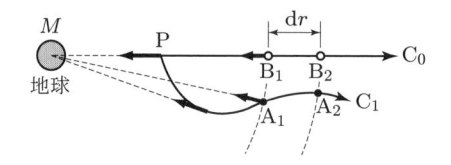

**図 1.24**　万有引力の位置エネルギー

$A_1$ から点 $A_2$ にいく間に万有引力がする仕事は，点 $B_1$ から点 $B_2$ へいく間にする仕事に等しいから，「点 P から無限遠にいく間にする仕事」は，道筋 $C_0$ にそって計算しても道筋 $C_1$ にそって計算しても同じである．

「無限遠を基準とする点 P での位置エネルギー」は，「点 P から無限遠にいく間にする仕事」であり，次のように計算される．

$$V(\boldsymbol{r}) = \int_r^\infty \left(-G\frac{mM}{r^2}\right)dr = -G\frac{mM}{r} \tag{1.43}$$

**（5）力学的エネルギー保存則**

「運動エネルギーの変化は力のする仕事に等しい」ということを 1.4 節 (2) で学んだ．一方，1.4 節 (3) では，「力が保存力である場合，力のする仕事は位置エネルギーで表される」ということを学んだ．これらを組み合わせて，運動エネルギーと位置エネルギーの関係を導くことにする．

p.23 の図 1.18 で質点が点 $P_1$ から点 $P_2$ まで動いたとき，

「質点の運動エネルギーの変化 $mv_2^2/2 - mv_1^2/2$」=「その間に力のする仕事 $W_{P_1 \to P_2}$」である．ところが，保存力の場合

「力のする仕事 $W_{P_1 \to P_2}$」=「点 $P_1$ から基準点 O を通り点 $P_2$ にいく道筋にそって力
　　　　　　　　　　　　　のする仕事を積分したもの」
　　　　　　　　　　　=「点 $P_1$ から基準点 O まで動くときに力のする仕事
　　　　　　　　　　　　$W_{P_1 \to O}$ と基準点から点 $P_2$ までの仕事 $W_{O \to P_2}$ の和」

である．位置エネルギーの定義より $W_{P_1 \to O} = V(P_1)$，$W_{O \to P_2} = -V(P_2)$ であるから，まとめると

$$\frac{mv_2^2}{2} - \frac{mv_1^2}{2} = V(P_1) - V(P_2) \tag{1.44}$$

となる．これを変形して得られる次の式を**力学的エネルギー保存則**(law of conservation of mechanical energy) という．

$$\frac{mv_2^2}{2} + V(P_2) = \frac{mv_1^2}{2} + V(P_1) \tag{1.45}$$

この式は，質点が点 $P_1$ から点 $P_2$ まで動いたとき，「運動エネルギーと位置エネルギーの和は変わらない」ということを表している．

動摩擦力のような非保存力の場合，力学的エネルギー保存則は成り立たないが，第 6 章で学ぶ熱エネルギーまで考慮すれば，エネルギー保存則は成り立っている．エネルギー保存則は，ニュートン力学が適用できない場合でも成り立っている大切な法則である．

**例題 1.18** 図 1.25 のように，質量 $m$ の質点を長さ $l$ の糸の端に付け，天井からつり下げる．糸が鉛直となす角を $\theta_0$ にして手を離すと，質点が真下にきたとき ($\theta=0$) の速さ $v$ はいくらになるか．

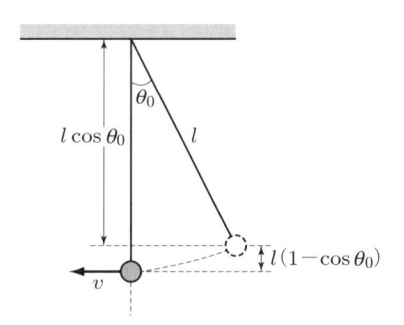

**図 1.25** 振り子の運動

**解** 力学的エネルギー保存則より，角度が $\theta_0$ のときと角度が $\theta=0$ のときとで力学的エネルギーは等しくなる．重力の位置エネルギーの基準点を $\theta=0$ のときの質点の位置に選ぶと，$\theta=\theta_0$ のときの位置は基準点より $l(1-\cos\theta_0)$ だけ高い位置なので

$$mgl(1-\cos\theta_0)+0=0+\frac{mv^2}{2}$$

となる．これから求める速さは

$$v=\sqrt{2gl(1-\cos\theta_0)}$$

となる． ■

**例題 1.19** ロケットを鉛直上方に打ち上げ，落ちてこないようにするには，地表での初速度 $v_0$ をいくらにすればよいか．地球の半径を $R$，質量を $M$ とし，空気抵抗は無視するものとする．（この速度 $v_0$ を **第 2 宇宙速度** という[1]．）

**解** ロケットの質量を $m$，地球の中心から $r$ のときのロケットの速さを $v$ とすると，力学的エネルギー保存則より

$$\frac{mv^2}{2}+\left(-G\frac{mM}{r}\right)=\frac{mv_0^2}{2}+\left(-G\frac{mM}{R}\right)$$

---

[1] 人工衛星にするための最小の速度（約 7.9 km/s）を **第 1 宇宙速度** という．

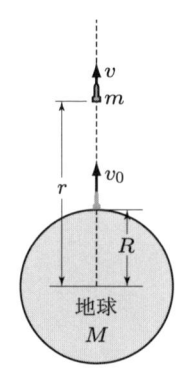

図 1.26 ロケットの運動

となる．落ちてこないということは，無限遠までいくことができるということで，「$r \to \infty$ のとき $v=0$ となる」ということである．これより，第2宇宙速度は

$$v_0 = \sqrt{2G\frac{M}{R}}$$

となる．数値を代入すると，約 $1.1 \times 10^4 \mathrm{m/s}$ である． ■

### （6） 位置エネルギーと力

力が与えられたとき位置エネルギーを計算する方法はわかったが，逆に位置エネルギーから力を計算するにはどうしたらよいであろう．

図 1.27 のように，$x$ 方向に無限に短い距離 $\Delta x$ だけ動いたときの仕事 $\Delta W$ を考えてみよう．位置エネルギーの定義より，仕事 $\Delta W$ は位置エネルギーの差

$$-\Delta V = V(x) - V(x+\Delta x)$$

に等しい．一方，力の $x$ 成分を $F_x$ とすると仕事 $\Delta W$ は $F_x \Delta x$ に等しいはずである．よって

$$V(x, y, z) - V(x+\Delta x, y, z) = F_x \Delta x \tag{1.46}$$

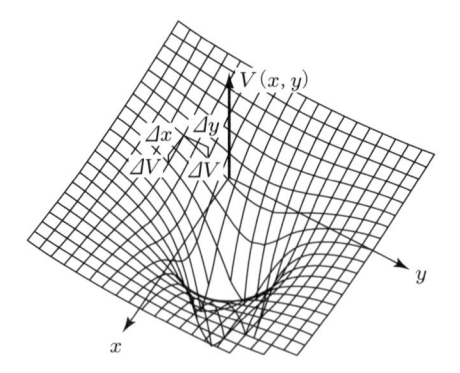

図 1.27 位置エネルギー（2次元の場合）

となり，この式から

$$F_x = -\frac{V(x+\Delta x, y, z) - V(x, y, z)}{\Delta x} \qquad (1.47)$$

となる．$\Delta x \to 0$ のとき，この式は偏微分を使って

$$F_x = -\frac{\partial V}{\partial x} \qquad (1.48)$$

と書くことができる．なお，偏微分 $\partial V/\partial x$ は $y$，$z$ は変化させずに（定数と考えて）微分することを意味している．同様にして力の $y$ 成分と $z$ 成分は次式で与えられる．

$$F_y = -\frac{\partial V}{\partial y} \qquad (1.49)$$

$$F_z = -\frac{\partial V}{\partial z} \qquad (1.50)$$

**例題 1.20** 位置エネルギーが次の式で与えられるとき，力を求めよ．

(a) $V(x) = kx^2/2$

(b) $V(x, y, z) = -GmM/r$　ただし，$r = \sqrt{x^2+y^2+z^2}$ である．

**解**　偏微分を実行することにより，次のように答が得られる．

(a) $F_x = -\dfrac{\partial V}{\partial x} = -kx$

$F_y = -\dfrac{\partial V}{\partial y} = 0$

(b) $F_x = -\dfrac{\partial V}{\partial x} = -\dfrac{dV}{dr}\dfrac{\partial r}{\partial x} = -G\dfrac{mM}{r^2} \cdot \dfrac{1}{2}(x^2+y^2+z^2)^{-1/2} \cdot 2x = -GmM\dfrac{x}{r^3}$

$F_y = -\dfrac{\partial V}{\partial y} = -\dfrac{dV}{dr}\dfrac{\partial r}{\partial y} = -G\dfrac{mM}{r^2} \cdot \dfrac{1}{2}(x^2+y^2+z^2)^{-1/2} \cdot 2y = -GmM\dfrac{y}{r^3}$

$F_z = -\dfrac{\partial V}{\partial z} = -\dfrac{dV}{dr}\dfrac{\partial r}{\partial z} = -G\dfrac{mM}{r^2} \cdot \dfrac{1}{2}(x^2+y^2+z^2)^{-1/2} \cdot 2z = -GmM\dfrac{z}{r^3}$ ■

## 練習問題　1　（解答は p.243～244）

1. 質点の位置が次の式で与えられるとき，質点の速度と加速度を求めよ．

   (1) $x = -\dfrac{g}{2}t^2$

   (2) $x = A\cos\left(\dfrac{2\pi}{T}t\right)$

   (3) $x = r\cos\left(\dfrac{2\pi}{T}t\right), \quad y = r\sin\left(\dfrac{2\pi}{T}t\right)$

(4) $x = a\exp\left(-\dfrac{c}{m}t\right)$

2. 質点の加速度が次の式で与えられるとき，質点の速度と位置を求めよ．ただし，初速度は 0 とし，最初の位置を座標の原点に選ぶものとする．

(1) $a_x = -g, \quad a_y = 0$

(2) $a_x = A\cos\left(\dfrac{2\pi}{T}t\right)$

3. 初速 $v_0$ で水平と $\theta$ の角度で投げ上げられた物体について次の問いに答えよ．

(1) いちばん高く上がる時刻はいつか．また，そのときの高さはいくらか．

(2) 飛距離はいくらか．

(3) 最大の飛距離は $\theta$ がいくらのときか．

4. 滑らかで水平な面の上に，二つの物体 A と B とが糸で結ばれて置かれている．物体 A を糸にそって力 $F_0$ で引張った．それぞれの質量を $m_A$, $m_B$ とし，それぞれの物体の加速度 $a_A$, $a_B$ を求めよ．また，A と B とを結ぶ糸の張力 $T$ を求めよ．

5. 質量の無視できる滑車に糸を掛け，その両端に質量 $m_A$, $m_B$ の物体 A と B をつるした．鉛直上向きを正として，各物体の加速度 $a_A$, $a_B$ と糸の張力 $T$ を求めよ．

6. 水平と $\theta$ の角をなす斜面に物体を置いた．動摩擦係数を $\mu'$ として，$t$ 秒後の速度とその間に動いた距離を求めよ．ただし，$g\sin\theta - \mu g\cos\theta > 0$ である（$\mu$ は静止摩擦係数）．なお，この条件は物体が滑りだすための条件である．

7. エレベータが上へ動きだした．そのときの加速度の大きさが $a$ であるとすると，エレベータの中の体重計に乗っている質量 $m$ の人の体重はいくらになるか（体重計の目盛りはいくらを指すか）．重力加速度は $g$ とせよ．

8. 進行方向と反対方向に $\mu'mg$ の動摩擦力が働く場合，図 1.28 の $C_1$ にそって動いた場合と $C_2$ にそって動いた場合について動摩擦力のする仕事を計算せよ．

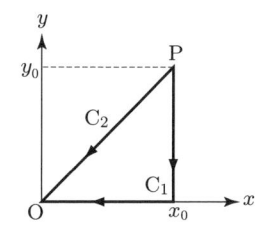

図 1.28 動摩擦力のする仕事と道筋

9. 質点に働く力が $F_x = -kx$, $F_y = -ky$ であるとき，質点が図 1.28 の $C_1$ にそって動いた場合と $C_2$ にそって動いた場合について力のする仕事を計算せよ．

10. 高さ $h$ の建物の上から，鉛直上方に初速度 $v_0$ で投げ上げられた物体が地上に落ちたときの（落ちる直前の）速度 $v$ を求めよ．ただし，空気抵抗などはないものとせよ．

11. 質量 $m$ の物体を長さ $l$ の糸の端につけ天井からつり下げる．最初，物体は鉛直方向に静止していた．この物体に水平方向に $v_0$ の初速度を与えると，物体はいくらの高さまで上る

か．ただし，$v_0 \leq \sqrt{2gl}$ とせよ．

**12．** 地球の中心から $r$ だけ離れた地点で地球に向かって $v_0$ の速度で動いている隕石がある．この隕石が地表に落ちてくるときの速度 $v$ を求めよ．ただし，地球以外の天体の影響および空気抵抗を無視せよ．地球の半径を $R$，地球の質量を $M$，万有引力定数を $G$ とせよ．

**13．** ばね定数 $k$ のばねが滑らかな水平面上に置かれ，一端を固定され他端に質量 $m$ の物体がつけられている．ばねを $x_0$ だけのばして手を離すと，ばねが元の長さに戻ったとき物体の速さ $v$ はいくらになるか．

**14．** ばね定数 $k$ のばねの一端を天井に固定し，他端に質量 $m$ の物体をつけて鉛直につるしてある．最初静止しているとして，そのときのばねの伸び $x_0$ を求めよ．次に，ばねをさらに $x_1$ だけのばして手を離すと物体は振動するが，最も速くなったときの速度を求めよ．(手を離すとき，ばねの伸びは $x_0 + x_1$ である．)

**15．** 半径 $R$ の円柱が図1.29のように水平面内に横たえてある．質量 $m$ の物体を円柱の一番高いところに置いたところ，側面にそって動きだし，$\theta = \theta_0$ のときに円柱の表面から離れた．摩擦がないとして次の問いに答えよ．

（1）物体が $\theta$ にいるときの速度 $v(\theta)$ を求めよ（ただし，$\theta \leq \theta_0$ である）．

（2）物体が円柱の表面から受ける垂直抗力 $N(\theta)$ を求めよ．（ただし，$\theta \leq \theta_0$ である．
**ヒント**：物体が円運動していることを使う．）

（3）物体が円柱表面から離れるときの角度 $\theta_0$ を求めよ．（円柱表面についているためには垂直抗力 $N(\theta)$ が正である必要がある．）

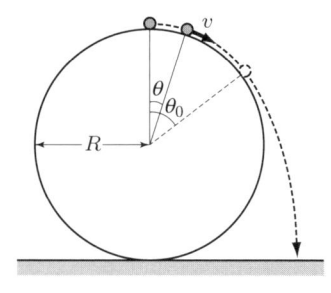

図1.29

**16．** 位置エネルギーが次の式で与えられるとき，力を求めよ．

（1）$V = \dfrac{kx^2 + ky^2}{2}$

（2）$V = \dfrac{q_1 q_2}{4\pi\varepsilon_0 r}$　　ただし　$r = \sqrt{x^2 + y^2 + z^2}$

（3）$V = C\dfrac{e^{-\kappa r}}{r}$　　ただし　$r = \sqrt{x^2 + y^2 + z^2}$

**17．** 力が次の式で与えられるとき位置エネルギーを求めよ．

$$F_x = \frac{x}{r^3}, \qquad F_y = \frac{y}{r^3}, \qquad F_z = \frac{z}{r^3}, \qquad r = \sqrt{x^2 + y^2 + z^2}$$

# 第2章 質点系の力学

前章で質点に関する運動の法則を学んだが，この章ではいくつかの質点が互いに力を及ぼし合っている質点系で成り立つ法則を学ぶことにする．このような質点系では，二つの質点を考える二体問題を除き解析的に解くことはできないが，運動量，角運動量，エネルギーに関する大切な法則が成り立つ．

## 2.1 重　心

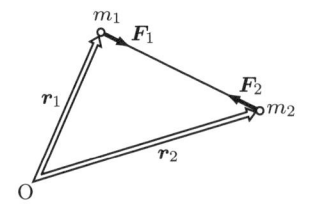

### （1）二つの質点の重心

二つの質点の質量を $m_1$, $m_2$, 位置ベクトルを $r_1$, $r_2$ とすると，重心 (center of gravity) $R$ は次の式で与えられる．

$$R = \frac{m_1 r_1 + m_2 r_2}{M} \tag{2.1}$$

$$M = m_1 + m_2 \tag{2.2}$$

ここで，$M$ は全質量を表している．なお，式 (2.1) で表される重心を支えると，つり合うことが 2.3 節の例題 2.3 で示される．

二つの質点のそれぞれに働く力を $F_1$, $F_2$ とすると，運動方程式は

$$m_1 \frac{d^2 r_1}{dt^2} = F_1 \tag{2.3}$$

$$m_2 \frac{d^2 r_2}{dt^2} = F_2 \tag{2.4}$$

である．図 2.1 に示すように，二つの質点に働く力が互いの間に働く作用と反作用だけである場合，$F_1 + F_2 = 0$ を考慮して，式 (2.3)＋式 (2.4) より

$$\frac{d^2 (m_1 r_1 + m_2 r_2)}{dt^2} = 0 \tag{2.5}$$

図 2.1　二つの質点の重心

となるが，この式は重心の座標を使って

$$M\frac{\mathrm{d}^2\boldsymbol{R}}{\mathrm{d}t^2}=0 \qquad (2.6)$$

と書ける．つまり，外力が働かない場合，重心は等速直線運動をする．

**（2） 多くの質点の重心**

$N$ 個の質点の質量を $m_1, \cdots, m_N$，位置ベクトルを $\boldsymbol{r}_1, \cdots, \boldsymbol{r}_N$ とすると，重心 $\boldsymbol{R}$ は式 (2.1) を拡張して次の式で与えられる．

$$\boldsymbol{R}=\frac{1}{M}\sum_{i=1}^{N}m_i\boldsymbol{r}_i \qquad (2.7)$$

$$M=\sum_{i=1}^{N}m_i \qquad (2.8)$$

ここで，$M$ は全質量を表している．この場合も，式 (2.7) で表される重心を支えると，つり合うことが練習問題 2 の 1. で示される．

## 2.2 運 動 量

**（1） 全 運 動 量**

質量と速度の積を**運動量** (momentum) といい $\boldsymbol{p}=m\boldsymbol{v}$ と書く．運動量が大きいというのは質量が大きく速さが大きいということであるから，運動量は「運動の勢いを表す量」といえなくもない．いくつかの質点があるとき，それぞれの質点の運動量の和を全運動量という．式で書くと全運動量 $\boldsymbol{P}$ は

$$\boldsymbol{P}=\sum_{i=1}^{N}m_i\boldsymbol{v}_i \qquad (2.9)$$

となる．この式を変形し，全運動量を式 (2.7) の重心の座標 $\boldsymbol{R}$ で表すと，次のようになる．

$$\boldsymbol{P}=\frac{\mathrm{d}}{\mathrm{d}t}\sum_{i=1}^{N}m_i\boldsymbol{r}_i=M\frac{\mathrm{d}\boldsymbol{R}}{\mathrm{d}t} \qquad (2.10)$$

式 (2.10) は，「質点系の全運動量は，重心が質量 $M$ をもつと考えたときの運動量に等しい」ということを表している．

**（2） 全運動量と重心に対する運動方程式**

図 2.2 のように各質点の質量を $m_i$，各質点に働く外力を $\boldsymbol{F}_i$，各質点に働く他の質点からの力を $\boldsymbol{f}_{ij}$ とすると，運動方程式は

$$m_i\frac{\mathrm{d}\boldsymbol{v}_i}{\mathrm{d}t}=\boldsymbol{F}_i+\sum_j\boldsymbol{f}_{ij} \quad (i=1,2,\cdots,N) \qquad (2.11)$$

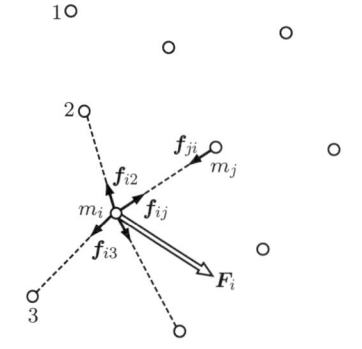

図2.2 質点系に働く力（$F_i$ は質点 $i$ に加わる外力，$f_{ij}$ は質点 $i$ が質点 $j$ から受ける力，$f_{ij}=-f_{ji}$）

となるが，$i=1$ から $i=N$ までの $N$ 個の方程式の和をとると，

$$\sum_i m_i \frac{d\boldsymbol{v}_i}{dt} = \sum_i \boldsymbol{F}_i + \sum_{ij} \boldsymbol{f}_{ij} \qquad (2.12)$$

となる．この式の右辺第2項の $\sum_{ij} \boldsymbol{f}_{ij}$ の中には，（たとえば $\boldsymbol{f}_{2,3}$ と $\boldsymbol{f}_{3,2}$ のように）作用と反作用の関係にある力が対になって含まれる．それらは打ち消し合って消えてしまうため，$\sum_{ij} \boldsymbol{f}_{ij}$ はゼロになる．また，式(2.9)より $\sum_i m_i \dfrac{d\boldsymbol{v}_i}{dt} = \dfrac{d\boldsymbol{P}}{dt}$ となることを考慮すると，式(2.12)は

$$\frac{d\boldsymbol{P}}{dt} = \boldsymbol{F} \qquad (2.13)$$

または，式(2.10)より

$$M \frac{d^2 \boldsymbol{R}}{dt^2} = \boldsymbol{F} \qquad (2.14)$$

となる．ここで，$\boldsymbol{F}$ は外力の和 $\sum_i \boldsymbol{F}_i$ である．これらの式は，「重心の運動は，質量 $M$ の質点が全外力だけを受けて運動するのと同じである」ということを表している．つまり，重心の運動に関しては，一つの質点の運動と同様に考えてよいということである．そのため地球や月の運動を考える際，質点の運動と考えてよい．

**（3）運動量保存則**

式(2.13)は，「外力の和がゼロであるとき，全運動量が時間によらず一定である」ことを示している．「全運動量が時間が経っても変化しない」ことを，「全運動量が保存する」といい，この法則を**運動量保存則**（law of conservation of momentum）という．運動量保存則は，運動方程式と作用反作用の法則のみを用いて導かれており，摩擦や衝突など熱を発生する複雑な現象においても成り立っている．

二つの質点の衝突の場合，質点の質量を $m_A$，$m_B$，衝突前の速度を $\boldsymbol{v}_A$，$\boldsymbol{v}_B$，衝突後

の速度を $\boldsymbol{v}'_A$, $\boldsymbol{v}'_B$ とすると,「衝突の前後で全運動量が同じである」という運動量保存則は

$$m_A\boldsymbol{v}_A + m_B\boldsymbol{v}_B = m_A\boldsymbol{v}'_A + m_B\boldsymbol{v}'_B \qquad (2.15)$$

と表現することができる.

**例題 2.1** 摩擦のない机の上に質量 $m$ のコイン A が置かれており,同じ質量のコイン B が速度 $v_0$ で正面衝突した.(正面衝突なので,一直線上で運動するとせよ.)力学的エネルギーが保存しているとすると,衝突後の速度 $v_A$, $v_B$ はいくらになるか.

**解** 運動量保存則と力学的エネルギー保存則の式を書くと

$$mv_0 + m\cdot 0 = mv_A + mv_B$$

$$\frac{mv_0^2}{2} + \frac{m\cdot 0}{2} = \frac{mv_A^2}{2} + \frac{mv_B^2}{2}$$

この式から $v_B$ を消去すると

$$0 = mv_A^2 - mv_Av_0 \qquad (2.16)$$

となり,$v_A = v_0$ または $v_A = 0$ となる.ところで,$v_A = 0$ は衝突前の速度であり,衝突後の速度は $v_A = v_0$ である.これを最初の式に代入すると,$v_B = 0$ となって,A と B は速度を交換する. ∎

**例題 2.2** ロケットが毎秒 $m\mathrm{[kg]}$ のガスを噴射して動いている.ガスの噴射の速さがロケットからみて $v_0\mathrm{[m/s]}$ であるとすると,動き始めてから $t$ 秒後のロケットの速さ $v(t)$ を求めよ.ただし,動き始めたときのロケットの質量は $M_0\mathrm{[kg]}$ であるとせよ.(ここで,ロケットの質量というのは,ロケット本体と燃料の質量の和である.)

**解** 時刻 $t$ における速度を $v(t)$ とし,$\Delta t$ 秒後の速度を $v(t) + \Delta v$ とする.$\Delta t$ 秒間に噴射するガスの質量は $m\Delta t$ であり,その速度は $v(t) + \Delta v - v_0$ である.全運動量が保存することから

$$M(t)v(t) = \{M(t) - m\Delta t\}\{v(t) + \Delta v\} + m\Delta t\{v(t) + \Delta v - v_0\}$$

が成り立つ.ただし,$M(t)$ は $t$ 秒後のロケットの質量である.上式を展開して整理すると

$$0 = M(t)\Delta v - mv_0\Delta t$$

となる.ここで,$\Delta t \to 0$ として,さらに $M(t) = M_0 - mt$ と表せることを使うと

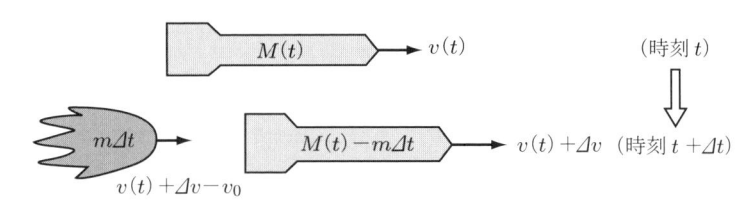

図 2.3 ロケットの運動

$$\frac{dv}{dt} = \frac{mv_0}{M_0 - mt}$$

となる．この式を積分すると

$$v(t) = -v_0 \log_e(M_0 - mt) + C$$

となるが，初期条件より $C = v_0 \log_e M_0$ となり，まとめると次の式になる．

$$v(t) = v_0 \log_e \frac{M_0}{M_0 - mt}$$

この速度は，「ガスの噴射される速さ」と，「ロケットの最初の質量と時刻 $t$ での質量の比」で決まっている．最終的なロケットの速度を速くするためには，「ガスの噴射の速さを速くする」か，「ロケットの最初と最後の質量の比を大きくする」かどちらかである．多段式ロケットが何をねらっているか，もうおわかりと思う．また，SF に登場する光子ロケットは，光の速さが速いことを利用しようというものである． ∎

## 2.3 角運動量

### (1) 力のモーメント

ハンドルを回すとき大きなハンドルは楽に回せるし，シーソーにのるとき軽い人は支点から離れたところに座ればよい．これらのことから，回転という観点では「力の大きさと支点からの距離の積」が重要であることがわかる．これが「回転において力の役割を果たす量」である．

図 2.4 のように力 $\boldsymbol{F}$ が点 P に働いているとき，基準点（支点）O の周りの**力のモーメント**（moment of force）$\boldsymbol{N}$ は次のように定義される．

$$\boldsymbol{N} = \boldsymbol{r} \times \boldsymbol{F} \tag{2.17}$$

外積（ベクトル積，p.5）の定義からわかるように，力のモーメントの大きさ $N$ は $Fr\sin\theta$ であり，「力の大きさと支点から力の作用線までの距離との積」といえる．これが前に述べた「回転において力の役割を果たす量」である．力のモーメントの方向

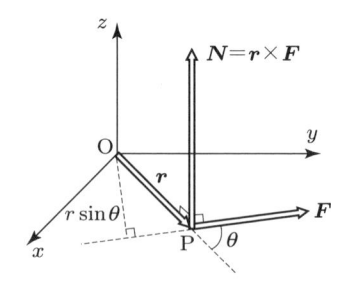

図 2.4 力のモーメント

は，「$r$ と $F$ の両方に垂直（ということは回転軸の方向）」であり，「回転の方向に右ねじを回したとき右ねじが進む向き」を向いている．

**例題 2.3** 図 2.5 のように質量 $m_1$，$m_2$ の二つの質点が，質量の無視できる硬い棒の両端につけられている．二つの質点の座標を $x_1$，$x_2$ とし，重心の座標を $x_G = (m_1 x_1 + m_2 x_2)/(m_1 + m_2)$ とすると，重心の周りの重力のモーメントの和はゼロであることを示せ．（これは，重心を支えるとつり合うことを意味している．なお，「力のモーメントがゼロであるとき，最初回転していなかったものは回転しないままである」．このことは，2.3 節（3）で説明する．）

**解** 力のモーメントの $z$ 成分，すなわち，反時計回りに回転させようという力のモーメントの大きさは

$$N_z = m_1 g (x_G - x_1) - m_2 g (x_2 - x_G)$$
$$= -m_1 g x_1 - m_2 g x_2 + (m_1 + m_2) g x_G = 0$$

となりゼロである．　■

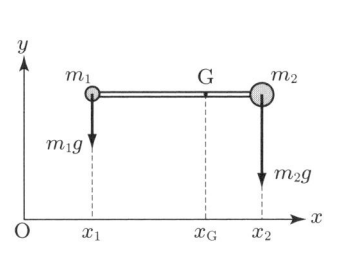

図 2.5　二つの質点の重心

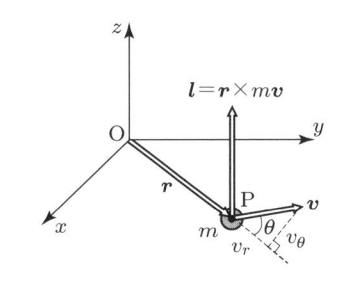

図 2.6　角運動量

### （2）角運動量

半径の大きなコマやはずみ車は，回すのも大変だが止めるのも大変である．「直線的に動く勢い」を表すのは運動量だが，「回転の勢い」を表すには回転の中心 O からの距離も大切であることがわかる．「回転の勢いを表す量」として，**角運動量**（angular momentum）$l$ を次のように定義する．

$$l = r \times p = r \times m v \tag{2.18}$$

図 2.6 より，角運動量の大きさは $l = mrv\sin\theta$ であり，回転方向の運動量 $mv\sin\theta$ と回転の半径 $r$ の積である．質点がたくさんある場合，全角運動量 $L$ が

$$L = \sum_{i=1}^{N} (r_i \times p_i) = \sum_{i=1}^{N} (r_i \times m_i v_i) \tag{2.19}$$

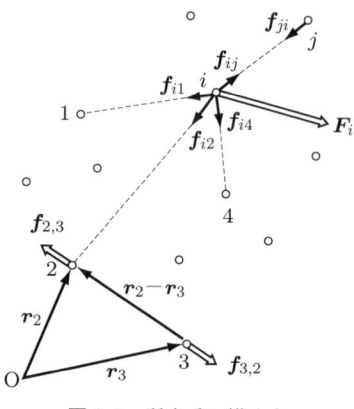

**図 2.7** 質点系に働く力

となることはいうまでもない．

### （3） 回転の運動方程式

質点系に図2.7のような力が働いている場合（$f_{ij}$ は質点 $j$ から質点 $i$ に働く内力であり，$F_i$ は質点 $i$ に働く外力である），質点 $i$ に対する運動方程式は，

$$m_i \frac{dv_i}{dt} = F_i + \sum_j f_{ij} \quad (i=1, 2, \cdots, N) \qquad (2.20)$$

となる．この式と $r_i$ との外積をとり，$i=1$ から $i=N$ までの $N$ 個の方程式の和をとると次の式が得られる．

$$\sum_i \left( r_i \times m_i \frac{dv_i}{dt} \right) = \sum_i (r_i \times F_i) + \sum_{ij} (r_i \times f_{ij}) \qquad (2.21)$$

ところで，$\sum_{ij}(r_i \times f_{ij})$ の中には，たとえば $r_2 \times f_{2,3}$ と $r_3 \times f_{3,2}$ のような作用と反作用の関係にある力が対になって存在する．この二つの力のモーメントの和は $r_2 \times f_{2,3} + r_3 \times f_{3,2} = (r_2 - r_3) \times f_{2,3}$ となるが，$(r_2 - r_3)$ と $f_{2,3}$ はともに質点2と質点3を結ぶ方向を向いている平行なベクトルであるから，$(r_2 - r_3) \times f_{2,3} = 0$ である．結局，$\sum_{ij}(r_i \times f_{ij})$ はゼロになる．また，質点 $i$ の角運動量 $l_i$ は

$$\frac{dl_i}{dt} = \frac{d(r_i \times m_i v_i)}{dt} = r_i \times m_i \frac{dv_i}{dt} + \frac{dr_i}{dt} \times m_i v_i = r_i \times m_i \frac{dv_i}{dt} \qquad (2.22)$$

となる．ここで，$(dr_i/dt) \times m_i v_i = v_i \times m_i v_i = 0$ という関係を用いた．したがって，外力のモーメントの和を $N$ とすると，式 $(2.21)$ より $N = \sum_i (r_i \times F_i) = \sum_i \left( r_i \times m \frac{dv_i}{dt} \right)$ となり，式 $(2.19)$ と式 $(2.22)$ より

$$\frac{dL}{dt} = N \qquad (2.23)$$

となる．これが回転に関する運動方程式である．重心に関する運動方程式 (2.13) と比較すると，力と力のモーメント，運動量と角運動量が対応している．

**例題 2.4** 式 (2.23) では，力のモーメントや角運動量を定義する際の基準点（回転の中心または支点）はある慣性系に対して固定された点と暗黙のうちに仮定されている．ところが，重心の周りの角運動量に関する運動方程式は，重心が慣性系に対して加速度運動しても同じ式が成立する．この法則を証明せよ．

**解** 重心 G の加速度を $a$ とすると，慣性力 $-m_i a$ が加わるが，慣性力の力のモーメントは

$$-\sum_i (r_i \times m_i a) = -\left(\sum_i m_i r_i\right) \times a = 0$$

となる．ここで重心の定義より $\sum_i m_i r_i = 0$ であることを使った．（なぜならば，$r_i$ は重心を原点とする質点の位置ベクトルであり，式 (2.7) より $\left(\sum_i m_i r_i\right) / \sum_i m_i$ は（重心を原点とする）重心の位置ベクトルであるからゼロである．）

この例題の結論は，後の 3.3 節で，暗黙のうちに使われている． ∎

### (4) 全角運動量と角運動量保存則

力のモーメントがゼロである場合，式 (2.23) より角運動量は一定であり時間が経っても変化しない．これを**角運動量保存則** (law of conservation of angular momentum) という．

**例題 2.5** 固定点（太陽）の周りを質点（惑星）が運動している．質点に働く力は万有引力であるとする．固定点からの距離を $r$，角速度を $\omega$，質量を $m$ として，角運動量保存則はどうなるか．

**解** 万有引力は固定点（太陽）の方向であるから，固定点の周りの力のモーメントはゼロであり，角運動量保存則が成り立つ．角運動量の大きさは，固定点からの距離 $r$ と，それに垂直方向の速度の成分 $r\omega$ と，質量 $m$ との積である．よって，角運動量保存則は

$$mr^2\omega = \text{const.}$$

と書ける．これは，「面積速度一定の法則」として知られており，惑星や彗星が太陽の近くで速く動く事実を説明している（図 2.8）． ∎

質点系の角運動量保存則の例としては，フィギュアスケートのスピンがあげられる．腕を縮めるにつれて回転が速くなるが，これは外力がほとんど働かないため角運動量が保存し，手が回転の中心に近づくにつれて回転が速くなるのである．詳しくは第 3 章を参照のこと．

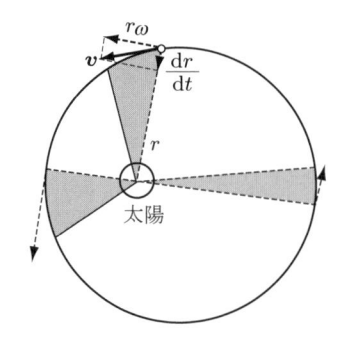

図 2.8 惑星の運動
(灰色部は固定点と質点を結ぶ線分が単位時間に通過する面積(これを面積速度という)を表す)

## 練習問題 2　　　(解答は p.244)

1. $N$ 個の質点の質量を $m_1, \cdots, m_N$，位置ベクトルを $r_1, \cdots, r_N$ とすると，重心 $R$ を支えると，つり合うことを示せ．
2. 水平方向 ($x$ 方向) に $v_1$ の速さで飛行している質量 $m_1$ の物体に，垂直上方 ($y$ 方向) に速さ $v_2$ で飛んでいる質量 $m_2$ の物体が衝突し，二つの物体はくっついて一つになって飛び続けた．衝突直後の速度 $v'$ の $x$ 成分，$y$ 成分を求めよ．
3. 質量 $m_1$, $m_2$ の二つの質点が自然の長さ $l$ のバネでつながれて滑らかな水平面上に置かれている．質点は $x$ 軸上にあり，$x$ 軸上で運動するとする．バネ定数を $k$，質点の座標を $x_1$, $x_2$ として次の問いに答えよ．ただし，$x_1 > x_2$ とせよ．
 (1) 重心の座標 $X$ に対する運動方程式を求めよ．
 (2) 相対座標 $x = x_1 - x_2$ に対する運動方程式を求めよ．
4. 滑らかな机の上に鉛直に細い棒を立て，その棒の根元に長さ $l$ の糸の一端を固定し，糸の他端に質量 $m$ の物体をつけた．糸を水平に伸ばして物体を机の上に置き，物体に糸と垂直方向の初速 $v_0$ を与え，同時に棒を物体の回転より十分速く回転させて糸を棒に巻きつかせた．物体は円運動をするが，糸が棒に巻きついていくため次第に半径が小さくなった．半径が $r$ であるときの物体の速さ $v(r)$ を求めよ．(ヒント：物体に働く力は棒の中心を向いていると考え，その点の周りの力のモーメントがゼロと考えてよい．また，物体は棒の中心に向かってゆっくりではあるが近づくので，力のする仕事はゼロではない．)

# 第 3 章

# 剛 体 の 力 学

　この章では，大きさをもつ硬い物体（変形しない物体，**剛体**（rigid body）と呼ぶ）の運動を取り扱う．大きさをもつ物体というのは，無限にたくさんの質点の集まりと考えることもできるので，第 2 章の質点系の力学の応用でもある．剛体の運動は，重心の運動と回転運動で表される．

## 3.1　回転軸の周りの回転

### （1）運動方程式

　剛体が固定軸の周りを角速度 $\omega$ で回転運動する場合を考えることにする．図 3.1 のように，剛体を無限に細かい微小な部分に分割する．そうすると，微小な部分は質点とみなしうるので，第 2 章で学んだ質点系の力学を適用することができる．一方，剛体は変形しないので，剛体が回転運動をするとき，それぞれの微小部分から回転軸に下ろした垂線の長さは変化しない．そのため，それぞれの微小部分は回転軸の周りを同じ角速度 $\omega$ で円運動する．

　第 2 章で学んだ回転に対する運動方程式を使うため，回転する剛体の角運動量を計算してみよう．質点系の角運動量は，式 (2.19) によれば

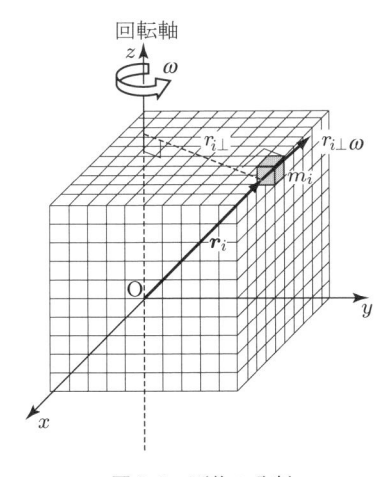

図 3.1　剛体の分割

$$L = \sum_{i=1}^{N} (\boldsymbol{r}_i \times m_i \boldsymbol{v}_i)$$

となるが，角運動量の $z$ 成分（回転軸方向の成分）は

$$L_z = \sum_{i=1}^{N} r_{i\perp} m_i v_i = \sum_{i=1}^{N} r_{i\perp} m_i r_{i\perp} \omega = \left( \sum_{i=1}^{N} m_i r_{i\perp}^2 \right) \omega \quad (3.1)$$

となる．ただし，$r_{i\perp}$ はそれぞれの微小部分から回転軸に下ろした垂線の長さである．ところで，$\sum_{i=1}^{N} m_i r_{i\perp}^2$ は剛体が運動しても変化しない剛体固有の量である．これを**慣性モーメント**（moment of inertia）と呼び，$I$ と書くことにする．結局，固定軸の周りの**剛体の回転の運動方程式**は式 (2.23) より

$$\frac{dL_z}{dt} = I \frac{d\omega}{dt} = N_z \quad (3.2)$$

$$I = \sum_{i=1}^{N} m_i r_{i\perp}^2 \quad (3.3)$$

となる．剛体の回転運動と質点の直線運動を対応させると，力のモーメントと力，慣性モーメントと質量，角速度と速度が対応している．

**例題 3.1** 半径が $a$，質量が $M$ である円筒形のはずみ車が回転軸の周りを自由に回転できるようになっている．図 3.2 のように円筒部分に糸を巻き付けて一定の力 $F$ で糸を引くと，このはずみ車はどういう運動をするか．最初，はずみ車は回転していなかったとし，はずみ車の質量 $M$ はすべて，半径 $a$ の円筒部分にあるとせよ．

**解** 慣性モーメントは式 (3.3) より $I = Ma^2$，力のモーメントは $Fa$ だから，回転の運動方程式は

$$Ma^2 \frac{d\omega}{dt} = Fa$$

となり，これを積分して初期条件より積分定数を決めると

$$\omega = \frac{F}{Ma} t$$

が得られる．角速度は時間に比例して増加するが，半径が大きいほど角速度の変化の割合は

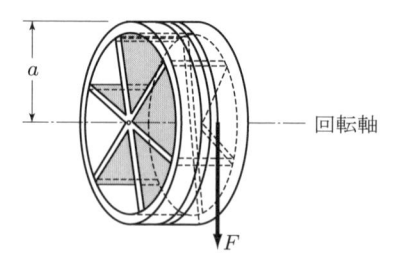

図 3.2 はずみ車

小さく，はずみ車としての効果が大きい.

**（2） 運動エネルギー**

回転運動では速さ $v_i$ が $r_{i\perp}\omega$ であるから，剛体の回転の運動エネルギーは

$$E_\mathrm{k} = \sum_{i=1}^{N} \frac{m_i v_i^2}{2} = \sum_{i=1}^{N} \frac{m_i r_{i\perp}^2 \omega^2}{2} = \left(\sum_{i=1}^{N} m_i r_{i\perp}^2\right) \frac{\omega^2}{2} \tag{3.4}$$

となる．慣性モーメント $I$ を使って表せば，

$$E_\mathrm{k} = \frac{I\omega^2}{2} \tag{3.5}$$

となり，運動エネルギーについても，質量と慣性モーメント，速度と角速度が対応していることがわかる．

## 3.2 慣性モーメント

**（1） 慣性モーメントを計算するための式**

前節の式 (3.3) で与えられる慣性モーメントを計算するための式を導くことにしよう．微小な部分の体積を $\Delta V$ とし，密度を $\rho_i$ とすると，質量は $\rho_i \Delta V$ となるので

$$I = \lim_{N \to \infty} \sum_{i=1}^{N} r_{i\perp}^2 \rho_i \Delta V = \int r_\perp^2 \rho \, \mathrm{d}V \tag{3.6}$$

となる．2次元の板や1次元の棒の場合，次のようになることは容易にわかると思う．

$$I = \lim_{N \to \infty} \sum_{i=1}^{N} r_{i\perp}^2 \sigma_i \Delta S = \int r_\perp^2 \sigma \, \mathrm{d}S \tag{3.7}$$

$$I = \lim_{N \to \infty} \sum_{i=1}^{N} r_{i\perp}^2 \sigma'_i \Delta l = \int r_\perp^2 \sigma' \, \mathrm{d}l \tag{3.8}$$

ただし，$\sigma$ は単位面積当たりの質量（面密度），$\sigma'$ は単位長さ当たりの質量（線密度）であり，$\Delta S$ は微小部分の面積，$\Delta l$ は微小部分の長さを表す．

**例題 3.2** 長さ $a$，質量 $M$ の棒の慣性モーメント $I$ を求めよ．

（a） 回転軸が重心を通り棒に垂直である場合（図3.3(a)）．

（b） 回転軸が棒の端を通り棒に垂直である場合（図3.3(b)）．

**解** （a） 式 (3.8) より

$$I = \int_{-a/2}^{a/2} x^2 \frac{M}{a} \mathrm{d}x = \frac{M}{a} \left[\frac{x^3}{3}\right]_{-a/2}^{a/2} = \frac{Ma^2}{12}$$

となる．

（b） 式 (3.8) より

$$I = \int_0^a x^2 \frac{M}{a} \mathrm{d}x = \frac{M}{a} \left[\frac{x^3}{3}\right]_0^a = \frac{Ma^2}{3}$$

## 46　第3章　剛体の力学

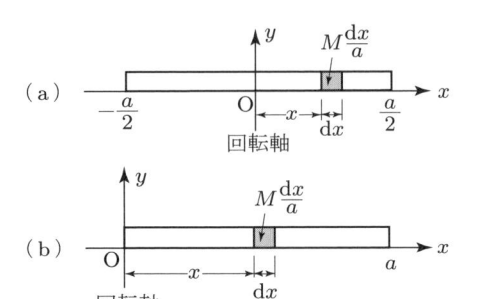

(a), (b) 図3.3　棒の慣性モーメント

となるが，この式は，(a) の結論と 3.2 節 (2) の定理を使って求めることもできる．■

**例題 3.3**　質量 $M$，半径 $R$ の円盤の中心を通り，円盤に垂直な回転軸の周りの慣性モーメントを求めよ．

**解**　図 3.4 から微小部分の面積が $dS = 2\pi r dr$ であることを使い，式 (3.7) より

$$I = \int r_\perp^2 \sigma dS = \int_0^R r^2 \frac{M}{\pi R^2} 2\pi r dr = \left[\frac{2M}{R^2}\frac{r^4}{4}\right]_0^R = \frac{MR^2}{2}$$

が得られる． ■

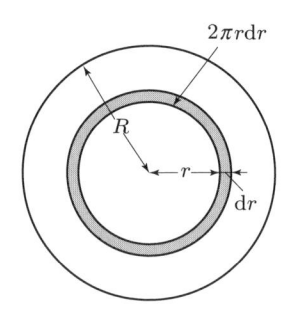

図 3.4　円盤の慣性モーメント

**例題 3.4**　図 3.5 のように，各辺の長さが $a$, $b$ である長方形の板がある．この板の重心を通り，板と垂直な回転軸 C ($z$ 軸) の周りの慣性モーメントを求めよ．

**解**　微小部分の面積が $dS = dxdy$ であることを使い，式 (3.7) より

$$I = \int r_\perp^2 \sigma dS = \int_{-b/2}^{b/2} \int_{-a/2}^{a/2} (x^2 + y^2) \frac{M}{ab} dxdy$$

$$= \frac{M}{ab} \int_{-b/2}^{b/2} \left[\frac{x^3}{3} + y^2 x\right]_{-a/2}^{a/2} dy = \frac{M}{ab} \int_{-b/2}^{b/2} \left(\frac{a^3}{12} + y^2 a\right) dy$$

$$= \frac{M}{ab}\left(\frac{a^3 b}{12} + \frac{ab^3}{12}\right) = \frac{M(a^2 + b^2)}{12}$$

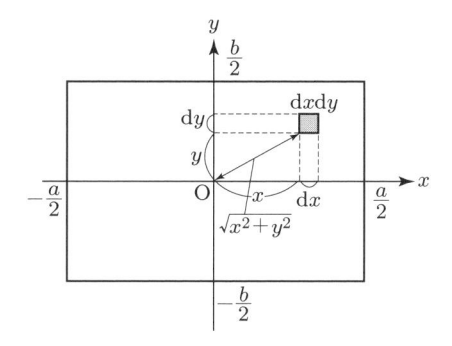

**図 3.5** 長方形の板の慣性モーメント

となる．この式の中で，$Ma^2/12$ は回転軸 $C_1$（$y$ 軸）の周りの慣性モーメントであり，$Mb^2/12$ は回転軸 $C_2$（$x$ 軸）の周りの慣性モーメントである．この和が回転軸 C（$z$ 軸）の周りの慣性モーメントになることについては，3.2 節（3）参照． ∎

**（2） 慣性モーメントを計算するための便利な定理 I（平行軸の定理）**

重心 G を通る回転軸 $C_G$ の周りの慣性モーメント $I_G$ がわかっている場合，それと平行な別の回転軸 C の周りの慣性モーメント $I$ は容易に計算できる．

式（3.3）によれば，慣性モーメントは

$$I = \lim_{N \to \infty} \sum_{i=1}^{N} r_{i\perp}^2 m_i \tag{3.9}$$

$$I_G = \lim_{N \to \infty} \sum_{i=1}^{N} r_{i\perp}'^2 m_i \tag{3.10}$$

で計算される．ただし，$r_{i\perp}'$ は重心を通る回転軸 $C_G$ に下ろした垂線の長さであり，$r_{i\perp}$ はそれに平行な回転軸 C に下ろした垂線の長さである．別の言い方をすれば，微小部分の座標（$r_{i\perp}'$, $\theta_i$, $z_i$）は重心を原点とする円筒座標である．二つの回転軸 $C_G$，C の間の距離を $h$ とすると，三角形の辺の長さを求める公式より

$$r_{i\perp}^2 = r_{i\perp}'^2 + h^2 - 2h r_{i\perp}' \cos \theta_i \tag{3.11}$$

この式を式（3.9）に代入すると

$$\begin{aligned} I &= \lim_{N \to \infty} \sum_{i=1}^{N} m_i (r_{i\perp}'^2 + h^2 - 2h r_{i\perp}' \cos \theta_i) \\ &= \lim_{N \to \infty} \sum_{i=1}^{N} m_i r_{i\perp}'^2 + \lim_{N \to \infty} \sum_{i=1}^{N} m_i h^2 \\ &= I_G + Mh^2 \end{aligned} \tag{3.12}$$

となる．ここで，$\left( \sum_{i=1}^{N} m_i r_{i\perp}' \cos \theta_i \right)/M$ が（重心を原点とする）重心の $x$ 座標であるか

**48**　第3章　剛体の力学

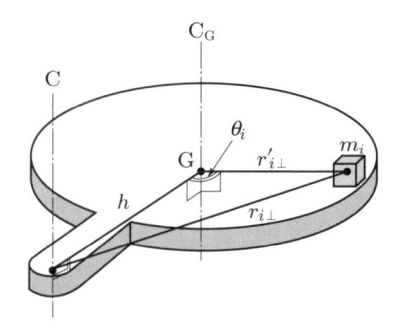

図3.6　二つの平行な回転軸の周りの慣性モーメントの関係

らゼロであることを使った．式（3.12）を**平行軸の定理**という．

なお，図3.6では振り子をイメージして板状の物体が描かれているが，平行軸の定理は立体においても成立する．

**（3）慣性モーメントを計算するための便利な定理 II（平板の定理）**

図3.7のような平らな板では，回転軸が面内にある場合の慣性モーメント $I_x$, $I_y$ と回転軸が面に垂直な場合の慣性モーメント $I_z$ との間に簡単な関係が成り立つ．

式（3.3）によれば，慣性モーメントは

$$I_x = \lim_{N \to \infty} \sum_{i=1}^{N} y_i^2 m_i \tag{3.13}$$

$$I_y = \lim_{N \to \infty} \sum_{i=1}^{N} x_i^2 m_i \tag{3.14}$$

$$I_z = \lim_{N \to \infty} \sum_{i=1}^{N} r_{i\perp}^2 m_i \tag{3.15}$$

で計算される．ここで，$r_{i\perp}^2 = x_i^2 + y_i^2$ だから

$$I_z = I_x + I_y \tag{3.16}$$

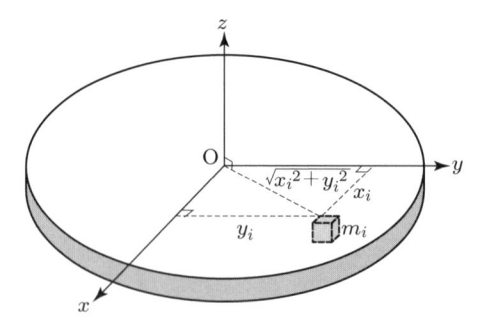

図3.7　三つの方向の回転軸の周りの板の慣性モーメント

であることは明らかである．式 (3.16) を**平板の定理**という．

## 3.3 自由な運動

2.3節 (3) の例題2.4を思い出していただきたい．坂を転がる円柱のように回転軸が動く場合でも，重心を通る軸の周りの回転に関しては，固定軸の周りの回転と同じ運動方程式に従う．また，重心の位置座標については，外力のみを考慮した一つの質点の場合と同じ運動方程式に従う．そこで，回転軸の方向が変化しないような場合，運動方程式は次のようにまとめられる．

$$M\frac{d\boldsymbol{V}_G}{dt}=\boldsymbol{F} \tag{3.17}$$

$$I_G\frac{d\omega}{dt}=N \tag{3.18}$$

ここで，$\boldsymbol{F}$ は外力の和，$N$ は力のモーメントの大きさ，$M$ は全質量，$I_G$ は重心を通る回転軸の周りの慣性モーメント，$\boldsymbol{V}_G$ は重心の速度，$\omega$ は回転の角速度である．この場合，重心の並進運動と重心の周りの回転運動は分離しているので，全く独立に取り扱うことができる．

**例題 3.5** 図3.8のように糸を巻き付けられた円盤があり（ヨーヨーというおもちゃを考えている），円盤はまっすぐに回転しながら下に動いていく．円盤の慣性モーメントを $I_G$ とし，全質量を $M$，円盤の半径を $R$ として，動き始めてから $t$ 秒後の円盤の速度 $v_x$，回転の角速度 $\omega$，糸の張力 $T$ を求めよ．

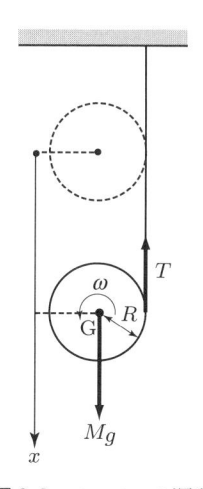

図 3.8　ヨーヨーの運動

**解** 重力による（重心の周りの）力のモーメントはゼロなので，運動方程式は

$$M\frac{dv_x}{dt} = Mg - T$$

$$I_G\frac{d\omega}{dt} = TR$$

となる．糸と円柱の間のすべりがないとすれば，$v_x = R\omega$ の関係が成り立つので，上の二つの式から $T$ と $v_x$ を消去すると

$$\frac{d\omega}{dt} = \frac{MRg}{I_G + MR^2}$$

が得られる．これを積分して，初期条件より積分定数を決めると

$$\omega = \frac{MRg}{I_G + MR^2} t$$

となり，$T$ と $v_x$ は次のようになる．

$$v_x = \frac{MR^2 g}{I_G + MR^2} t$$

$$T = \frac{MI_G g}{I_G + MR^2}$$ ∎

**例題 3.6** 図 3.9 のように質量 $M$，半径 $R$，慣性モーメント $I_G$ の円柱が水平面内を速度 $v_0$ で転がっている．これに力のモーメント $N_0$ を加えて静止させようと試みる．力のモーメントが大きいほどすぐに止まる気がするが，実際はそうではない．静止摩擦係数を $\mu$，動摩擦係数を $\mu'$ として，静止するまでに動く距離を求めよ．（この事実は，アンチ・ロック方式のブレーキ装置に応用されている．）

**解** （a） 力を加えた後も円柱が滑らずに転がっている場合，最大摩擦力は垂直抗力に静止摩擦係数を掛けて得られるので，静止摩擦力 $F_f$ に対しては

$$F_f \leqq Mg\mu$$

という関係が成り立つ．運動方程式は

$$M\frac{dv_x}{dt} = -F_f$$

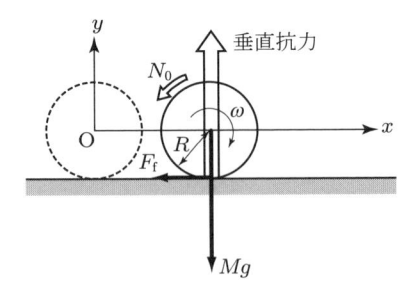

図 3.9 転がる円柱にブレーキをかけたときの運動

$$I_G \frac{d\omega}{dt} = -N_0 + RF_f$$

となるが，滑らないという条件より $v_x = R\omega$ であるから，摩擦力，速度，角速度に対して

$$F_f = \frac{MRN_0}{I_G + MR^2}$$

$$\frac{dv_x}{dt} = -\frac{RN_0}{I_G + MR^2}$$

$$\frac{d\omega}{dt} = -\frac{N_0}{I_G + MR^2}$$

という式が得られる．速度は

$$v_x = -\frac{RN_0}{I_G + MR^2} t + v_0$$

静止するまでの時間が $v_0(I_G + MR^2)/(RN_0)$ であるから，静止するまでに動く距離は

$$x = -\frac{1}{2} \frac{RN_0}{I_G + MR^2} \left\{ \frac{v_0(I_G + MR^2)}{RN_0} \right\}^2 + v_0 \frac{v_0(I_G + MR^2)}{RN_0}$$

$$= \frac{1}{2} \frac{v_0^2 (I_G + MR^2)}{RN_0}$$

となり，力のモーメントが大きいほど静止するまでに動く距離は短くなる．しかし，滑らないためには最初にあげた条件が必要である．条件の式は

$$F_f = \frac{MRN_0}{I_G + MR^2} \leq Mg\mu$$

となり，整理すると次のようになる．

$$N_0 \leq \frac{g\mu(I_G + MR^2)}{R}$$

最短の制動距離は，$N_0 = g\mu(I_G + MR^2)/R$ を静止するまでに動く距離 $x$ の式に代入して

$$x = \frac{1}{2} \frac{v_0^2}{g\mu}$$

となる．

（b） $N_0 > \{g\mu(I_G + MR^2)\}/R$ のときは，円柱は滑りながら動くわけである．このとき，動摩擦力は垂直抗力に動摩擦係数を掛けたものになる．

$$F'_f = Mg\mu'$$

運動方程式は

$$M\frac{dv_x}{dt} = -F'_f$$

$$I_G \frac{d\omega}{dt} = -N_0 + RF'_f$$

となり，速度に対して

$$\frac{dv_x}{dt} = -g\mu'$$

という式が得られる．速度は

$$v_x = -g\mu' t + v_0$$

静止するまでの時間が $v_0/(g\mu')$ であるから,静止するまでに動く距離は

$$x = \frac{1}{2}\frac{v_0^2}{g\mu'}$$

となる. $\mu \geqq \mu'$ という関係があるので,(b) の制動距離よりも (a) の最短の制動距離のほうが短い.制動距離が最短となるのは $N_0 = g\mu(I_G + MR^2)/R$ のときであり,この値より $N_0$ が大きいと制動距離はかえって増加する. ■

## 練習問題 3 (解答は p.244〜245)

1. 次の物体の慣性モーメントを求めよ.
   (1) 質量 $M$,半径 $R$ の円盤の中心を通り,円盤の面内にある回転軸の周りの慣性モーメント.
   (2) 各辺の長さが $a$, $b$,質量が $M$ である長方形の頂点を通り,板に垂直な回転軸の周りの慣性モーメント.
   (3) 質量 $M$,半径 $R$ の円柱の軸の周りの慣性モーメント.
   (4) 質量 $M$,半径 $R$ の球の中心を通る回転軸の周りの慣性モーメント.

2. 慣性モーメント $I$,半径 $R$ の滑車に糸を掛け,その両端に質量 $m_A$, $m_B$ の物体 A と B をつるした.
   (1) 鉛直上向きを正にとり,それぞれの加速度 $a_A$, $a_B$ を求めよ.
   (2) それぞれの物体を引張る糸の張力 $T_A$, $T_B$ を求めよ.
   (3) 動き始めてから $t$ 秒後の滑車の角速度 $\omega$ を求めよ.

3. 図 3.10 のように,慣性モーメント $I$,半径 $R$,質量 $M$ の円柱に糸を巻き付けて,摩擦の

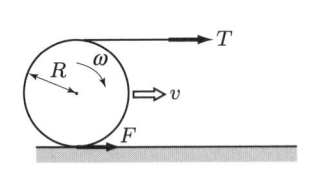

図 3.10 円柱を転がすときの運動

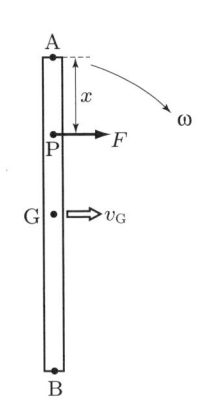

図 3.11 棒に撃力を加えたときの運動

ある水平な机の上に置いた．糸を張力 $T$ で引張ったところ，円柱は滑らずに転がった．

（1） 静止摩擦力を $F$，円柱の重心の速度を $v$，回転の角速度を $\omega$ として，重心の運動方程式と回転の運動方程式を書け．

（2） 滑らないということは $v=R\omega$ ということである．このことから静止摩擦力の大きさ $F$ を求めよ．

（3） 動き始めてから $t$ 秒後の円柱の重心の速度を求めよ．

4. 図3.11のように，質量 $M$，長さ $l$ の一様な棒ABが滑らかな水平面上に置かれていた．棒の一端Aから $x$ の点Pに撃力を加えた．（$\Delta t$ 秒間，一定の力 $F$ が働いたとせよ．）

（1） 力を加え始めてから $\Delta t$ 秒後の重心の速度 $v_G$ と重心の周りの回転の角速度 $\omega$ を求めよ．ただし，この間の棒の位置の変化は十分小さいとせよ．

（2） 力を加え始めてから $\Delta t$ 秒後の点B（点Aと反対の端）の速度 $v_B$ を求めよ．

（3） この点Bの速度 $v_B$ をゼロにするには $x$ をいくらにすればよいか．（点Bをもってこの棒をバットとして振ったとき，ここで求めた点Pにボールを当てると芯でとらえたことになる．）

5. 水平と $\theta$ の角をなす斜面に慣性モーメント $I$，半径 $R$，質量 $M$ の円柱を置いた．円柱が滑らずに転がるとして，$t$ 秒後の速度と角速度を求めよ．ただし，最初，円柱は静止していたとする．

# 第4章 変形する物体

前章では，力を加えたときの変形が無視できる剛体を取り扱った．しかし，実在の固体は力を加えると必ず変形する．また，液体や気体はわずかの力を加えると自由に形を変えることができる．この章では，これらの変形する物体の力学を学ぶ．

## 4.1 弾性体

### （1）応力

固体に力を加えると，伸び・縮み，ずれ，ねじれ，たわみなどの変形が生ずる．加えている力を取り去ると変形がなくなる物体を**弾性体**といい，そのような性質を**弾性**（elasticity）という．これに対して，加えている力を取り去っても元の状態に戻らず，変形が残る性質を**塑性**（plasticity）という．

図 4.1(a) のように，断面積が $S_0$ である一様な棒の両端に大きさ $F$ の力を作用させて，棒が静止しているとする．棒に垂直な任意の断面を考えると，図 4.1(b) のように，その断面の左側の部分は右へ，右側の部分は左へ引かれている．左右それぞれの部分がつり合うためには，断面に働く力の大きさは $F$ に等しい．

棒の単位断面積当たりに働く力の大きさは $F/S_0$ で，これを応力の大きさ，または単

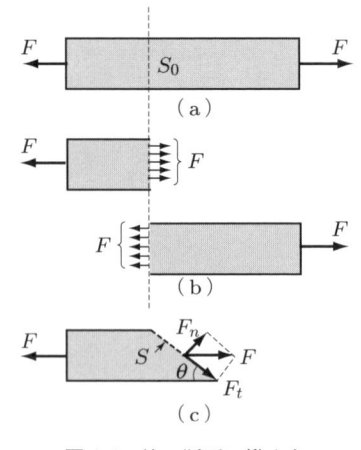

図 4.1 棒の断面に働く力

に**応力** (stress) といい，記号 $\sigma$ で表す．応力の単位は $N/m^2$ であるが，これを Pa と記してパスカルと呼ぶ．棒の内部の断面の両側が互いに引き合う場合の応力を**引張応力**または**張力**，また反対に互いに押し合う場合の応力を**圧縮応力**または**圧力**という．

応力は，面のとり方によって違ってくる．図 4.1(c) のような断面を考えると，この断面積 $S$ は $S_0/\sin\theta$ である．そして，この断面に働く力の大きさは $F$ であり，応力は $F/S$ である．この応力の断面に垂直な成分 $F_n/S$ を**法線応力**，断面に平行な成分 $F_t/S$ を**接線応力**または**ずれ応力**，あるいは**せん断応力**といって，記号 $\tau$ で表す．

### （2） 固体の変形

太さが一様な棒の両端を引張ると，棒の内部に応力が生じ，棒は伸びる．このとき，棒の伸び $\Delta l$ を元の長さ $l$ で割った量を**ひずみ** (strain) といい，記号 $\varepsilon$ で記す．一般にひずみは，物体に力を加えたときの変化量の元の量に対する比で表す．

銅のひずみ $\varepsilon$ と応力 $\sigma$ の関係を測定すると，図 4.2 のようなグラフになる．この図で，OP の範囲ではひずみと応力は比例する．これを**フックの法則**という．また，点 E までは弾性を示す．そこで，点 P の応力を**比例限度**，点 E の応力を**弾性限度**という．

弾性限度以上の応力の点 A に達してから応力を取り去ると，ひずみは破線のような経路をたどり，OO′ の**永久ひずみ**が残る．点 E を越えた点 C で最大応力となり，点 B で破壊が起こる．点 B を**破断点**という．この曲線の応力 $\sigma$ は，外力の大きさを最初の断面積で割った量である．しかし，伸びが大きくなるとともに断面積が減少するので，実際の応力とひずみの関係は点線の曲線 OB′ のようになる．

図 4.3 は，3 種類の物質の応力-ひずみ曲線である．このうち軟鋼の場合，点 S に達すると応力が少し低下し，点 S′ でひずみが急激に増加する．この現象を**降伏**といい，点 S の応力を**降伏点**という．軟鋼以外の一般の金属では明瞭な降伏点は現れない．このように固体におけるひずみと応力の関係は，物質の種類によって大きく異なってい

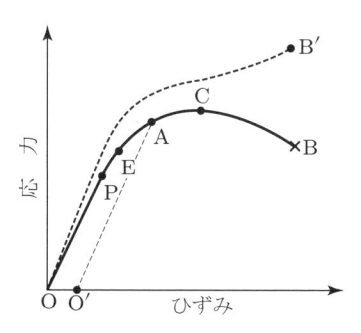

**図 4.2** 銅の応力とひずみの関係

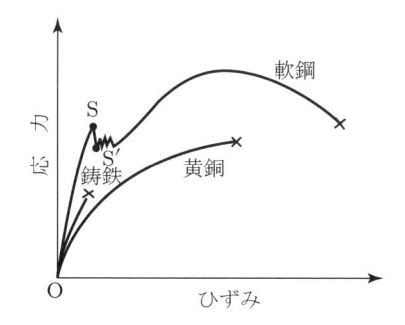

**図 4.3** 種々の物質の応力-ひずみ曲線

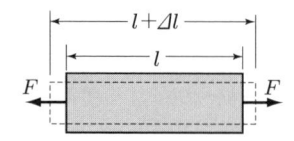

図 4.4　棒の伸び

る．

　フックの法則によると，弾性体に外から力を加えたときの内部の応力は変形の大きさに比例する．この比例定数を**弾性定数**といい，物質の種類によって決まる定数である．

　図 4.4 のように，長さ $l$，断面積 $S$ の一様な棒の両端を大きさ $F$ の力で引張るとき，棒の伸びを $\Delta l$ とする．このとき，棒の縦方向のひずみ $\varepsilon$ は $\Delta l/l$，棒に垂直な断面での応力 $\sigma$ は $F/S$ である．したがって，フックの法則により

$$\sigma = E\varepsilon \tag{4.1}$$

となる．この比例定数 $E$ は弾性定数の一種で，**ヤング率**（Young's modulus）または縦弾性定数という．$E$ の単位は Pa である．棒の両端を押して縮めるときには，$F$ も $\Delta l$ も負にとれば，式 (4.1) はそのまま使える．

　銅や鉄のような金属のヤング率は $10^{10} \sim 10^{11}$ Pa であるのに対して，弾性ゴムのヤング率は $10^6$ Pa 程度である．

　ところで，弾性体の単位体積当たり蓄えられる弾性エネルギーは

$$\frac{1}{2} \times (弾性定数) \times (ひずみ)^2$$

と表される（練習問題 4 の 3. を参照）．

**例題 4.1**　長さ 10 m，直径 1.0 mm のナイロン製の釣り糸の下端に質量 0.50 kg のおもりをつるすと，釣り糸は 30 mm 伸びた．このナイロンのヤング率を求めよ．

**解**　釣り糸を引く力はおもりの重力 $mg$ に等しいから，糸に働く応力 $\sigma$ は $6.2 \times 10^6$ Pa である．また，糸のひずみ $\varepsilon$ は $3.0 \times 10^{-3}$ である．
　式 (4.1) よりヤング率 $E$ は $\sigma/\varepsilon$ だから，$E = 2.1 \times 10^9$ Pa である．　■

## 4.2　流　体

### （1）完全流体

　気体と液体は，外からわずかな力を加えても変形し流れを生じるので，総称して**流体**（fluid）と呼ばれる．気体と液体の違いは，気体が比較的圧縮しやすいのに対して，液体は大きな圧力をかけてもほとんど体積が変化しないことである．圧力をかけても

密度が一定の流体を**非圧縮性流体**という．液体は非圧縮性流体として扱ってよい．

流体が静止している場合，その内部の任意の面に働く応力は圧力だけである．そして，流体内の任意の点における圧力は，面の方向によらず一定の大きさをもつ．ところが，運動している流体内では圧力の他に接線応力も生じる．もしも流体内の一つの面の両側で異なる速度をもつ場合，速度を一様にしようとして面の接線方向に互いに摩擦に似た力を及ぼし合う．このような流体の性質を**粘性**（viscosity）という．実在の流体には多少の粘性があり，**粘性流体**と呼ばれる．粘性のない仮想的な流体を**完全流体**（perfect fluid）という．粘性の効果があまり影響しない流体の運動を調べるときは完全流体として扱ってよい．流体の運動を調べるのが**流体力学**である．この節では完全流体の運動を取り上げる．

### （2） 連続の方程式

流体が運動している場合，ある時刻における流体内の一点での流体の速度を $v$，密度を $\rho$ とする．図 4.5 のように，流体内に考えた曲線上の各点の接線方向がその点での速度 $v$ の方向と一致するとき，その曲線を**流線**（stream line）という．流線は決して交わらない．流体内に閉曲線を考え，その閉曲線上の各点を通る流線で一つの管ができる．これを**流管**（stream tube）という．流体内の各点の速度 $v$ が時間的に変化しないとき，この流れを**定常流**という．定常流では流線，流管の形は時間的に変化しない．

図 4.6 のように，定常流に細い流管を考え，点 A，B における流管に垂直な断面積を $S_A$，$S_B$，流体の密度を $\rho_A$，$\rho_B$，流速を $v_A$，$v_B$ とする．微小な時間 $\Delta t$ の間に AB 間の流体が A′B′ 間に移動したから，点 A の断面を通って流管の中に入った AA′ 間の流体の質量 $\rho_A v_A S_A \Delta t$ と，点 B の断面を通って流管を出ていった BB′ 間の流体の質量 $\rho_B v_B S_B \Delta t$ は等しい．

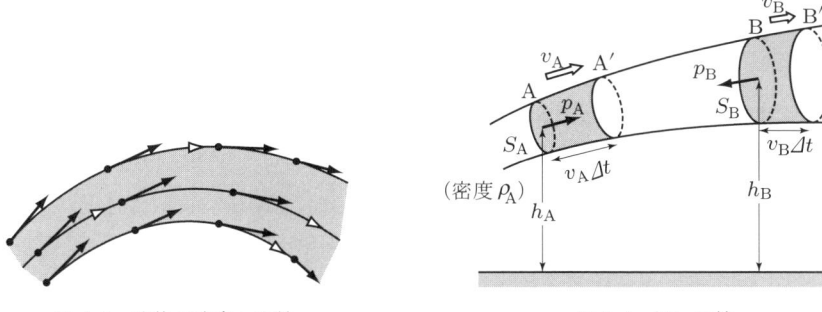

図 4.5　流体の速度と流線

図 4.6　細い流管

したがって
$$\rho_A v_A S_A = \rho_B v_B S_B \qquad (4.2)$$
となる．A と B は流管上の任意の点であるから，結局一つの流管のどの断面をとっても
$$\rho v S = 一定 \qquad (4.3)$$
となる．この式を**連続の方程式**といい，$\rho v S$ を**流量**という．非圧縮性流体では $\rho$ は一定であるから，連続の方程式は
$$v S = 一定 \qquad (4.4)$$
となる．この式は，流管の断面積が小さいところほど流速が大きいことを示している．

水道のコックをわずかに開けて水が落ちる様子を観察すると，水が下へ落ちるほど流れが細くなることがわかる．これは連続の方程式 (4.4) で説明することができる．落下する水は重力によって加速されて下のほうほど速くなるので，流管の断面積が小さくなる．

**（3） ベルヌーイの定理**

完全流体の定常流が，一つの細い流管を流れているとする．簡単のために非圧縮性の流体を考えると，流体の密度 $\rho$ は一定である．図 4.6 において，点 A，B における流体の圧力を $p_A$，$p_B$，また，ある基準の高さからはかった点 A，B の高さを $h_A$，$h_B$ とする．ある時刻において点 A の流体は微小時間 $\Delta t$ の間に圧力 $p_A$ で押されながら点 A′ に進み，点 B の流体は圧力 $p_B$ に逆らいながら点 B′ に進む．また，完全流体を考えているから，流管の側面に働く力は側面に垂直な方向の圧力だけである．流線の接線方向は流体の速度の方向と一致するから，流管の側面に働く力は，流体に仕事をしない．したがって，AB 間の流体に働く圧力が微小時間 $\Delta t$ の間に流体にした仕事 $\Delta W$ は，
$$\Delta W = p_A S_A v_A \Delta t - p_B S_B v_B \Delta t \qquad (4.5)$$
である．

ところで，$\Delta t$ の時間に AB 間の流体が A′B′ 間に移動したとき，A′B 間の流体は共通だから，AA′ 間の流体が BB′ 間に移ったと考えてよい．流体には重力が働いているから，重力加速度の大きさを $g$ として，AA′ 間の流体の重力による位置エネルギーは $(\rho v_A S_A \Delta t) g h_A$，運動エネルギーは $(1/2)(\rho v_A S_A \Delta t) v_A^2$ である．同様に，BB′ 間の流体の重力による位置エネルギーは $(\rho v_B S_B \Delta t) g h_B$，運動エネルギーは $(1/2)(\rho v_B S_B \Delta t) v_B^2$ である．$\Delta t$ の時間に AB 間の流体のもつ力学的エネルギーの変化分 $\Delta E$ は，

$$\Delta E = S_B v_B \Delta t \left(\frac{1}{2}\rho v_B{}^2 + \rho g h_B\right) - S_A v_A \Delta t \left(\frac{1}{2}\rho v_A{}^2 + \rho g h_A\right) \tag{4.6}$$

である．流体のもつ力学的エネルギーの変化分は，圧力がした仕事に等しいから

$$\Delta E = \Delta W$$

である．また，連続の方程式 (4.4) により，$v_A S_A = v_B S_B$ であるから，式 (4.5) と (4.6) により

$$p_A + \frac{1}{2}\rho v_A{}^2 + \rho g h_A = p_B + \frac{1}{2}\rho v_B{}^2 + \rho g h_B \tag{4.7}$$

が得られる．すなわち，ある一つの流線上の任意の点において

$$p + \frac{1}{2}\rho v^2 + \rho g h = \text{一定} \tag{4.8}$$

が成り立つことがわかる．これは1738年にベルヌーイ（D. Bernoulli）が初めて導いた式で，**ベルヌーイの定理**という．

ベルヌーイの定理は完全流体におけるエネルギー保存の法則にほかならない．式 (4.8) は，完全流体が非圧縮性で，しかも定常流である場合に成り立つ．このような場合，任意の一つの流線上の流体の圧力は，流体の高さが高いほど，また流速が大きいほど小さくなることがわかる．

完全流体の一様な流れの中に物体をおくと，図 4.7 のように物体の先端 B で一つの流線が終わり，その点での流速は 0 になる．この点 B を**よどみ点**という．

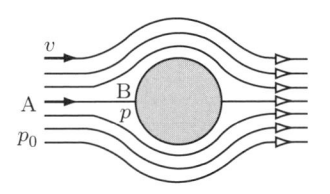

図 4.7　よどみ点

図 4.7 において一様な水平流の流速を $v$，その流れの中での流体の圧力を $p_0$，よどみ点 B での圧力を $p$ とすれば，水平面上の流線 AB についてベルヌーイの定理を用いて

$$p = p_0 + \frac{1}{2}\rho v^2 \tag{4.9}$$

となる．すなわち，よどみ点 B では流れが止められるために，圧力は $\rho v^2/2$ だけ高くなる．この $\rho v^2/2$ を**動圧**，$p_0$ を**静圧**といい，その和 $p$ を**総圧**という．

**例題 4.2** 大きな水槽に水を入れて，水面から深さ $h$ の側面に小さな孔をあけた．このとき，孔から流れ出る水の速さはいくらか．

**解** 孔は水槽の断面積と比べて十分小さいので，水面が下がる速度はゼロとしてよい．

図 4.8 において，水面 A と孔 B での水圧が大気圧 $p_0$ に等しいとして，水面と孔を結ぶ流線にベルヌーイの定理の式 (4.7) を適用する．
$p_A = p_B = p_0$, $v_A = 0$, $h_A - h_B = h$ だから $\frac{1}{2}\rho v^2 = \rho g h$. これから

$$v = \sqrt{2gh} \tag{4.10}$$

となる．これを**トリチェリー**（Torricelli）**の定理**という． ■

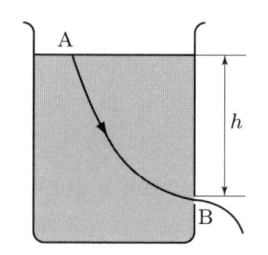

図 4.8 トリチェリーの定理

**例題 4.3** 図 4.9 のように，先端が開いて側面に小さい孔をあけた細い二重管と U 字管圧力計をつないだ装置を**ピトー管**（Pitot tube）という．ピトー管を一様な水の流れに平行においたとき，U 字管の水銀柱の高さの差は 15 mm であった．水の流速はいくらか．

**解** 水は粘性が小さいので完全流体として扱う．図 4.9 の点 B はよどみ点であるから，点 B での圧力 $p$ は総圧を示し，小さい孔 A での圧力 $p_0$ は静圧を示す．水の密度を $\rho$ とすると，水の流速 $v$ は式 (4.9) より

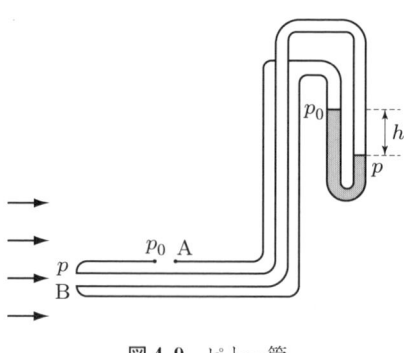

図 4.9 ピトー管

$$v = \sqrt{\frac{2(p-p_0)}{\rho}} \tag{4.11}$$

となる．また，水銀の密度を $\rho_M$，水銀柱の高さの差を $h$ とすると，
$$p - p_0 = \rho_M g h$$
と表されるから，式（4.11）より
$$v = \sqrt{\frac{2\rho_M g h}{\rho}} \tag{4.12}$$

となる．$\rho = 1.0\,\mathrm{g/cm^3}$，$\rho_M = 13.6\,\mathrm{g/cm^3}$，$h = 15\,\mathrm{mm}$ を式（4.12）に代入すると，流速 $v$ は $2.0\,\mathrm{m/s}$ と求められる．

このようにピトー管は流速の測定に用いられる．

## 練習問題 4 （解答は p.245）

1. 長さ $10\,\mathrm{m}$，半径 $1.0\,\mathrm{mm}$，ヤング率 $2.0\times10^{11}\,\mathrm{Pa}$ の鋼鉄製の針金の上端を固定し，下端に質量が $20\,\mathrm{kg}$ のおもりをつるしたとき，針金はどれだけ伸びるか．

2. 半径が $r$ で長さが $l$ の 2 本の軽い鋼鉄線とアルミニウム線をつなぎ，その一端を固定し，他端に質量 $M$ のおもりをつるす．針金の全体の伸びはいくらになるか．ただし，鋼鉄線とアルミニウム線のヤング率はそれぞれ $E_1$，$E_2$ とする．

3. 長さ $l$，断面積 $S$，ヤング率 $E$ の一様な棒を水平にして一端を固定し，他端を引いて，棒を $\varDelta l$ の長さだけ伸ばした．このとき，棒を引く力がした仕事 $W$ はいくらか．また，棒の単位体積当たり蓄えられる弾性エネルギー $u$ はいくらか．

4. 水槽の底から $50\,\mathrm{cm}$ の高さまで水が入っている．この水槽の底に小さい孔をあけると，孔から流れ出る水の流速はいくらか．

5.* 半径 $R$ の断面をもつ円筒形の水槽に深さ $h$ だけ水が入っている．この水槽の底に半径 $r$ の小さな円形の孔をあけた．水が全部なくなるまでの時間はいくらか．

# 第5章 光

　光の研究は古くギリシャ時代から始まり，光の直進や反射の現象を幾何学と結びつけて調べられている．このような分野を**幾何光学**という．一方，19世紀初めにヤングとフレネルによって光の回折や干渉の現象が発見され，光が波の一種であることがわかった．光を波動として扱う分野を**波動光学**という．最近では，レーザー加工，光通信，光エレクトロニクスなど多くの分野で光の重要性が高まっている．この章では，光の性質とその応用を学ぶ．

## 5.1　光の伝搬

### （1）光の速さと波長

　昔は光の速さは無限大であると考えられていた．17世紀にガリレイ（G. Galilei）は，光速を有限と考えて，その測定を試みたが成功しなかった．光速の測定に初めて成功したのは，レーマー（O. C. Römer）である．彼は1676年，木星の衛星による食の観測から，光速として $2.143 \times 10^8$ m/s という値を得た．その後，真空中の光の速さ $c$ はいろいろな方法で測定され，現在では

$$c = 2.99792458 \times 10^8 \text{ m/s}$$

であることがわかっている．空気中の光の速さも真空中とほぼ同じである．

　光は電磁波の一種であって，特に目に見える電磁波を**可視光**という．単に光というときは可視光を意味する．光の波長の国際単位（SI）は，$10^{-9}$ m を表す nm（ナノメートル）である．図5.1のように，可視光の中で一番波長が長い赤色の光の波長は空気

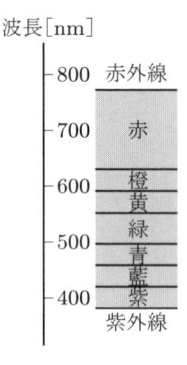

図5.1　可視光の波長と色

中で770 nm 程度で，一番波長の短い紫色の光の波長は380 nm 程度である．両端の波長は人によって多少の個人差がある．太陽光のようにすべての可視光を含む光を**白色光**といい，一つの波長をもつ光を**単色光**という．

**（2） 光の反射と屈折**

一様な媒質中を光が進むとき，光は直進する．光の進行方向を表すのが**光線**である．図 5.2 のように，異なる媒質 I と II の境界面に光が入射すると，一部の光は反射し，残りの光は屈折して媒質 II に入る．このとき境界面に立てた法線と入射光線とでつくられる平面を光の**入射面**という．反射光線は入射面内にあり，入射角 $i$ と反射角 $i'$ は等しい．これを**反射**（reflection）**の法則**という．

$$i = i' \tag{5.1}$$

また，屈折光線も入射面内にあり，入射角 $i$ と屈折角 $r$ の間には，次の**屈折**（refraction）**の法則**が成り立っている．

$$\frac{\sin i}{\sin r} = n_{12} \tag{5.2}$$

ここで，$n_{12}$ は入射角 $i$ によらず一定で，この値を媒質 I に対する媒質 II の**相対屈折率**という．

光の屈折の法則は 1626 年スネル（W. Snell）によって確立されたので，**スネルの法則**ともいう．光は波の一種であるので，ホイヘンス（C. Huygens）の原理によると，$n_{12}$ は

$$n_{12} = \frac{v_1}{v_2} = \frac{\lambda_1}{\lambda_2} \tag{5.3}$$

で与えられる．$v_1$，$v_2$ はそれぞれ媒質 I，媒質 II における光速，$\lambda_1$，$\lambda_2$ はそれぞれの媒質中の光の波長である．なお，光の振動数 $\nu$ は光源によって決まり，媒質の種類によ

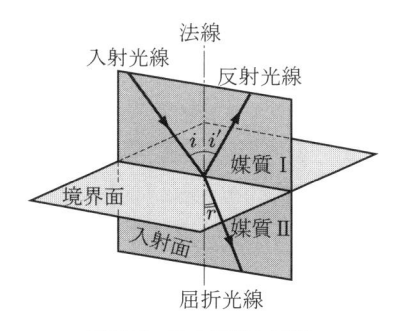

図 5.2 光の反射と屈折

らないので，$\nu = v_1/\lambda_1 = v_2/\lambda_2$ である．

特に，媒質Ⅰが真空のとき，$n_{12}$ を媒質Ⅱの**絶対屈折率**あるいは単に**屈折率**（refractive index）といい，記号 $n$ で表す．いま，屈折率が $n$ の媒質中の光速を $v$ とすると，式（5.3）より

$$n = \frac{c}{v} \qquad (5.4)$$

となる．また，相対屈折率 $n_{12}$ は，式（5.3）と（5.4）より

$$n_{12} = \frac{n_2}{n_1} \qquad (5.5)$$

となる．ここで，$n_1$，$n_2$ はそれぞれ媒質Ⅰ，Ⅱの屈折率である．

二つの異なる媒質が接しているとき，屈折率の小さいほうの媒質を**光学的に疎な媒質**といい，屈折率が大きいほうの媒質を**光学的に密な媒質**という．たとえば，空気とガラスが接しているとき，空気は光学的に疎であり，ガラスは光学的に密である．

表5.1 種々の物質の屈折率（波長589.3 nm の光）

| 固 体 | $n$ | 液体，気体 | $n$ |
|---|---|---|---|
| K 3（クラウンガラス） | 1.518 | 水　　　　　　　（20℃） | 1.3330 |
| F 2（フリントガラス） | 1.620 | エチルアルコール（20℃） | 1.3618 |
| 石英ガラス | 1.4585 | パラフィン油　　（20℃） | 1.48 |
| ダイヤモンド | 2.4195 | 空気　　　（0℃，1気圧） | 1.000292 |
| ゲルマニウム | 4.092 | ヘリウム　（0℃，1気圧） | 1.000035 |

一般に，物質の屈折率は光の波長によってわずかに変化する．表5.1は，ナトリウムのD線（波長589.3nm）に対する種々の物質の屈折率である．空気の屈折率はほとんど1であるから，空気に対する相対屈折率は絶対屈折率とほぼ等しい．

**（3）全 反 射**

水やガラスから空気中へ光が進むときのように，光学的に密な媒質Ⅱから疎な媒質Ⅰに光が進むとき，相対屈折率 $n_{21}$ は1より小さくなる．そのため，式（5.2）より，屈折角 $r$ は入射角 $i$ より大きい．図5.3のように，入射角 $i$ を大きくしていくと，入射角がある値 $i_c$ に対して，屈折角 $r$ が90°になる．そして，入射角 $i$ が $i_c$ より大きくなると，入射光はすべて境界面で反射される．この現象を**全反射**（total reflection）といい，$i_c$ を**臨界角**（critical angle）という．臨界角 $i_c$ は，式（5.2）より

$$\sin i_c = \frac{1}{n_{12}} = n_{21} \qquad (5.6)$$

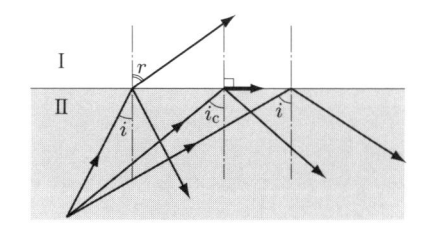

図5.3 全反射

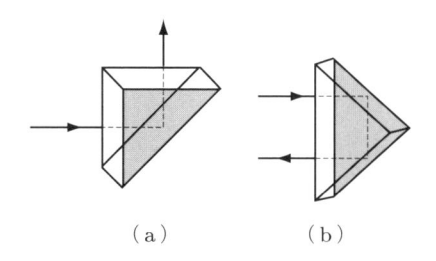

図5.4 全反射プリズム

で与えられる．

　平行でない平面を二つ以上もつ透明体を**プリズム**（prism）という．プリズムは普通はガラスでつくられている．屈折率が1.5のガラスから空気中に光が進むときの全反射の臨界角 $i_c$ は，41.8°である．そのため，図5.4(a)のように直角プリズムに光を入射させると，光はガラス面で全反射して進行方向が90°曲がる．図5.4(b) の場合には，光はガラス面で2回全反射して，入射光の逆の方向に戻ってくる．

　内視鏡や光通信に用いる光ファイバーは全反射を応用したものである．

**（4）　フェルマーの原理と光学距離**

　光が一つの点から出て他の点に達するとき，途中の光の経路は幾何学的には無数の可能性がある．1657年，フェルマー（P. Fermat）は，

> 一つの点から出て他の点に達する光は，通過に要する時間が極小になるような経路にそって進む

ことを明らかにした．これを**フェルマーの原理**という．波に関するホイヘンスの原理を用いなくても，一様な媒質中での光の直進性はもちろん，反射の法則や屈折の法則もフェルマーの原理によって統一的に理解することができる．その意味でフェルマーの原理は幾何光学の基本原理である．

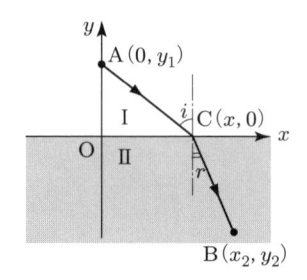

**図 5.5** フェルマーの原理と光の屈折

**例題 5.1** フェルマーの原理を用いて，屈折の法則を導け．

**解** 屈折光線が入射面内にあることはフェルマーの原理から明らかである．図 5.5 において，光が点 $A(0, y_1)$ を出て境界面上の点 $C(x, 0)$ に入射し，屈折した後に点 $B(x_2, y_2)$ に進むものとする．媒質 I，媒質 II における光速をそれぞれ $v_1$, $v_2$ とすれば，媒質 I，媒質 II をそれぞれ光が通過する距離 $l_1$, $l_2$ はそれぞれ

$$l_1 = \sqrt{x^2 + y_1^2}, \quad l_2 = \sqrt{(x_2 - x)^2 + y_2^2}$$

である．そこで，光が経路 ACB を通過するのに要する時間 $t$ は

$$t = \frac{l_1}{v_1} + \frac{l_2}{v_2} \tag{5.7}$$

である．フェルマーの原理により，光は $dt/dx = 0$ を満たすような点 C を通過するから，式 (5.7) より

$$\frac{x}{v_1 \sqrt{x^2 + y_1^2}} = \frac{x_2 - x}{v_2 \sqrt{(x_2 - x)^2 + y_2^2}} \tag{5.8}$$

を得る．入射角を $i$，屈折角を $r$ とすると，

$$\sin i = \frac{x}{\sqrt{x^2 + y_1^2}}, \quad \sin r = \frac{x_2 - x}{\sqrt{(x_2 - x)^2 + y_2^2}}$$

であるから，式 (5.8) は

$$\frac{\sin i}{\sin r} = \frac{v_1}{v_2}$$

となり，屈折の法則が求められる． ■

この例題において，真空中の光速を $c$，媒質 I，媒質 II の屈折率をそれぞれ $n_1$, $n_2$ とすれば，式 (5.4) より，$n_1 = c/v_1$, $n_2 = c/v_2$ だから，式 (5.7) は

$$t = \frac{1}{c}(n_1 l_1 + n_2 l_2) \tag{5.9}$$

と表される．一般に，光が一点 A から他の点 B に進むとき，光が通過する媒質の屈折率を $n_1, n_2, n_3, \cdots$，それらの媒質中を光が通過する距離を $l_1, l_2, l_3, \cdots$ とすれば，

$$L = n_1 l_1 + n_2 l_2 + n_3 l_3 + \cdots \tag{5.10}$$

を点 A から点 B までの**光学距離**，または**光路長**（optical path length）という．すなわち，光学距離は，光が通過する媒質の屈折率 $n$ と通過距離 $l$ の積の和で定義される．式 (5.9) から明らかなように，光学距離 $L$ は，光が AB 間を進む時間と同じ時間内に真空中を光が進むことができる距離を意味する．したがって，フェルマーの原理は，

　　　**光は光学距離が極小になるような経路にそって進む**

と表現することもできる．このような表現をとる法則を一般に**変分原理**（variation principle）という．力学の基本法則には変分原理で表現できるものがある．

## 5.2 光の干渉

### (1) ヤングの実験

図 5.6 のように，一つのスリット（すき間）S とその近くにごく接近した二つのスリット $S_1$, $S_2$ を置くと，ナトリウムランプのような光源 L から出た単色光によってスクリーン上に明暗のしま模様が観測される．19 世紀初め，ヤング（T. Young）はこの実験を行い，二つのスリット $S_1$, $S_2$ を通過した光の干渉によってスクリーン上に明暗の干渉じまが現れると説明した．干渉は波に特有の性質であるので，ヤングはこの実験によって光が波であることを初めて実証した．

振動数が等しい二つの波の位相の差がつねに一定であるとき，二つの波が重なると強め合ったり弱め合ったりする．この現象を波の**干渉**（interference）という．また，波は非常にせまいすき間を通ると障害物の背後に回り込んで伝わる．この現象も波に特有であり，**回折**（diffraction）という．位相が等しい点を連続的につないでできる曲線または曲面を**波面**というが，波の回折や干渉は，波に関するホイヘンスの原理[1]によ

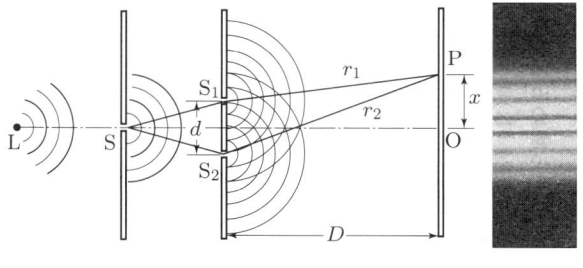

図 5.6　ヤングの実験

---

[1] 波面の各点からは，つねにその点を源とした 2 次的な球面波が生じ，無数に生じているこれらの球面波に共通に接する面（球面波の重ね合せ）が次の瞬間の波面となる．

って説明することができる．

　簡単のために，スリット $S_1$, $S_2$ はスリット S から等距離にあり，また，$S_1$, $S_2$ にはそれぞれ一つずつの点波源があると仮定する．**光路差** $\Delta$ は，各スリットからスクリーン上の点 P までの距離 $r_1$, $r_2$ の差である（$\Delta = r_2 - r_1$．一般的には，光学距離の差）．通常，観測する点 P は，波源間の距離 $d$ と比べて十分遠い所にあり（スリットからの距離 $D \gg d$），また，点 O からあまり離れていない．つまり，$r_1 \fallingdotseq r_2 \fallingdotseq D$ であるから，$r_2 + r_1 \fallingdotseq 2D$ としてよい．したがって

$$r_2{}^2 - r_1{}^2 = (r_2 + r_1)(r_2 - r_1) \fallingdotseq 2D\Delta \tag{5.11}$$

一方，図 5.6 から明らかなように

$$r_1{}^2 = D^2 + \left(x - \frac{d}{2}\right)^2, \quad r_2{}^2 = D^2 + \left(x + \frac{d}{2}\right)^2$$

であるから，$r_2{}^2 - r_1{}^2 = 2xd$ となる．これは式 (5.11) と等しいから

$$\Delta \fallingdotseq \frac{xd}{D} \tag{5.12}$$

となる．よく知られているように

$$\Delta = \begin{cases} m\lambda & \cdots\cdots 明るい \\ \left(m + \dfrac{1}{2}\right)\lambda & \cdots\cdots 暗い \end{cases} \quad (m = 0, 1, 2, \cdots) \tag{5.13}$$

よって，式 (5.12), (5.13) より

$$x = \begin{cases} m\dfrac{\lambda D}{d} & \cdots\cdots 明線 \\ \left(m + \dfrac{1}{2}\right)\dfrac{\lambda D}{d} & \cdots\cdots 暗線 \end{cases} \quad (m = 0, 1, 2, \cdots) \tag{5.14}$$

となり，スクリーン上に明暗のしま模様（干渉じま）が観測される．ここで，$m$ を**干渉じまの次数**（order）という．隣接する明線の間隔，すなわち干渉じまの間隔 $\Delta x$ は次数 $m$ によらず一定で，$\lambda D/d$ である．例として，$D = 2$ m，$d = 1$ mm，$\lambda = 500$ nm の場合を考えると，$\Delta x$ は 1 mm となり，干渉じまは観測可能である．また，干渉じまの間隔を測定することによって光の波長を求めることができる．

### （2） 光の可干渉性と非干渉性

　電球やナトリウムランプなどの通常の光源は，$10^{-8}$ 秒以下の短い時間しか継続しない光を出している．その光は図 5.7(a) のような波で表され，長さは通常 1 m 以下である．これを**波列**（wave train）という．これらの光源を構成する原子や分子は，互いに無関係に波列を出しているから，異なる波列間の位相には全く関連がない．そのた

(a) ナトリウムランプ　　　　　　　　(b) レーザー

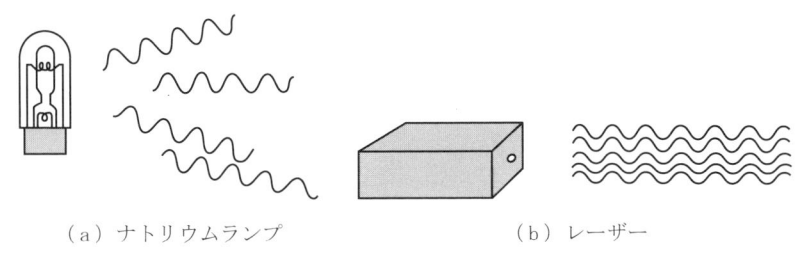

図 5.7　波　列

め，異なる干渉じまが同時にたくさんでき，その重ね合せは一様な明るさになってしまう．ヤングの実験のように，一つの波列を二つのスリットに当てると，二つのスリットからの波はつねに一定の位相差になり，干渉じまが観測される．このとき，二つの光の光路差が波列の長さより短いことが必要である．波列の長さを**可干渉距離**（coherence length）という．可干渉距離の長い光では干渉じまが観測されやすいので，そのような光を**可干渉性の光**あるいは**コヒーレント**（coherent）**な光**と呼ぶ．これに対して，可干渉距離の短い光を**非干渉性の光**あるいは**インコヒーレント**（incoherent）**な光**と呼ぶ．図 5.7(b)のようなレーザー光はコヒーレントであり，可干渉距離が数百 km に達するものもある．

### （3）　光の反射による位相の変化

ウェーブマシン（波動実験器）を使って入射波として山波を送ると，端が自由に振れる場合には山波が反射され，端が固定されている場合には谷波が反射されてくることを容易に観察できる．すなわち，自由端では反射波の位相は入射波の位相と変わらないが，固定端では反射波の位相は入射波の位相に比べて $\pi$ だけ変化する．それでは，電磁波の一種である光が二つの媒質の境界面に入射すると，反射光や透過光の位相はどのようになるであろうか．ここでは，この問題に対する電磁気学の結論を述べる．

光が光学的に密な媒質から疎な媒質に進むときの反射は，ウェーブマシンの自由端での反射に相当し，逆に疎な媒質から密な媒質に進むときの反射は固定端での反射に相当する．つまり，図 5.8 のように，疎な媒質から密な媒質へ入射するときだけ，反射光は位相が入射光に比べて $\pi$ だけ変化する．透過光の位相は変わらない．

反射光と入射光の強度の比を反射率 $R$ と呼ぶ．光が媒質 I（屈折率 $n_1$）から媒質 II（屈折率 $n_2$）に境界面に垂直に入射する場合，電磁気学の計算によると

$$R = \left(\frac{n_1 - n_2}{n_1 + n_2}\right)^2 \tag{5.15}$$

**70** 第 5 章 光

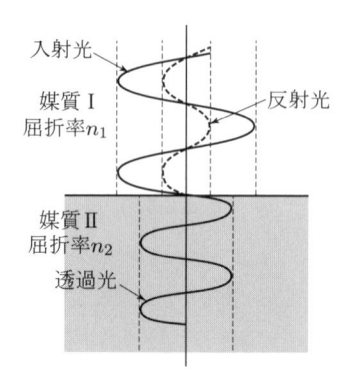

図 5.8 垂直入射（$n_1<n_2$ のとき）

となる．このとき，透過率は $1-R$ である．光が空気（$n_1=1$）からガラス（$n_2=1.5$）に垂直に入射するときの反射率 $R$ は式（5.15）により 4 ％ となる．

### （4） 薄膜や薄い空気の層による光の干渉

水面に浮かぶ油膜やしゃぼん玉に太陽光があたると色がついて見える．この現象は，薄膜の表面で反射した光と裏面で反射した光の干渉によって起こるものである．ここでは，この現象について述べる．

図 5.9(a) のように，厚さ $d$ の一様な薄膜が屈折率 $n_0$ の物質の上にあり，これに，波長 $\lambda$ の平行光線が，空気中から垂直に入射した場合を考える．薄膜の屈折率 $n$ は，

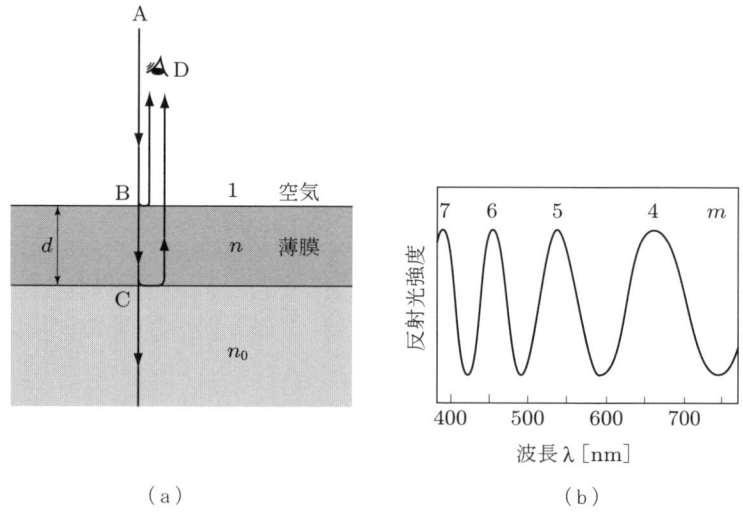

図 5.9 薄膜による光の干渉（垂直入射の場合）

$n > n_0 > 1$，空気の屈折率は 1 とする．これは，水面に浮かぶ油膜の場合に相当する．

この図では，見やすくするために反射光を右へずらしているが，A → B → D と進む光と A → B → C → B → D と進む光の光学距離には $2dn$ の差が生じる．なお，点 B における反射は，光が光学的に疎な媒質から密な媒質に進むときの反射であるから，反射光の位相は入射光に比べて $\pi$ だけ変化する．一方，点 C における反射は，光が光学的に密な媒質から疎な媒質に進むときの反射であるから，反射光の位相は変化しない．したがって，点 B と点 C における反射による位相の変化の違いによって，二つの反射光の間に $\pi$ の位相差が生じる．位相 $\pi$ は $\lambda/2$ の光学距離に相当する．

以上のことから，反射による位相の変化の寄与を考慮すると，二つの反射光の間の**全体としての光路差** $\varDelta$ は，

$$\varDelta = 2dn - \frac{\lambda}{2} \tag{5.16}$$

となる．したがって，式 (5.13) より薄膜の厚さが

$$d = \begin{cases} \left(m + \dfrac{1}{2}\right) \dfrac{\lambda}{2n} & \text{のとき} \cdots\cdots \text{明るい} \\ \\ m \dfrac{\lambda}{2n} & \text{のとき} \cdots\cdots \text{暗い} \end{cases} \quad (m = 0, 1, 2, \cdots) \tag{5.17}$$

となる．

図 5.9(b) は，水面にある厚さ 1.0 μm，屈折率 1.48 の油膜に，太陽光のようなすべての波長の光を含む白色光が垂直に入射したときの可視光波長領域での反射光の強度を模式的に示す[1]．この図でわかるように，薄膜による反射光の明暗が波長によって交互に起こる．

実際に厚さ数 μm 程度の薄膜に光をあてて，波長を変えながら反射光の強さを測定すると，このような規則的な振動構造が観測される．

**例題 5.2** ガラス板の表面に屈折率が 1.38 の $\mathrm{MgF_2}$（フッ化マグネシウム）の薄膜をつける．いま，波長が 550 nm の単色光をこの面に垂直に入射させたとき，反射光を弱くするには薄膜の厚さ $d$ をいくらにすればよいか．

**解** 図 5.9 (a) において，点 B で反射する光と点 C で反射する光の光路差 $\varDelta$ を考える．$\mathrm{MgF_2}$ の屈折率 $n$ は，ガラスの屈折率 1.5 よりも小さい．そのため，この場合は点 B，C とも反射光の位相が入射光に比べて同じ $\pi$ だけ変化するので，二つの反射光の間に反射によ

---

[1] 図 5.9 (b) の曲線は薄膜の表面（点 B）で反射した光と裏面（点 C）で反射した光の振幅が等しいと仮定したときの反射光強度を示す．

る位相差は生じない．したがって，$\varDelta$ は $2dn$ であり，式 (5.13) より $\varDelta=\left(m+\dfrac{1}{2}\right)\lambda$ のとき，二つの反射光は弱め合う．次数 $m$ が 0 のとき，薄膜の厚さは最小で
$$d=\dfrac{\lambda}{4n}=\dfrac{550\,\mathrm{nm}}{4\times 1.38}=99.6\,\mathrm{nm}\fallingdotseq 0.1\,\mathrm{\mu m}$$
となる． ∎

例題 5.2 のような薄膜を**反射防止膜**（antireflection coating）といって，これをカメラやメガネなどのレンズの表面につけることを**コーティング**という．反射光を最小にするには，ガラスの屈折率を $n_0$ とすると，屈折率 $n$ が $\sqrt{n_0}$ の値をもつ透明な物質を反射防止膜に用いればよい[1]．$n_0$ が 1.5 のガラスでは，$n$ は 1.22 となるが，このような物質は見つかっていない．また，白色光のすべての波長に対して反射を防ぐことは不可能である．しかし，可視光の波長のほぼ中央にある 550 nm 付近の光を選ぶと，白色光全体の反射を弱めることができる．

光の干渉は薄い空気の層によっても起こる．図 5.10(a) のように，平凸レンズを平面ガラス板上に置き，これに垂直に単色光を入射させて真上からのぞくと，図 5.10(b) のような同心円状の明暗のしま模様が見える．これを，**ニュートンリング**（Newton ring）という．これは，レンズの下側の球面上の点 A で反射した光と平面ガラス面の点 B で反射した光が干渉してできたものである．このとき，AB 間の空気層の厚さを $d$ として，反射による位相変化を考慮すると，二つの反射光の光路差 $\varDelta$ は
$$\varDelta=2d+\dfrac{\lambda}{2} \tag{5.18}$$
である．また，レンズとガラス面の接点 O を中心とする半径 $r$ の円周上では空気層の厚さ $d$ は一定である．したがって，式 (5.13) より同心円状の明暗のしま模様が見え

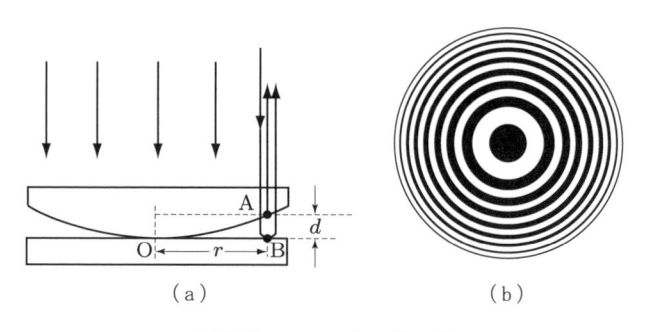

図 5.10　ニュートンリング

---

[1] 空気と反射防止膜の境界での反射率と，反射防止膜とガラスの境界での反射率を等しくするためである．

## 5.3 光の回折

### （1） 単スリットによる回折

5.2節のヤングの実験でも述べたように，光を非常に狭いスリットに通すと，幾何学的な影の部分もわずかに明るくなる．これは，光が障害物のうしろまで回りこんでいるためである．このような性質を**回折**といって，波に特有の現象である．しかし，光の波長は$10^{-6}$m程度と短いために，音波に比べて回折現象は観測されにくい．一般に，障害物からスクリーンまでの距離や光源から障害物までの距離が有限のときの回折を**フレネル**（Fresnel）**回折**という．これに対して，それらの距離が無限大である場合を**フラウンホーファー**（Fraunhofer）**回折**という．フラウンホーファー回折では，実際にはレンズによって入射光を平行光線にしたり，スクリーンをレンズの焦点面に置いて回折光を集光したりする．単スリットによる光の回折の場合，図5.11(a)がフレネル回折，図5.11(b)がフラウンホーファー回折である．

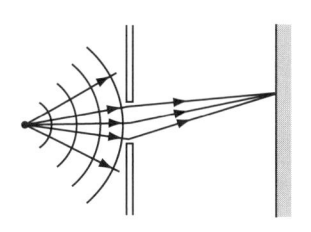

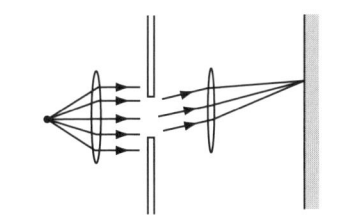

（a）フレネル回折　　　　（b）フラウンホーファー回折

図5.11　単スリットによる回折

### （2） 回折格子

細長いスリットを等しい間隔に多数並べたものを**回折格子**（diffraction grating）といい，隣接するスリットの間隔$d$を**格子定数**（grating constant）という．回折格子は，平面ガラス板の上に1mm当たり100～1000本の割合で細いきずを規則的に刻んでつくる．きずの部分は光が乱反射して通らなくなり，きずのついていない部分は光が通るのでスリットの役割をする．このような回折格子を**透過型平面回折格子**という．

図5.12のように，回折格子に垂直に波長$\lambda$の平行光線が入射したとき，各スリットから回折する光のうち，入射光の方向と$\theta$の角をなす方向に進む光を考える．隣り合

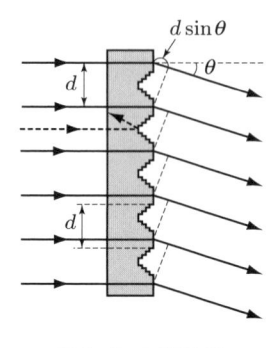

**図 5.12** 回折格子

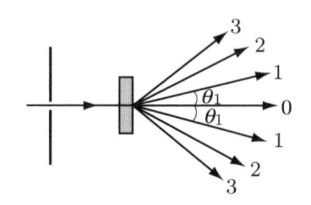

**図 5.13** 回折光の方向と次数

うスリットのそれぞれに対応する点から回折する光の光路差 $\Delta$ は $d\sin\theta$ である. このため, 式 (5.13) より

$$d\sin\theta = m\lambda \quad (m = 0, \pm 1, \pm 2, \pm 3, \cdots) \tag{5.19}$$

の関係が成り立つとき, 各スリットからの光は互いに強め合って明るくなる. このとき, $m$ を**次数**, $\theta$ を**回折角**という. 図 5.13 は, 回折格子に垂直に単色光が入射したときの明るい回折光の方向を示す. 回折光の強度は次数 $m$ が大きくなるにつれて小さくなる.

透過型回折格子では入射光が多くの次数の回折光に分かれるので, 一つの次数の回折光の強度が弱くなってしまう. また, 0 次の回折光は波長に依存せず, 最大の強度をもつので, 透過型回折格子は光の利用効率が悪い.

一方, アルミニウムを厚くつけたガラス板の表面に等間隔にのこぎり歯状の溝を平行に刻んだものを, **ブレーズド回折格子** (blazed grating) という. ブレーズド回折格子は, 反射型平面回折格子の一種である. CD (コンパクトディスク) は, その表面にピットと呼ばれる突起状のものがびっしりと並んでおり, 反射型の回折格子に相当する. 円盤の中心から外側に向かって 1 mm 当たり 625 本の溝でできている. そのため, CD の表面に白色光をあてると, 光は回折して虹のように七色に見える.

## 5.4 偏 光

図 5.14(a) のように, 主軸と呼ばれる特定の方向に平行に切った電気石の板やポラロイド板を 2 枚重ね, 一方を固定し, 他方を回転させると, 板 $P_2$ を透過する光は 90°ごとに明暗が繰り返される. この現象は, 光は横波であって, 電気石の板やポラロイド板は特定の方向に振動する光だけが通過し, それと垂直な方向に振動する光は吸収されて透過しないと考えなければ説明できない.

5.4 偏　　光

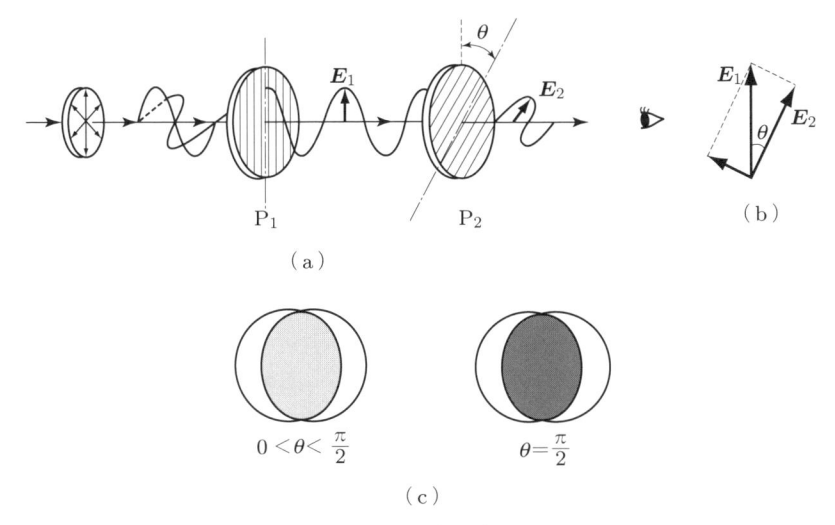

図 5.14　偏　光

　光は電磁波の一種で，電界 $E$ の方向を光の**振動方向**という．太陽光やナトリウムランプのような光源から出る光は，あらゆる振動方向の成分を均等に含んでいるので，**自然光**という．これに対して，光の振動方向が特定の方向に偏っている光を**偏光** (polarized light) という．特に，光の進行方向からみて一直線上だけで振動する光を**直線偏光**または**平面偏光**といい，光の進行方向と振動方向を含む面のことを**振動面**という．電気石の板やポラロイド板は，自然光の中で特定の方向に振動する光だけを通すので，**偏光板**と呼ばれる．

　図 5.14(a) において偏光板 $P_2$ は，偏光板 $P_1$ を通過した直線偏光の振動方向に対して $\theta$ の角をなす方向に振動する光を通すように置かれている．このとき，図 5.14(b) に示すように，板 $P_2$ の透過光の振幅は板 $P_1$ の透過光の振幅の $\cos\theta$ 倍である．光の強度は振幅の 2 乗に比例するので，板 $P_2$ への入射光の強度を $I_0$ とすると，板 $P_2$ の透過光の強度 $I$ は

$$I = I_0 \cos^2 \theta \tag{5.20}$$

で表される．これを**マリュス** (Malus) **の法則**という．図 5.14(a) において偏光板 $P_1$ を**偏光子**，$P_2$ を**検光子**という．図 5.14(c) のように $\theta = \pi/2$ では透過光は暗くなる．

　ガラス板や水面で反射した光を偏光板に通すと，光は部分的に偏光になっていることがわかる．これは，入射面に垂直な方向に振動する光（**S 偏光**という）と平行な方向に振動する光（**P 偏光**という）の反射率が違うために起こる．カメラのレンズに取りつける偏光フィルターは，反射による偏光を利用して反射光を弱めることができる．

## 5.5 光の応用

### (1) 分光器

ニュートンは，1666年に太陽の光をプリズムに入射させて，赤，橙，黄，緑，青，藍，紫の七色に初めて分解した．このように光を波長の順に並べたもの**をスペクトル**（spectrum）と呼び，光のスペクトルを測定する装置を**分光器**（spectrometer）という．分光器には，プリズム分光器，回折格子分光器および干渉計を用いた干渉分光器がある．また，分光器の使用目的によって，スペクトルを写真で記録するものを**分光写真器**，角度の目盛りの読みから波長を測定するものを**分光計**，スリットからある波長の光だけを取り出すものを**モノクロメーター**（monochromator）と呼ぶこともある．

現在，分光器は分光分析や物質の光学的な性質の解明など多くの分野で利用されている．

### (a) プリズム分光器

図5.15のように，可視光の波長領域で透明なガラスの屈折率は波長が長くなるにつれて単調に減少する．そのため，ガラスを使ったプリズムに白色光が入射すると，図5.16のようにいろいろな色の光に分かれる．この現象を**光の分散**（dispersion）という．プリズムによって光線の曲げられる角度 $\delta$ を**振れの角**または**偏角**という．単色光の入射角 $i$ を変えると $\delta$ も変化し，$i=i'$ のとき $\delta$ は最小になる．プリズム分光器では，頂角 $\alpha$ が $60°$ のプリズムが多く用いられ，可視光の中心波長の光に対して $\delta$ が最小の状態で使用する．

図5.17はプリズム分光器の基本的な構造である．スリットSを通った光はコリメ

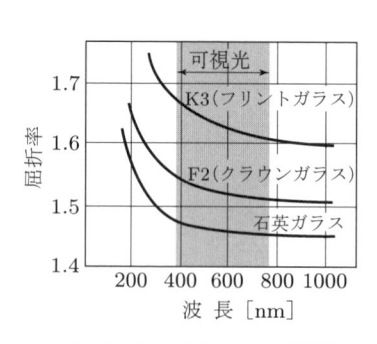

図5.15 種々のガラスの屈折率

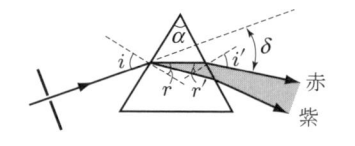

図5.16 プリズムによる光の分散

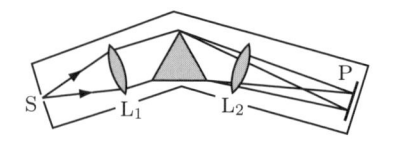

図5.17 プリズム分光器

ーターレンズ $L_1$ で平行光線となり，プリズムで分散された光はカメラレンズ $L_2$ によって焦点面 P にスリットの像を結ぶ．焦点面 P にフィルムを置くとスペクトルの写真を撮影することができる．

いま，スリット S から入射した波長 $\lambda$ と $\lambda+\varDelta\lambda$ の光が，2本のスペクトル線に分解されて焦点面に像を結ぶとする．このとき，2本のスペクトル線の波長差 $\varDelta\lambda$ が，2本の線として分解し区別できる極限の値であるとき

$$R=\frac{\lambda}{\varDelta\lambda} \qquad (5.21)$$

を分光器の理論的な**分解能**（resolving power）という．プリズム分光器の分解能 $R$ は，プリズムに使われる材料の屈折率を $n$ とすると，$\mathrm{d}n/\mathrm{d}\lambda$ が大きいほど高くなる．

### （b） 回折格子分光器

回折格子もプリズムと同じように分光に用いられる．回折格子分光器の理論的な分解能 $R$ は，入射光があたる領域にある溝の総数が $N$ で，スペクトルの次数が $m$ のとき

$$R=mN \qquad (5.22)$$

で表される．実用的な回折格子では，1mm 当たり 1000 本程度の溝がつけられるので，幅が 5cm の回折格子で 1 次のスペクトル線を分光するとき，分解能は式(5.22)により $5\times10^4$ になる．これは 500nm の光を入射したとき，波長差が $10^{-2}$nm の 2 本のスペクトル線を分解し区別できることを意味する．

このように回折格子分光器の分解能は，プリズムの場合よりかなり大きい．そのため，現在では高性能の分光器は回折格子が用いられている．ブレーズド回折格子は，幾何光学的な反射の方向に非常に強い回折光が集中して光の利用効率が高いので，最も多く用いられている．

図 5.18 は，ブレーズド回折格子を用いた分光器の構造である．入射スリット $S_1$ からの光は凹面鏡 $M_1$ で平行光線となり，回折格子 G に入射する．回折格子で分散された

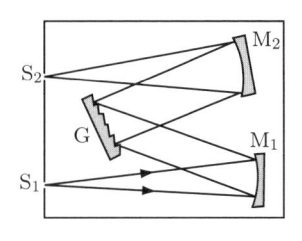

図 5.18 回折格子分光器

光は凹面鏡 $M_2$ によって特定の波長の光だけ出射スリット $S_2$ に集光する．このとき回折格子を回転させると，スリット $S_2$ を通り抜ける光の波長を広い範囲にわたって変えることができる．

### （2） レーザー

**レーザー** (laser) は，"Light Amplification by Stimulated Emission of Radiation" の頭文字をとった造語で，「誘導放出による光の増幅」を意味するが，その装置自体を**レーザー**と呼ぶことが多い．1954 年にタウンズ (C. H. Townes) はアンモニア分子を使って，波長 1.25 cm のマイクロ波の増幅と発振に成功し，その装置を**メーザー** (maser) と名づけた．その後，1960 年にメイマン (T. H. Maiman) がルビーを使って波長 694.3 nm という可視光の波長領域で初めて光の増幅と発振に成功した．これを後にレーザーと呼ぶようになったが，レーザーは 20 世紀の重要な発明の一つである．

ところで，原子や分子はとびとびのエネルギーの状態しかとることができない．いま，最も単純なモデルとして，図 5.19 のようにエネルギーが $E_1$ の状態 1 と $E_2$ の状態 2 のみを考える．状態 2 は状態 1 よりエネルギーが $\Delta E$ だけ高いとする．図 (a) のように，原子（または分子）が状態 1 にあるとき，原子が $\Delta E$ のエネルギーの光を吸収すると状態 2 に移る．しかし，状態 2 は不安定であり，すぐに図 (b) のようにエネルギー $\Delta E$ の光を放出して，原子は再び状態 1 に戻る．これは不規則に起こるので，このときの光の放出を**自然放出**といい，入射光に関係しない．通常の光源からの光は自然放出による光である．これに対して，比較的長い寿命で状態 2 に原子があるとき，図 (c) のように外からエネルギー $\Delta E$ の光が入射すると，入射光に誘導されて光を放出し，原子は状態 1 に移る．この**誘導放出**による光は，入射光と同じ波長，振幅，位相，偏りをもち，その強度は入射光の強度に比例する．

普通の状態ではエネルギーの高い状態 2 にある原子の数 $N_2$ は，状態 1 にある原子の数 $N_1$ よりも少ないので，光の放出よりも吸収のほうが多く起こる．もしも，何らかの方法で図 (d) のように $N_2 > N_1$ の状態が実現すれば，光の吸収よりも放出のほうが

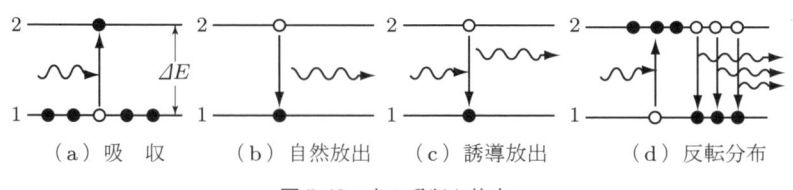

（a）吸 収　　（b）自然放出　　（c）誘導放出　　（d）反転分布

図 5.19　光の吸収と放出

より多く起こる．この状態を**反転分布**という．反転分布を実現するためには，高電圧をかけて放電させたり，広い波長分布の強い光を照射したりして，原子に外部から大きなエネルギーを供給しなければならない．これを**ポンピング**（pumping）という．

図5.20は，波長632.8 nmの赤色の光を発振する外部鏡型のヘリウム-ネオンレーザーの構造である．$M_1$は反射率100%の球面鏡で，$M_2$は光を2%だけ透過する球面鏡である．この場合，HeとNeの低圧の混合気体に高電圧をかけて放電させると反転分布が実現し，誘導放出が起こる．そして，誘導放出光は図5.21のように両端の反射鏡の間で定常波をつくり，往復を繰り返すたびに増幅されて，ついにレーザー発振が起こる．レーザー光の一部は半透明鏡$M_2$から外部に出てくる．

現在では，非常に多くの物質でレーザー発振が実現されており，その発振波長も100 nm付近から数mmまでの広い波長範囲に及んでいる．これらのレーザーは，物質の状態によって，He-Neレーザー，Arイオンレーザー，$CO_2$レーザーなどの気体レーザー，ルビーレーザー，YAGレーザーなどの固体レーザー，色素レーザーのような液体レーザー，ならびにGaAsレーザーのような半導体レーザーに分類することができる．

レーザーの原理からわかるようにレーザー光は，①位相がそろっている（コヒーレントな光），②指向性がよい，③単色性にすぐれている，④輝度（単位面積当たりの強度）が非常に大きい，などの特徴をもつ．また，レーザーは，時間的に連続した光だけでなく，時間の幅が$10^{-13}$秒以下のパルスの光をつくることができる．このような特徴をもつレーザーは，分光用光源，距離測定，精密計測，材料加工，光通信，ホログラフィー，情報処理，医療，レーザー核融合，コンパクトディスク（CD）など，さまざまな分野で応用されている．

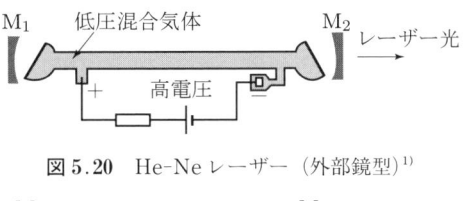

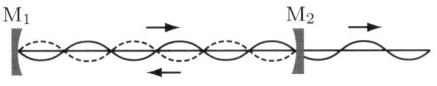

**図5.20** He-Neレーザー（外部鏡型）[1)]

**図5.21** 誘導放出光の定常波

---

1) 抵抗を表す記号は ▭ であるが，少し以前は ⏦ を使用していた．そのため，書物によっては抵抗を ⏦ で表しているものもある．

**ホログラフィー**（holography）は，1948年ガボール（D. Gavor）によって考案された新しい写真法で，レーザーの発明以降飛躍的にその技術が向上した．これは，干渉じまから立体感のある像を再生するものである．

**（3） 光ファイバーと光通信**

屈折率の大きい媒質から小さい媒質に光が進むとき，入射角が臨界角よりも大きいと，光は境界面で全反射する（p.65，図5.3参照）．図5.22に示すように，屈折率 $n_1$ をもつガラスの外側を，それよりも小さい屈折率 $n_2$ をもつガラスで被覆した細い繊維を**光ファイバー**（optical fiber）という．その中心部分を**コア**（core），周辺部分を**クラッド**（cladding）という．クラッドでコアを被覆するのは，臨界角 $i_c$ をできるだけ大きくすることによって，入射角 $\phi_c$ の違いによる経路の差を小さくして，光を中心軸の近くに絞るためである．光ファイバーのコアにある角度で入射した光は，全反射を繰り返しながら伝搬していく．このとき，光信号に変換された音声や画像の情報がコアの中を伝送するのが**光通信**である．光通信用の光ファイバーは，光をよく透過させる石英ガラス（$SiO_2$）を主成分としており，それに $GeO_2$ などを添加することによって屈折率を制御している．

光通信用の光ファイバーは，コアの屈折率の分布の形によって図5.23のように主に**ステップ**（step）形と**グレーデッド**（graded）形に分けられる．図5.23(a)のステッ

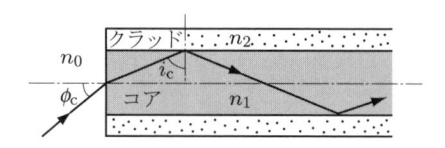

**図5.22** 光ファイバーの原理

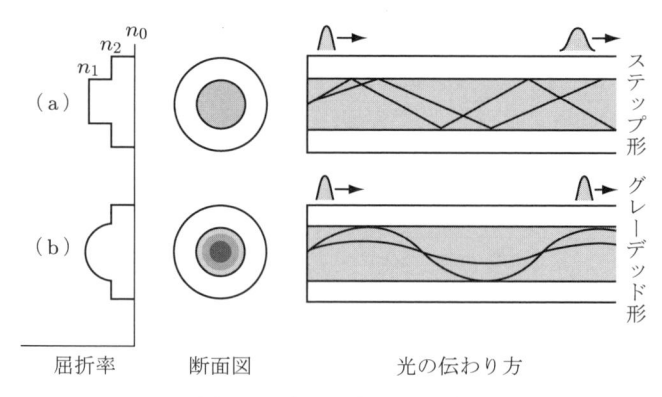

**図5.23** 光ファイバーの種類

プ形は，**クラッド形**とも呼ばれ，コアの屈折率が一様である．そのため，この光ファイバーの中をクラッドに対して異なる入射角で伝搬する光は，軸方向の速度が違ってくるので，信号パルスを送るとパルスの幅が広がってしまう．これに対して，図 5.23(b) のグレーデッド形は，**セルフォク** (selfoc) **形**ともいい，軸方向の光の速度がどの部分でも等しくなるように，コアの中心部に向かって屈折率が放物線状に大きくなっている．そのため，光は正弦波状に蛇行しながら進むので，信号パルスの形が崩れず，伝送できる情報量はステップ形よりも多くなる．

現在，光通信用の光源としては，波長 1.3 μm の赤外線を出す半導体レーザー (InGaAsP) などが用いられている．この波長付近の赤外線では，光ファイバーの中を伝搬するときの光の損失が，他の波長領域に比べてきわめて低い．最良の光ファイバーでは光の強度が半分に減衰する距離が 10 km を超えている．また，光の振動数はマイクロ波のような電波の振動数に比べて桁違いに大きいので，伝送に利用できる振動数の幅をそれだけ広くとることができる．実際には，光ファイバーは $1\,\mathrm{mm}^2$ に 100 本以上も束ねてケーブルとして使用されるので，従来の電線や電波に比べてはるかに多量の情報を伝送することが可能である．

## 練習問題 5  (解答は p. 245)

1. ダイヤモンドの屈折率は 2.42 である．光がダイヤモンドの中を進むとき，空気との境界面での全反射の臨界角は何度か．
2. ヤングの実験で，スリット $S_1$ と $S_2$ の間隔を 0.06 mm，スリットからスクリーンまでの距離を 90 cm としたところ，暗線と暗線の間隔が 8.2 mm の干渉縞が観測された．光源から出ている光の波長はいくらか．
3. * ガラス板に $MgF_2$ の薄い膜がついている．いま，この膜に垂直に白色光をあて，その反射光を分光器で調べたところ，可視光の領域で 700 nm の波長の光だけが暗線であった．この膜の厚さはいくらか．ただし，$MgF_2$ の屈折率は 1.38，ガラスの屈折率は 1.5 である．
4. 1 mm 当たり 500 本の線を刻んだ透過型平面回折格子に垂直に白色光（波長 380 nm から 770 nm）の平行光線を入射させた．このとき，1 次のスペクトルの回折角 $\theta_1$ の範囲はいくらか．また，2 次のスペクトルの回折角 $\theta_2$ の範囲はいくらか．
5. ナトリウムの D 線は，589.6 nm ($D_1$) と 589.0 nm ($D_2$) の近接した 2 本の線からなる．いま，この 2 本の線が 1 次のスペクトルで分解し区別されるためには，入射光があたる回折格子の溝の総数は少なくとも何本必要か．
6. * コアの屈折率 $n_1$ が 1.55，クラッドの屈折率 $n_2$ が 1.54 のステップ形の光ファイバーが

空気中に置かれている．その円形断面の端面に入射する光が，全反射を繰り返しながらコアを伝搬するためには，端面への光の入射角 $\phi$ にどのような条件が必要か．ただし，空気の屈折率 $n_0$ は 1.00 とする．

7. 図 5.24 は気体の屈折率を測定するための**レイリー**(Rayleigh)**干渉計**である．長さが 10 cm の同じガラス容器 $C_1$, $C_2$ の内部は最初は真空である．スリット S から出た波長 589.3 nm のナトリウムランプの光は，スリット $S_1$ と $S_2$ によって二つに分けられ，それぞれの容器を通過した後，凸レンズ $L_2$ の焦点面に置かれたスクリーン上で再び重ね合わされる．いま，容器 $C_1$ にだけ少しずつ水素を入れて 1 気圧にすると，水素を入れ始めてからの点 O の明暗の繰返しは 23 回であった．このことから，1 気圧の水素の屈折率はいくらか．

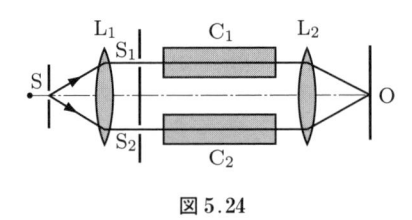

図 5.24

8.* 単色光が頂角 $a$ のプリズムに入射角 $i$ で入射して，射出角 $i'$ でプリズムから出た．このとき，$i=i'$ であれば，振れの角 $\delta$ が最小になることを証明せよ．また，最小振れの角を $\delta_0$ とすると，プリズムの屈折率は次式で与えられることを示せ．

$$n=\frac{\sin\frac{\delta_0+a}{2}}{\sin\frac{a}{2}}$$

〈参考〉　　　　　　　　フォトンファクトリー

　赤外線や可視光のような電磁波は，いままで見てきたように波として振る舞うだけでなく，エネルギーと運動量をもつ粒子のような性質ももっている．この粒子を**フォトン**(photon)といって，日本語では**光子**という名前がついている．茨城県の筑波山のふもとに「**フォトンファクトリー**」と呼ばれる光子製造工場がある．高エネルギー加速器研究機構の実験施設である．この工場では 1982 年以来，**放射光**という強力な収束光を製造している．

　電磁気学の理論によると，電荷をもつ粒子が加速度運動をすると電磁波を出す．そこで，図 5.25 のように，電子をまず線形加速器を使って超高真空中で光速に近い速さまで加速する．次に，**シンクロトロン**と呼ばれる円形加速器に送り込む．シンクロトロンでは，たくさんの電磁石を電子の軌道部分にリング状に配置しているから，電子は磁界から向心力を受けて円運動をする．このとき円形軌道の接線方向に放射される電磁波を**シンクロトロン軌道放射**(synchrotron orbit radiation)，略して**SOR**，あるいは単に放

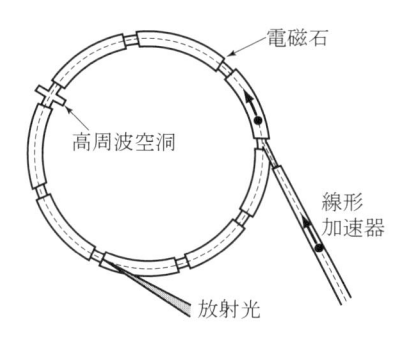

図 5.25 シンクロトロンの原理

射光という.

1997 年には兵庫県播磨科学学園都市に大型放射光施設（SPring-8）が完成し，世界最高性能の放射光を利用することができるようになった.

放射光は，図 5.26 のように赤外線から X 線に及ぶ広い波長領域をもつ非常に強い白色光であるから，分光器を用いて単色光を得ることができる．しかも，それは高い指向性をもつ直線偏光で，$10^{-9}$ 秒程度の幅をもつパルス光である．このような特徴をもつ放射光は，物質の構造や性質を調べる研究に使われるだけでなく，生命科学や医学などさまざまな分野で広く利用されている.

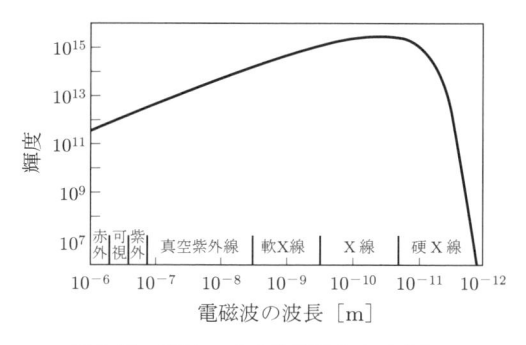

図 5.26 SPring-8 の放射光のスペクトル

# 第6章 熱と分子運動

## 6.1 温度と熱

### (1) 温度と熱平衡

**温度**(temperature)という概念の基本は，熱い，冷たいの感覚である．熱い物体と冷たい物体を接触させてしばらくすると，両方の物体は同じ暖かさになることが経験的に知られている．この同じ暖かさになっている状態では熱の移動はなくなっている．これを**熱平衡**という．

系Aと系Bが熱平衡であり系Bと系Cも熱平衡であれば，系Aと系Cも熱平衡になっているという実験事実がある（これを熱力学第0法則という）．したがって，材質の異なる多くの系（物体）を同時に熱平衡の状態にすることができる．この場合，熱平衡にある系に共通する暖かさを定量的に表すのが温度である．熱平衡の状態であれば，各系は同じ温度である．

セ氏温度の基準は，1気圧のもとで水が凝固する温度を0℃とし，沸騰する温度を100℃と定めている．6.4節で詳細に述べるが，絶対温度といわれている温度がある．**絶対温度** $T$ の単位はK（ケルビン）を使い，セ氏温度を $t$[℃]とすれば

$$T = t + 273.15 \quad [K] \tag{6.1}$$

の関係がある．

温度を測定する器具として温度計がある．物質は一般に温度の変化にともなって膨張や収縮をしたり，抵抗などの電気的性質が変化する性質をもつので，これらのことを利用して温度を測定する．水銀温度計やアルコール温度計などは，温度による液体の体積変化を利用する．熱電対温度計は2種類の金属や合金をループ状に接合し，金属に温度勾配があればその両端間に電位差を生ずるゼーベック効果を利用している．温度による電気抵抗の変化を利用した温度計を抵抗温度計という．また半導体は，温度が上昇すると電気がよく流れる性質をもっている．サーミスタ温度計は，このような半導体の感温素子を用いている．

また，温度を上昇させる熱量の基準として，純粋な水1gを14.5℃から15.5℃まで温度1℃上昇させるのに必要な熱量を1cal（カロリー）と定める．**熱**(heat)が加

わると分子運動のエネルギー[1]が増加する．したがって，熱は**仕事**（work）と等価でエネルギーの一つの形態である．ジュール（J. P. Joule）は1847年に，一定の仕事を熱に変える実験をして，約4.2 Jの仕事が1 calの熱量に相当することを見出した．現在ではもっと正確に測定され

$$1\,\text{cal} = 4.1855\,\text{J} \tag{6.2}$$

である．国際単位系では，熱量の単位にもJ（ジュール）を用いる．物体の温度を単位温度（1℃）上昇させるのに必要な熱量を**熱容量**といい，単位質量の物質を単位温度上昇させるのに必要な熱量を**比熱**という．

### （2） 熱の移動

熱の移動のしかたは，大きく分類すると対流，熱伝導，熱放射に分けられる．気体や液体のように流動できる物質中で場所により温度差が生じたとき，高温になった部分は分子運動が活発になり膨張するので密度が周囲より小さくなって上昇し，低温部分は逆に収縮して密度が大きくなり下降する．このように，周囲と異なる温度の物質が移動することにより全体的に熱が移動する現象を**対流**という．

また，たとえば，固体の物質のある部分を加熱して分子の振動エネルギーが大きくなると，それに接しているとなりの分子にも振動エネルギーが移動して分子運動が活発になる．物質は移動しないが分子の振動エネルギーは次から次へと移動する．この現象を**熱伝導**という．

電子や原子核のように電荷をもった物質が加速度運動すると，電磁波を放出することが知られている．したがって，これらの粒子が熱運動を行うと電磁波を放出する．また電磁波を吸収すると，そのエネルギーが再び熱エネルギーに変わる．このように，熱エネルギーが電磁波になって移動する現象を**熱放射**という．

太陽，白熱電灯，炭火などからの光は熱放射によるものである．放射強度が最大である波長は，熱放射する物体の温度によって異なり，人間の皮膚などからは赤外線が放射されている．放射された赤外線を赤外線カメラで受光し，波長別の強度に色分布で表示したのがサーモグラフィーであり，温度分布が一目でわかる．

魔法瓶は容器の中と外との間の熱移動を防ぐために二重構造になっていて，間が真空になっている．これにより対流と熱伝導による熱移動を防ぐ．また真空層の両面を鏡面にして電磁波を100 %近く反射させ，真空層のところの熱放射を防ぐように工夫してある．

---

[1] 次の節で述べるように，これを内部エネルギーという．

### (a) 熱放射

　光などの電磁波を反射しないですべて吸収する物体を黒体という．このような物体では，内部の熱運動で生じた電磁波が表面から外に出るときも，反射率は0ですべて外に放射される性質があることが知られている．この黒体から電磁波が放射される場合(黒体放射といわれる)，単位時間に単位面積当たり放射されるエネルギーは絶対温度 $T$ の4乗に比例し

$$E = \sigma T^4 \quad [\sigma = 5.6705 \times 10^{-8} \mathrm{J/(m^2 \cdot s \cdot K^4)}] \tag{6.3}$$

で与えられる．これを**シュテファン-ボルツマンの法則**という．

### (b) 物体表面での熱の移動

　物体表面とその周囲の気体との間に温度差があれば，熱の移動が生じる．図6.1のように物体の表面の温度を $T_\mathrm{s}$，周囲の気温を $T_0 (T_\mathrm{s} > T_0)$ とする．時間 $\varDelta t$ の間に表面積 $S$ を通して移動する熱量 $\varDelta Q$ は，$\varDelta t$ と $S$ に明らかに比例し，さらに実験で温度差 $T_\mathrm{s} - T_0$ にも比例することが知られている．式で表せば

$$\varDelta Q = a \varDelta t S (T_\mathrm{s} - T_0) \tag{6.4}$$

ここで，$a$ は定数で表面熱伝達率といい，これを**ニュートンの冷却の法則**という．

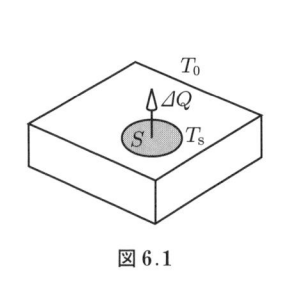

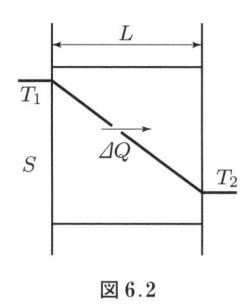

図6.1

図6.2

### (c) 固体中の熱伝導

　一様な厚さ $L$ の板の両面の温度がそれぞれ $T_1, T_2 (T_1 > T_2)$ とする．時間 $\varDelta t$ の間に断面積 $S$ を通して移動する熱量 $\varDelta Q$ は，$\varDelta t$ と $S$ に比例するとともに，経験的に温度差 $T_1 - T_2$ に比例し，厚さ $L$ に反比例することが知られている（図6.2参照）．つまり，

$$\varDelta Q = \lambda \varDelta t S \frac{T_1 - T_2}{L} \tag{6.5}$$

ここで，$\lambda$ は物質に固有な比例定数で，熱伝導率という．

## 6.2 気体の状態と分子運動

### (1) 状態方程式
### (a) 理想気体の状態方程式

体積 $V$, 圧力 $P$, 温度 $T$ など物質の状態を指定する変数を**状態量**または状態変数という．体積 $V$ と圧力 $P$ の状態で物質が熱平衡になっていれば，温度 $T$ が一義的に定まる（図 6.3）．このことを式で表すと，状態量の間に

$$f(V, P, T) = 0$$

の関係がある．これを状態方程式という．特に気体で

$$PV = nRT \tag{6.6}$$

がよく成り立っていて，**ボイル-シャルルの法則**といわれている．ここで，$n$ はモル数で気体の量を表す．$R$ は気体定数といわれ

$$R = 8.31451 \, \text{J}/(\text{mol}\cdot\text{K}) \tag{6.7}$$

である．この式が正確に成り立つ気体を仮想的に考えて**理想気体**といい，式 (6.6) を**理想気体の状態方程式**という．実在の希薄な気体では，この状態方程式が非常によく成り立っている．したがって，希薄な気体は理想気体とみなしてよい．

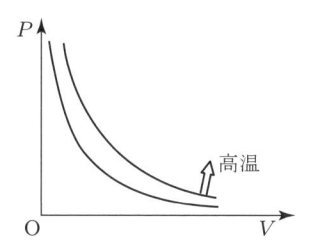

**図 6.3** 理想気体における圧力 $P$ と体積 $V$ の関係（温度一定）

### (b) ファン・デル・ワールスの状態方程式

ボイル-シャルルの法則は，気体の密度が大きくなるにしたがって実験に合わなくなってくる．これを改良したのが**ファン・デル・ワールスの状態方程式**

$$\left\{P + a\left(\frac{n}{V}\right)^2\right\}(V - bn) = nRT \tag{6.8}$$

である．気体の分子は大きさをもっているので，実際に動きまわれる空間は分子の占める体積だけ小さくなる．$bn$ の項は，この効果を反映している．また，密度が大きくなり，分子間の距離が小さくなると，分子間力が増大する．分子が壁で折り返すとき，

壁と反対側の他の分子から引き戻されるような力を受け，壁の受ける力はその分だけ小さくなる．この力は周囲の分子数に比例し，また，分子間距離が小さいほど大きくなるので，密度の 2 乗に比例する．$a(n/V)^2$ の項は，このような分子間力による圧力の減少効果を反映している．

---

〈参考〉　　　　　　　　**臨　界　点**

　温度を一定にして圧力と体積の関係を描くと，図6.4のような等温曲線になる．図で abcdefg の部分は，実際には bcd の部分と def の部分の面積が等しくなるように，bdf を直線で結んだ等圧変化を行う．a の状態から温度を一定にして圧縮していくと，b から液化し始める．f ですべて液体になってしまい，fg 間は液体である．温度が高くなれば，bf 間に相当する長さが次第に短くなり h 点では 0 になる．h 点は液体と気体の区別ができない **臨界点** になっている．臨界点での温度，圧力，体積はそれぞれ

$$T_c = \frac{8a}{27bR}, \quad P_c = \frac{a}{27b^2}, \quad V_c = 3bn \tag{6.9}$$

となる．このように，ファン・デル・ワールスの状態方程式は，気体だけでなく液体の状態も表す．

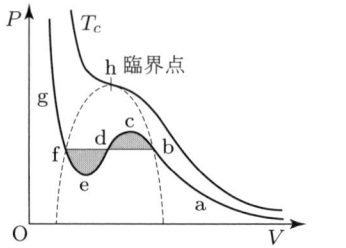

---

## （2）気体の分子運動

　気体は，広い空間内を衝突しながら自由に運動している分子[1]の集団からできている．このことをもとにして，気体の性質を調べてみよう．気体分子が壁面に衝突して跳ね返ると，壁面は撃力を受ける．これを容器内のすべての分子について合計すると，気体の圧力が求められる．

### （a）分子運動による圧力

　容器に入った気体では，分子が容器の壁面にあたり跳ね返ると壁は力を受ける．多くの分子による間断のないこの力の平均が壁の受ける圧力となる．一辺の長さ $L$ の立方体の容器に，質量 $m$ の分子 $N$ 個が閉じこめられている場合を考える．速度成分が

---

[1] 原子が 1 個ないし数個，結合したまま，一つの単位として運動しているのが分子である．

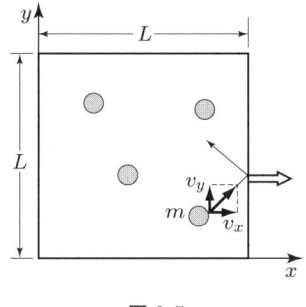

**図 6.5**

$(v_x, v_y, v_z)$ の分子が $x$ 方向と垂直な壁に衝突して跳ね返ると，滑らかな壁と仮定すれば，その速度は $(-v_x, v_y, v_z)$ となる．この分子の運動量の変化は $-2mv_x$ となり，壁の受ける力積は $2mv_x$ となる（図 6.5）．この分子は，容器の中を単位時間に $v_x/(2L)$ 回の割合で往復して，この壁面で衝突を繰り返す．したがって，この壁は，単位時間に $mv_x^2/L$ の力積を受ける．すべての分子による単位時間当たりの力積は

$$\sum_i m \frac{v_x^2}{L}$$

となり，これが壁の受ける平均の力である．これを壁面の面積 $L^2$ で割れば，圧力として

$$P = \sum_i m \frac{v_x^2}{V} \qquad (6.10)$$

が得られる．ここで，$L^3$ は容器の体積と等しく，これを $V$ とした．$v_x^2$ の全分子数 $N$ についての平均を $\langle v_x^2 \rangle$ で表すと

$$\langle v_x^2 \rangle = \frac{\sum_i v_x^2}{N}$$

となる．分子の速さを $v$ とすると，$v^2 = v_x^2 + v_y^2 + v_z^2$ であり，また，分子の運動は全く不規則であるから，$\langle v_x^2 \rangle = \langle v_y^2 \rangle = \langle v_z^2 \rangle$ としてよく

$$\langle v^2 \rangle = \langle v_x^2 \rangle + \langle v_y^2 \rangle + \langle v_z^2 \rangle = 3 \langle v_x^2 \rangle \qquad (6.11)$$

であるので，式 (6.10) は

$$P = \frac{Nm \langle v^2 \rangle}{3V} = \frac{2N \left\langle \frac{mv^2}{2} \right\rangle}{3V} = \frac{2}{3} \times \frac{N}{V} \times \langle E_k \rangle \qquad (6.12)$$

となる．このようにして，圧力を分子の平均運動エネルギー $\langle E_k \rangle$ で表すことができる．

## （b）分子の平均運動エネルギーと温度

理想気体の状態方程式（6.6）は，分子数 $N$ を用いると

$$PV = nRT = NkT \tag{6.13}$$

と表される．ここで，アボガドロ数（1 モルの分子数）を $N_A$ とすると，モル数は $n = N/N_A$ であり

$$k = \frac{R}{N_A} = 1.380658 \times 10^{-23} \text{ J/K} \tag{6.14}$$

である．この $k$ を**ボルツマン定数**という．式（6.12）と式（6.13）を比較すると

$$\langle E_k \rangle = \frac{3}{2}kT \tag{6.15}$$

である．また，式（6.11）を用いると

$$\left\langle \frac{mv_x^2}{2} \right\rangle = \left\langle \frac{mv_y^2}{2} \right\rangle = \left\langle \frac{mv_z^2}{2} \right\rangle = \frac{kT}{2}$$

となる．このようにして，分子の平均運動エネルギーは $3kT/2$ と表せる．あるいは，$x$, $y$, $z$ 方向に関する運動エネルギーの成分はそれぞれ $kT/2$ となる．平均運動エネルギーは気体の種類にかかわらず，運動の一つの自由度当たり $kT/2$ ずつ分配されている．このことを**エネルギー等分配の法則**という．私たちは温度を熱いとか冷たいとか皮膚で感じる感覚で考えることが多いが，絶対温度は分子運動のエネルギーの大きさを表し，分子運動が活発であるかそうでないかを表す指標となっている．

## （c）内部エネルギー

ヘリウムやアルゴンのような気体は単原子からなる分子で，3 次元空間内の自由度が 3 である．単原子分子は構造上，振動や回転によるエネルギーをもたない．酸素や窒素のように 2 原子からなる分子では，並進運動（重心の運動）の他に回転や振動という重心の周りの運動が生ずる可能性がある．このような微視的な力学的エネルギーの総和を**内部エネルギー**という．単原子分子の気体では，内部エネルギー $U$ は 1 モル当たり

$$U = N_A \langle E_k \rangle = N_A \times \frac{3}{2}kT = \frac{3}{2}RT \tag{6.16}$$

である．一方，分子に含まれる原子数が 2 以上の気体では，内部エネルギーには分子の重心の運動エネルギーの他に回転や振動のエネルギーも含まれる．ただし，振動や回転にエネルギーが分配されるかどうかは，温度によって異なり複雑である．1 モル当たりの内部エネルギーは

$$U = f \times \frac{1}{2}RT \tag{6.17}$$

と表されるが，$f$ は温度範囲で異なる場合がある．いずれにしても，内部エネルギーは温度 $T$ だけの関数である．

### （d） 平均自由行程と真空

たくさんの気体分子が運動すると分子どうしが衝突する．ある分子が他の分子と衝突してから次にまた衝突するまでに動く距離は一定ではない．その平均距離を**平均自由行程**（mean free path）という．

単位体積当たりの気体分子の平均個数を $\rho_N$ 個とする．また，気体分子を直径 $D$ の球形とする．考え方を簡単にするために，他の分子がすべて静止していると仮定してみる．その中をある分子が衝突を繰り返しながら $L$ だけ進んだとする．分子どうしが接近しその中心間の距離が $D$ より小さくなろうとすれば衝突するので，図 6.6 のように，進路にそって半径が $D$ の円筒状の部分を考えると，その内部にある他の分子とは衝突する．この円筒状の部分の体積は $\pi D^2 L$ であり，この中の粒子数は $\pi D^2 L \rho_N$ となる．これが距離 $L$ だけ進む間の衝突回数である．衝突するまでの平均距離，つまり，平均自由行程を $l$ とすれば，$l = 1/(\pi D^2 \rho_N)$ となる．正確には，他の分子も運動していることを考慮すると

$$l = \frac{1}{\sqrt{2}\,\pi D^2 \rho_N} \tag{6.18}$$

であることが知られている．圧力が $P$，温度が $T$ の 1 モルの気体では体積 $V_0$，アボガドロ数 $N_A$ とすると，$\rho_N = N_A/V_0$ であるから，状態方程式より $\rho_N = P/(kT)$ である．この $\rho_N$ を式（6.18）に代入すると

$$l = \frac{kT}{\sqrt{2}\,\pi D^2 P} \tag{6.19}$$

と表せる．温度 $T$ が一定のとき，平均自由行程 $l$ は圧力 $P$ に反比例することがわかる．空気の場合，$D = 4 \times 10^{-10}$ m として，温度 20°C，気圧 1 Pa（$= 1 \times 10^{-5}$ 気圧）のとき，$l = 6$ mm となる．

容器を密閉して内部の気体を真空ポンプで排出していくと，容器内の圧力が下がる．

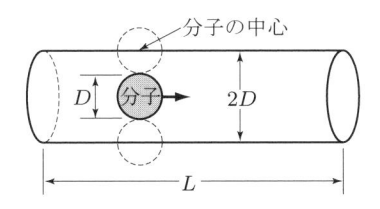

図 6.6 平均自由行程の説明

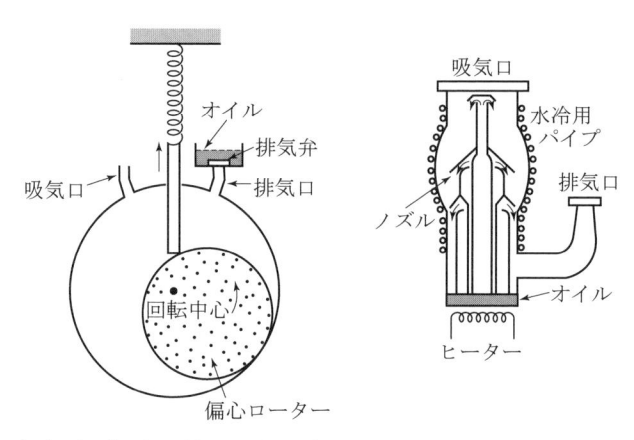

(a) 油回転ポンプ（カム型の場合，センコ型ともいう）　(b) 油拡散ポンプ（ノズルが3段の場合）

図 6.7　真空ポンプの例

　この部分を**真空**（vacuum）といっている．真空装置は，真空蒸着装置，電子顕微鏡，ブラウン管の製作などいろいろな用途に使用されている．それらの装置で必要とする真空度（圧力）は，平均自由行程で決めることが多い．

　真空ポンプには，偏心ローターを回転させ気体を吸い込み排出する構造の油回転ポンプや，油や水銀を加熱して蒸気をつくり，その蒸気の勢いで気体分子を運び去る構造の拡散ポンプなどがある（図 6.7）．前者の到達真空度は 1 Pa（2 段にすれば $10^{-2}$ Pa）程度まで可能で，後者は前者と併用することが必要で，$10^{-4}$ Pa 程度まで可能である．圧力が比較的高いときは，分子相互の衝突の結果，分子の密度が高いほうから低いほうに押されて分子は移動する．このとき，排気用の管の直径が平均自由行程より短いと，分子は他の分子よりも管の壁面に衝突するほうが多くなり排出効率が悪くなるので，真空度を上げるには太い管にする必要がある．

　宇宙空間は高度の真空になっている．濃度の高い星間ガスが存在する太陽系付近でも，1 cm$^3$ に 1～10 個程度の水素原子しか存在しない．

〈参考〉
### マクスウェル–ボルツマンの速度分布則

　気体ではばくだいな数の分子が衝突を繰り返しているが，どのような速度分布になっているのであろうか．気体の分子数は非常に大きく，全く不規則な運動をしている．その結果として，統計的な規則性が生ずる．たとえば，壁が受ける圧力は壁のどの部分でも同じ，つまり，一様である．また，速度分布にも規則性がある．体積 $V$ の容器内に $N$ 個の

分子がある場合を考える．分子の速度成分 $v_x, v_y, v_z$ のそれぞれを座標軸とする空間を速度空間という．各分子の速度は，速度空間の中の1点に対応する．容器の中でその位置座標成分が $x \sim x+\mathrm{d}x$, $y \sim y+\mathrm{d}y$, $z \sim z+\mathrm{d}z$ の範囲内にあり，速度空間の中で $v_x \sim v_x+\mathrm{d}v_x$, $v_y \sim v_y+\mathrm{d}v_y$, $v_z \sim v_z+\mathrm{d}v_z$ の範囲内にある分子数を $\mathrm{d}N$ とすれば

$$\mathrm{d}N = f(v_x, v_y, v_z)\mathrm{d}v_x\mathrm{d}v_y\mathrm{d}v_z\mathrm{d}x\mathrm{d}y\mathrm{d}z \tag{6.20}$$

と表せる．この $f$ を分布関数という．この場合，分子は空間的には一様に分布しているとしている．つまり，$f$ は位置座標を含まない．この $f$ は**ボルツマン因子**

$$\exp\left(-\frac{\text{分子のエネルギー}}{kT}\right) \tag{6.21}$$

に比例することが知られている．分子のエネルギーとして運動エネルギーを代入すると

$$f = A\exp\left\{-\frac{m(v_x^2+v_y^2+v_z^2)}{2kT}\right\} \tag{6.22}$$

となる．$\mathrm{d}N$ を積分すると全分子数 $N$ になることを使うと，定数 $A$ を決めることができる．この結果，式 (6.20) は

$$\mathrm{d}N = \left\{\frac{N}{V}\left(\frac{m}{2\pi kT}\right)^{\frac{3}{2}}\right\}\exp\left\{-\frac{m(v_x^2+v_y^2+v_z^2)}{2kT}\right\}\mathrm{d}v_x\mathrm{d}v_y\mathrm{d}v_z\mathrm{d}x\mathrm{d}y\mathrm{d}z \tag{6.23}$$

と表される．これを**マクスウェル-ボルツマンの速度分布則**という．速度空間における $v \sim v+\mathrm{d}v$ の球殻の体積は $4\pi v^2 \mathrm{d}v$ であるから，速さが $v \sim v+\mathrm{d}v$ の範囲内にある分子の数は

$$\mathrm{d}N' = N\left(\frac{m}{2\pi kT}\right)^{\frac{3}{2}}\exp\left(-\frac{mv^2}{2kT}\right)4\pi v^2\mathrm{d}v \tag{6.24}$$

となる（図 6.8 参照）．

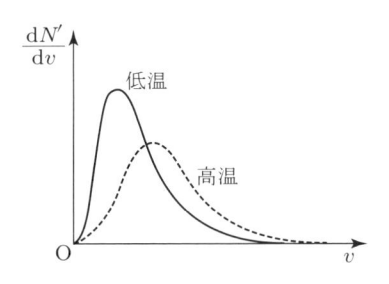

図 6.8 気体分子の速さの分布

**例題 6.1** 気体分子の速さの平均 $\langle v \rangle$ を求めよ．

**解** 式 (6.24) を用いて

$$\langle v \rangle = \frac{\int_0^\infty v\mathrm{d}N'}{\int_0^\infty \mathrm{d}N'} = \frac{\int_0^\infty v^3 e^{-mv^2/(2kT)}\mathrm{d}v}{\int_0^\infty v^2 e^{-mv^2/(2kT)}\mathrm{d}v} = \sqrt{\frac{8kT}{\pi m}} \tag{6.25}$$

ここで，分子の積分には，$v^2=x$ とおいて置換積分を行い，公式 $\int_0^\infty xe^{-\alpha x}dx=1/\alpha^2$ を用いる．
　また，分母の積分には，公式 $\int_0^\infty x^2 e^{-\alpha x^2}dx=1/(4\alpha)\sqrt{\pi/\alpha}$ を用いる．

## （3）物質の相

　分子どうしが接近すると，分子間に引力が働いて，互いに引き合い，接近しすぎると斥力が働く．この力による位置エネルギーは図 6.9 のようになっている．固体の場合，分子間の距離 $r$ は位置エネルギーが最も低い位置 $r_0$ 付近の距離を保ち，その前後で振動している．温度が高くなると分子運動が活発になり，接近したまま分子が移動するようになり液体となる．運動エネルギーと位置エネルギーの和が 0 よりも大きくなると，分子は離れて運動するようになり気体となる．

　物質の固体，液体，気体などの一様な状態を**相** (phase) といい，それぞれ固相，液相，気相という．物質の状態量の値により相が異なり，それぞれの相の領域を温度 $T$ と圧力 $P$ を用いて表した例が図 6.10 で，これを相図という．

　異なる相と相の境界を表す曲線上の温度と圧力では，二つの相が平衡して共存することができる．また，一つの相から他の相に変わることを**相転移**という．固体と液体，液体と気体および気体と固体のそれぞれの共存条件を表す曲線を**融解曲線** (fusion curve)，**蒸気圧曲線** (vapour pressure curve) および**昇華曲線** (sublimation curve) という．この三つの曲線が交わる 1 点を三重点といい，固相，液相，気相の三つの相が共存することができる．

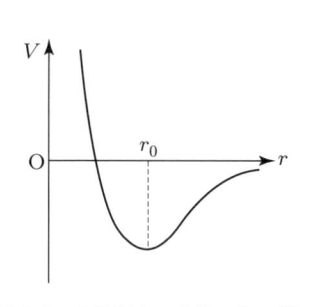

図 6.9　分子間力の位置エネルギー

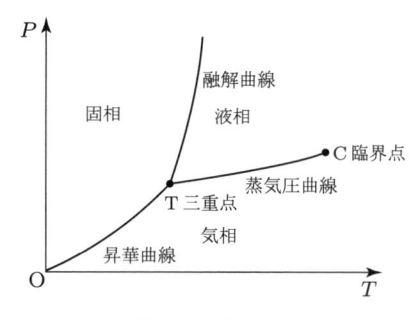

図 6.10　相 図

⟨参考⟩                    **相　転　移**

　圧力を一定にして固体に熱を加えていくと温度が上昇していくが，融解曲線のところに達すると固相から液相になり始める．この相転移を**融解**という．固体が溶け始めてからすべて液体になってしまうまで，温度は変化することなく熱を吸収する．このときの温度を融点，吸収する熱を融解熱という．逆に液体を冷却して熱を奪っていくと液相から固相へ相転移をする．これを**凝固**という．このときの温度を凝固点，放出する熱を凝固熱といい，圧力が同じであればそれぞれ，融点，融解熱と同じ値である．

　同様にして，液体に熱を加えて温度を上昇させていき蒸気圧曲線に達すると，気体になる．この相転移を**気化**といい，温度変化なしに吸収する熱を気化熱という．このときの温度を沸点という．逆に気体から液体になることを**液化**（凝縮ともいう）といい，放出する熱を凝縮熱という．蒸気圧曲線上に臨界点があり，その点の温度を越えれば気体と液体の区別がなくなり，圧力を増加させても液体になる現象がみられなくなる．

　三重点より低圧の条件で，固体に熱を加えていくと気体になる．気体の熱を奪えば固体になる．ドライアイスやナフタリンなどはこの例である．このような相転移をどちら側に転移する場合も**昇華**という．この相転移の間，温度変化をしないで吸収あるいは放出する熱を昇華熱という．同じ温度であっても相が異なれば，分子間距離の違いによる分子間力の位置エネルギーの相違，運動の自由度の変化，体積変化による外部への仕事などのために，熱の吸収や放出が行われる．融解熱，凝固熱，気化熱，凝縮熱，昇華熱のように，相転移に伴って温度変化することなく吸収または放出する熱を**潜熱**という．

## 6.3　熱力学の第1法則とカルノー・サイクル

**（1）　熱力学の第1法則**

　仕事や熱，どちらの形にせよ，系にエネルギーを与えるだけ，系のもつエネルギーは増加する．つまり，エネルギーという量は消滅したり発生したりすることなく，加えただけ保有され保存される，と考えられる．

　熱力学の対象となる系は静止した平衡系であるから，力学でとりあげた全体の運動エネルギーや，高低の差による重力の位置エネルギーも変化しない．そのため，系がもつエネルギーというのは先に示したミクロな分子や原子の熱運動のエネルギーである．このミクロなエネルギーの総和を，前節で述べたように内部エネルギーと呼び，記号 $U$ で表すことにする．

　断面積 $S$ のシリンダー内に体積 $V$，圧力 $P$ の気体が入っていて（図6.11），気体が膨張してピストンがわずかな距離 $dx$ だけ動いたとする．このとき，気体は $F(=PS)$ の力で押すから，気体がする仕事は $Fdx = PSdx = PdV$ である（$dV = Sdx$ は体積

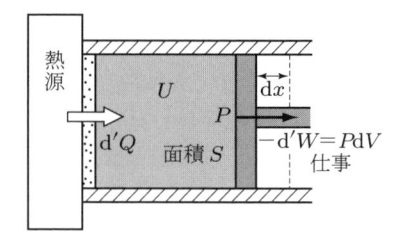

**図6.11**

の変化).気体が外部からされる仕事を $d'W$ と表す[1]と,$d'W = -PdV$ である.

内部エネルギーの増加量を $dU$,気体が外部から受ける仕事を $d'W = -PdV$,気体に与えられる熱量を $d'Q$ とすると,上に述べた熱まで含めたエネルギー保存則は

$$dU = d'Q + d'W = d'Q - PdV \tag{6.26}$$

となる.微小変化でなく,有限の範囲について積分すると

$$U_2 - U_1 = Q + W \tag{6.27}$$

になる.状態1から2へ変化させたとき,外から加えた熱量 $Q$ に仕事の総量 $W$ を加えると,それは内部エネルギーの増加 $U_2 - U_1$ に等しい.これを**熱力学の第1法則**という.理想気体の内部エネルギー $U$ は,式(6.17)によると1モル当たり $fRT/2$ に等しいから,温度のみの関数で体積に関係しない.このことが空気について近似的に成り立つことを,ジュールが実験により確かめている.

### (2) 気体の比熱

気体1モルの内部エネルギー $U$ を温度と体積の関数 $U(T, V)$ とすれば,微小変化 $dT$,$dV$ に対して,内部エネルギーの微小変化 $dU$ は

$$dU = \left(\frac{\partial U}{\partial T}\right)_V dT + \left(\frac{\partial U}{\partial V}\right)_T dV \tag{6.28}$$

と表せる.ここで,添字 $V$,$T$ はそれぞれ,体積 $V$,温度 $T$ を一定に保つことを意味する.

理想気体の内部エネルギー $U$ は温度 $T$ のみの関数であるから,$(\partial U/\partial V)_T = 0$ であり,式(6.28)の第2項は0となる.つまり

$$dU = \left(\frac{\partial U}{\partial T}\right)_V dT \tag{6.29}$$

となる.1モルの気体の体積を一定にして単位温度上昇させるのに必要な熱量を,**定積**

---

[1] ここで $d'W$ のように仕事 $dW$ にダッシュをつけるのは,仕事は状態量ではなく単に微小量を表すという意味であり,体積変化 $dV$ が状態量の変化を意味するのと区別するためである.すぐ後に出てくる $d'Q$ も同様である.

モル比熱という．これを式で表すと

$$C_V = \left(\frac{d'Q}{dT}\right)_V \tag{6.30}$$

である．体積 $V$ が一定のとき，$dV=0$ であるから，式 (6.26) は $d'Q=dU$ となる．したがって，式 (6.30) は

$$C_V = \left(\frac{\partial U}{\partial T}\right)_V \tag{6.31}$$

と表すこともできる．また，これを式 (6.29) に代入すると

$$dU = C_V\, dT \tag{6.32}$$

となる．

1 モルの気体の圧力を一定にして単位温度上昇させるのに必要な熱量は，**定圧モル比熱**で，これを式で表すと

$$C_P = \left(\frac{d'Q}{dT}\right)_P \tag{6.33}$$

である．圧力 $P$ が一定のとき，$PV=RT$ から，$P\,dV=R\,dT$ である．この式と式 (6.32) を用いると，式 (6.26) は

$$d'Q = dU + P\,dV = C_V\, dT + R\, dT \tag{6.34}$$

である．これは，$P$ が一定の場合の式であるから，両辺を $dT$ で割ると，式 (6.33) の $C_P$ が得られる．つまり

$$C_P = C_V + R \tag{6.35}$$

となる．これを**マイヤーの関係**という．

### （３） 気体のいろいろな状態変化

最初，圧力 $P_A$，体積 $V_A$，温度 $T_A$ の状態にある $n$ モルの理想気体を，次のような過程で状態変化させた場合を考える．なお，これから考えるいろいろな状態変化の過程では，特に断らない限り，つねに熱平衡の状態を保ちながらゆっくりと変化させる場合を扱う．これを**準静的過程**という（くわしくは p.104）．

次のそれぞれの過程における内部エネルギーの増加量 $U_B - U_A$，与えられた熱量 $Q_{AB}$，気体が外部にする仕事 $W_{AB}$ を求めよう．なお，熱力学の第 1 法則 (6.27) の $W$ は気体がされた仕事であるから，これを $-W_{AB}$ におきかえた式

$$U_B - U_A = Q_{AB} - W_{AB} \tag{6.36}$$

が成り立つので，$U_B - U_A$，$Q_{AB}$ および $W_{AB}$ のうちの二つがわかれば，他の一つは簡単に得られる．

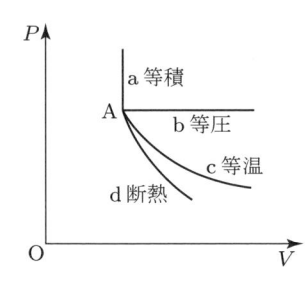

図6.12 いろいろな状態変化における圧力 $P$ と体積 $V$ の関係

### （a） 等積過程で圧力を $P_B$ まで変化させる

体積変化がないので $W_{AB}=0$，状態方程式 (6.6) から温度は $T_B=T_A(P_B/P_A)$ になり，内部エネルギーの増加量は，式 (6.32) から

$$U_B-U_A=nC_V(T_B-T_A)=nC_VT_A\left(\frac{P_B}{P_A}-1\right) \quad (6.37)$$

### （b） 等圧過程で体積を $V_B$ まで変化させる

$$W_{AB}=\int_{V_A}^{V_B}P_A\,dV=P_A(V_B-V_A) \quad (6.38)$$

温度は $T_B=T_A(V_B/V_A)$ となり，与えられた熱量は

$$Q_{AB}=nC_P(T_B-T_A)=nC_PT_A\left(\frac{V_B}{V_A}-1\right) \quad (6.39)$$

### （c） 等温過程で体積を $V_B$ まで変化させる

温度 $T$ を一定にして体積を $V_A$ から $V_B$ まで変化させたとき，気体のする仕事は，状態方程式 (6.6) を用いて

$$W_{AB}=\int_{V_A}^{V_B}P\,dV=\int_{V_A}^{V_B}\frac{nRT_A}{V}dV=nRT_A\log\frac{V_B}{V_A} \quad (6.40)$$

理想気体の内部エネルギーは温度のみの関数であるから，等温の場合変化がなく

$$U_B-U_A=0$$

である．なお，等温変化では状態方程式 (6.6) の右辺は一定であるから

$$PV=\text{const.}\text{（一定）} \quad (6.41)$$

である．

### （4） 理想気体の断熱過程

1モルの理想気体の場合，熱力学の第1法則 (6.26) は式 (6.32) を用いて

$$d'Q=C_V\,dT+P\,dV$$

となる．断熱的に状態変化させる場合は，$d'Q=0$ と状態方程式 (6.6) を用いて

$$C_V \frac{\mathrm{d}T}{T} + R \frac{\mathrm{d}V}{V} = 0 \qquad (6.42)$$

ここで

$$\gamma = \frac{C_P}{C_V} \qquad (6.43)$$

とおく．$\gamma$ を**比熱比**という．($C_P > C_V$ であるから，$\gamma > 1$ である)．気体の比熱は，実験によると，常温付近では定数としてよいから，$\gamma$ は定数である．式 (6.42) の $R$ を $C_P - C_V$ におきかえ，全体を $C_V$ で割って積分すると

$$TV^{\gamma-1} = \text{const.} \qquad (6.44)$$

が得られる．式 (6.6) を用いると

$$PV^\gamma = \text{const.} \qquad (6.45)$$

となる (図 6.12 参照)．断熱的に体積を $V_A$ から $V_B$ まで変化させたとき，$PV^\gamma = P_A V_A^\gamma$ であるから，気体のする仕事は，

$$W_{AB} = \int_{V_A}^{V_B} P \, \mathrm{d}V = \int_{V_A}^{V_B} \frac{P_A V_A^\gamma}{V^\gamma} \mathrm{d}V = \frac{RT_A}{\gamma - 1}\left\{1 - \left(\frac{V_A}{V_B}\right)^{\gamma-1}\right\}$$
$$= \frac{nR}{\gamma - 1}(T_A - T_B) \qquad (6.46)$$

の関係がある．ここで，$P_A V_A^\gamma = P_B V_B^\gamma$，$P_A V_A = RT_A$，$P_B V_B = RT_B$ を用いた．

気体を断熱圧縮すると，圧縮した仕事がすべて内部エネルギーの増加になり，圧縮された気体の温度が上昇する．ディーゼル機関では，燃料ガスを断熱圧縮で高温にして自然発火により爆発させている．

**（5） カルノー・サイクル**

力学的エネルギーが熱エネルギーに変化したり，逆に熱エネルギーが力学的エネルギーに変化する過程を熱力学的過程という．このようなことをさせる装置を**熱機関**という．熱機関は外部とやりとりする熱や仕事を内部エネルギーの形で蓄えたり，放出したりする物質をもっている．これを**作業物質**という．熱機関は一連の作業を行って，また，元の状態に戻ることを繰り返している．この元の状態に戻るまでの一連の作業を**サイクル**（循環過程）という．

カルノーは，理想気体を作業物質とする熱機関を使って，等温膨張，断熱膨張，等温圧縮，断熱圧縮を組み合わせた準静的なサイクルを考えた．一定温度 $T_1$ と $T_2$ ($T_1 > T_2$) の熱源を使って，$n$ モルの理想気体に図 6.13 で ABCDA のサイクルを行わせるとき，AB，BC，CD，DA のそれぞれの過程について，内部エネルギーの変化，吸収あるいは放出する熱量，気体のする仕事を求めよう．

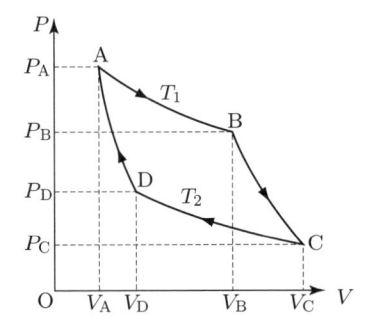

**図 6.13** カルノー・サイクル

① まず，AB の過程は，温度 $T_1$ の熱源と熱平衡を保ちながら，体積を $V_A$ から $V_B$ まで膨張させる等温過程である．理想気体の内部エネルギーは温度のみの関数であるから，等温過程では変化がなく，その変化量 $U_B - U_A = 0$ である．気体が外部にする仕事 $W_{AB}$ は式（6.40）から

$$W_{AB} = nRT_1 \log \frac{V_B}{V_A}$$

である．このとき，気体の吸収する熱量 $Q_{AB}$ は式（6.36）から $W_{AB}$ に等しく，これを $Q_1$ とすると次のように表される．

$$Q_1 = Q_{AB} = W_{AB} = nRT_1 \log \frac{V_B}{V_A} \tag{6.47}$$

② 次の BC の過程は断熱膨張の過程であり，気体の温度は $T_1$ から $T_2$ まで下がる．断熱過程であるから，吸収する熱量は $Q_{BC} = 0$ である．気体のする仕事 $W_{BC}$ と内部エネルギーの増加量 $U_C - U_B$ は式（6.36）と（6.46）から，次のように表される．

$$W_{BC} = -(U_C - U_B) = \frac{nR}{\gamma - 1}(T_1 - T_2) \tag{6.48}$$

③ CD の過程は等温圧縮であり，気体の温度 $T_2$ の熱源と熱平衡を保ちながら，体積を $V_C$ から $V_D$ まで圧縮する．この場合も等温過程であるから，内部エネルギーは変化なく，$U_D - U_C = 0$ である．気体のする仕事 $W_{CD}$ と吸収する熱量 $Q_{CD}$ は，AB の過程と同様に

$$W_{CD} = Q_{CD} = nRT_2 \log \frac{V_D}{V_C} \tag{6.49}$$

である．$V_C > V_D$ であるから，$W_{CD}$ と $Q_{CD}$ は負の値をもつ．いいかえると，放出する熱量 $Q_2$ は，次のように表される．

$$Q_2 = -Q_{CD} = nRT_2 \log \frac{V_C}{V_D} \tag{6.50}$$

④ 最後の DA の過程は断熱圧縮であり，BC の過程と同様にして，吸収する熱量 $Q_{DA}=0$，気体のする仕事 $W_{DA}$ と内部エネルギーの増加量 $U_A-U_D$ は

$$W_{DA} = -(U_A - U_D) = \frac{nR}{\gamma - 1}(T_2 - T_1) \tag{6.51}$$

である．このときは，$T_2 < T_1$ であるから，$W_{DA}$ は負である．気体は $-W_{DA}$ の仕事を外部からされて，その分だけ内部エネルギーが増加する．

以上の四つの過程からなるサイクル（**カルノー・サイクル**という）で，内部エネルギーの変化の総和は 0 となり，内部エネルギーは元の値にもどる．

気体が外部にする仕事の総和 $W$ は

$$\begin{aligned} W &= W_{AB} + W_{BC} + W_{CD} + W_{DA} \\ &= nRT_1 \log \frac{V_B}{V_A} - nRT_2 \log \frac{V_C}{V_D} \end{aligned} \tag{6.52}$$

となる．これは $P$-$V$ 線図（図 6.13）の ABCDA に囲まれた部分の面積に等しい．

ここで，AB, CD は等温過程であるから，式 (6.41) を用いると

$$P_A V_A = P_B V_B, \qquad P_C V_C = P_D V_D$$

が成り立つ．また，BC, DA は断熱過程であるから，式 (6.45) を用いると

$$P_B V_B^\gamma = P_C V_C^\gamma, \qquad P_D V_D^\gamma = P_A V_A^\gamma$$

の関係がある．これらを組み合わせると容易に

$$\frac{V_B}{V_A} = \frac{V_C}{V_D} \tag{6.53}$$

を導くことができる．この関係を使うと式 (6.52) は

$$W = nR(T_1 - T_2) \log \frac{V_B}{V_A} \tag{6.54}$$

となる．カルノーの熱機関では，1 回のサイクルで，高温熱源から $Q_1$ の熱量を取り入れ，外部に $W$ の仕事をし，残りの熱量 $Q_2$ は低温熱源に放出される．仕事は，式 (6.47), (6.50) および (6.52) を用いると，次のように表せる．

$$W = Q_1 - Q_2 \tag{6.55}$$

一般に，熱機関の**効率** $\eta$ は，取り入れた熱量 $Q_1$ に対して，これを使って外部にした仕事 $W$ の割合，つまり

$$\eta = \frac{W}{Q_1} = \frac{Q_1 - Q_2}{Q_1} \tag{6.56}$$

で与えられる．カルノーの熱機関の効率は，これに式 (6.47) と (6.54) を代入し

$$\eta = \frac{T_1 - T_2}{T_1} \tag{6.57}$$

```
      T₁高温熱源                    T₁高温熱源
         │Q₁                          ↑Q₁=Q₂+W
    ┌─────────┐                  ┌─────────┐
    │ カルノー │                  │ カルノー │
    │熱機関 C  │→W=Q₁-Q₂         │熱機関 C  │←W
    └─────────┘                  └─────────┘
         │Q₂                          ↑Q₂
      T₂低温熱源                    T₂低温熱源

    （a）カルノーの熱機関         （b）カルノーの熱機関
                                       の逆過程

                      図 6.14
```

となる．カルノー・サイクルの効率は高温熱源と低温熱源の温度だけで決まり，1より小さいことがわかる．

カルノー・サイクルは途中の過程がすべて準静的なので，これを逆にして ADCBA の順に行わせることができる．このような熱機関を可逆熱機関という（図 6.14）．このときには，外部から仕事 $W$ を加えて低温熱源から $Q_2$ の熱を取り入れ，仕事の量と合わせた熱 $Q_1 = Q_2 + W$ を高温熱源に放出する．高温熱源からみると熱を受け取るので暖房機として働き，低温熱源からみると熱を奪われるので冷凍機として働くことになる．

**例題 6.2** カルノーの熱機関に逆過程を行わせて冷房機として用いる．室内の温度が 20℃，室外の温度が 30℃ のとき，室内から 1000 J の熱を奪って室外に排出するには，冷房機に何 J の仕事を外から加えることが必要か．

**解** 高温熱源と低温熱源の温度を $T_1$，$T_2$，また，放出および吸収する熱を $Q_1$，$Q_2$ とし，冷房機に外から加える仕事を $W$ とする．カルノーの熱機関の効率に関する式 (6.56)，(6.57) から

$$\frac{W}{Q_1} = \frac{T_1 - T_2}{T_1}, \qquad Q_1 = W + Q_2$$

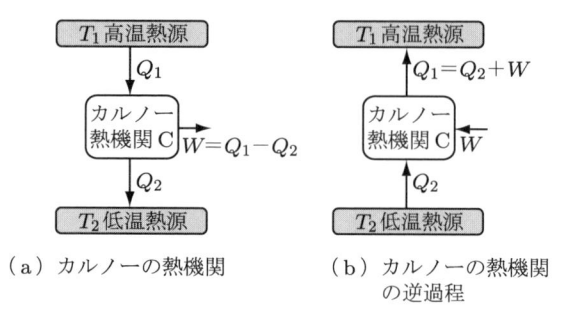

ここで，$T_1 = 273 + 30 = 303$ K，$T_2 = 273 + 20 = 293$ K，$Q_2 = 1000$ J を代入して $W$ を求めると，$W = 34$ J となる．このように熱機関を用いると，わずかな仕事でたくさんの熱を移動させることができる． ■

## 6.4 熱力学の第 2 法則とエントロピー

### （1） 熱力学の第 2 法則

孤立した系の全エネルギーは一定である．この系の二つの状態 a と b を考えよう．

系の状態がaからbへ変化したとき，これを何らかの方法でbからaにもどし，他に何の変化も残らないときは，この変化を**可逆変化**（reversible change）という．可逆でない変化を**不可逆変化**（irreversible change）という．

巨視的な力学的エネルギー（運動エネルギーと位置エネルギーの和）は，微視的な力学的エネルギー，つまり，内部エネルギーに転換することができる．たとえば，打ち上げられたボールはやがて地面に転がり，最後に静止する．これは，エネルギーが消えてしまったのではなく，ボールや地面の分子運動のエネルギーに変わったのである．このように，仕事（力学的エネルギーの移動する分）はすべて，熱（内部エネルギーの移動する分）に変わることができる．

しかし，逆に，熱は熱機関を用いて仕事をすることはできるが，他に何の変化も残さないで，すべてを仕事に変えることはできない．したがって，このボールによって発生した熱だけを使ってボールに元のような運動をさせることはできない．そのため，この現象は不可逆過程である．熱と仕事はエネルギーとしては本質的に同等であるが，熱力学の第1法則が成り立ちさえすればどのような現象でも起こりうるというわけではない．

熱と仕事を相互に転換させる熱機関についていろいろな研究がなされ，その結果得られた経験則を，19世紀の中ごろトムソンは次のように表現した．

「**仕事はすべて熱に転換することができるが，熱をすべて仕事に変えて，他に何の変化も残さないようにすることはできない．**」

これを**トムソンの原理**という．

また，同じころにクラウジウスは，熱の移動に関する経験則を次のように表現した．

「**熱は高温の物体から低温の物体に移動することはできるが，逆に低温の物体から高温の物体へ移動させて，他に何の変化も残さないようにすることはできない．**」

これを**クラウジウスの原理**という．この二つの原理は，どちらも，それぞれの現象が不可逆変化であることを示すものである．

この二つの原理は同等である．次に，どちらか一つが真実であれば他方も真実であることを背理法により示そう．仮にトムソンの原理に反して，熱をすべて仕事に転換する効率100％の熱機関が存在したとして，それを熱機関Aとする．また，クラウジウスの原理に反して，低温物体から高温物体に熱を移動させる装置を熱機関Bとする．可逆熱機関であるカルノーの熱機関を熱機関Cとする．

図6.15(a)のように，熱機関Aと熱機関Cを組み合わせる．熱機関Aは高温熱源から$Q_1-Q_2$の熱量を吸収し，これをすべて仕事に変えて熱機関Cに供給する．熱機

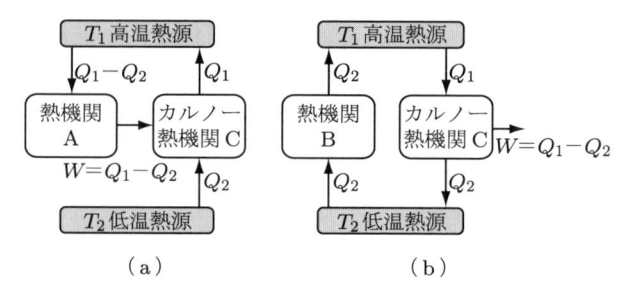

図 6.15 熱機関の組合せ（A と B は架空の熱機関）

C は可逆熱機関であるから $W=Q_1-Q_2$ の仕事をされ低温熱源から $Q_2$ の熱量を吸収すると，高温熱源に $Q_1$ の熱量を放出することになる．熱機関 A と熱機関 C を合わせて一つの機関とみなせば，低温熱源から高温熱源へ $Q_2$ の熱量を移動させたことになり，これは熱機関 B と同等になる．また，熱機関 B と熱機関 C を組み合わせて低温熱源への熱のやりとりを互いに打ち消し合ってなくする場合を考えると（図 6.15(b)），全体としては高温熱源から吸収した熱をすべて仕事に転換する装置となり，熱機関 A と同等になる．

このように，熱機関 A と熱機関 B はどちらかが存在すれば他方も存在することになり，どちらかの存在が不可能であれば他方の存在も不可能である．したがって，トムソンの原理とクラウジウスの原理は，どちらかが真実であれば他方も真実であり，どちらかが真実でないとすれば他方も真実でなく，この二つの原理は同等といえる．

「仕事がすべて熱に転換する」ことと「高温物体から低温物体に熱が移動する」ことはどちらも不可逆変化であり，しかもこれらが同等であるということは，これらの不可逆性が同一の原因により生じていることを示している．この両方の原理の示す内容を**熱力学の第 2 法則**という．ここでいう熱機関 A のことを**第 2 種永久機関**[1]といい，熱力学第 2 法則を「第 2 種永久機関は存在しない」と表現してもよい．

なお，いろいろな熱力学的過程で，熱が温度差のあるところを移動すると不可逆過程になってしまうことに注意しよう．たとえば，不可逆過程にならないように熱の移動をするためには，つねに熱平衡の状態になるようにして，吸収したり放出したりしなければならない．そのためには，きわめてゆっくりとした変化，つまり，圧力や温度，内部エネルギーなどの巨視的な状態量をどの時刻についても定義できるような変化を扱わなければならない．このようにして，不可逆過程にならないように状態変化

---

[1] エネルギーを供給することなく仕事をし続ける機関を**第 1 種永久機関**というが，これはエネルギーの保存則が成り立たず存在しない．

を行わせる過程が**準静的過程**である．

### （2） カルノーの定理

　高温と低温の二つの熱源を用いて任意の熱機関 E を働かせる．この熱機関が高温熱源から $Q_1'$ の熱量を吸収し，低温熱源に $Q_2'$ の熱量を放出し，$W=Q_1'-Q_2'$ の仕事をする場合を考える．この仕事を可逆熱機関 R に与えて，逆向きに働かせる．そのとき，同じ低温熱源から $Q_2$ の熱を吸収し，高温熱源に $Q_1$ の熱量を放出すると，$W=Q_1-Q_2=Q_1'-Q_2'$ である（図 6.16）．

　この二つの熱機関全体としては，高温熱源から低温熱源に $Q_1'-Q_1$（$=Q_2'-Q_2$）の熱量を移動していることになる．熱力学の第2法則（クラウジウスの原理）によると，熱は低温から高温のほうには移動できないから，$Q_1'-Q_1\geqq 0$ でなければならない．不等号の場合は熱が高温から低温のほうへ移動しているから，熱機関 E は不可逆過程を含んでいる．

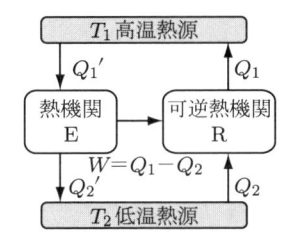

**図 6.16**

　熱機関 E と可逆熱機関 R の効率をそれぞれ $\eta$，$\eta_R$ とすると，$\eta=W/Q_1'$，$\eta_R=W/Q_1$ である．$Q_1'\geqq Q_1$ の関係を用いて

$$\eta \leqq \eta_R \tag{6.58}$$

となる．任意の熱機関 E をカルノーの熱機関におきかえても式 (6.58) に相当する式が成り立つことから，$\eta_C\leqq\eta_R$ である．一方，任意の熱機関 E を可逆熱機関 R でおきかえ，任意の可逆熱機関 E をカルノーの熱機関 C でおきかえても式 (6.58) に相当する式が成り立つことから，$\eta_R\leqq\eta_C$ である．これらのことから $\eta_C=\eta_R$ であることがわかる．

　以上をまとめると，可逆熱機関の効率はすべてカルノーの熱機関の効率に等しく，任意の熱機関の効率はカルノーの熱機関の効率と等しいか，またはそれ以下である．これを**カルノーの定理**という．

### （3） 熱力学的絶対温度

　高温熱源と低温熱源をつかって可逆熱機関 R を働かせると，効率は式 (6.57) で与

えられる．したがって，熱機関が吸収した熱量 $Q_1$ と外部にした仕事 $W$ を測定することによって，効率 $\eta_R$ がわかれば，温度を定めることができる．つまり，可逆熱機関の効率 $\eta_R$ はカルノーの熱機関の効率と等しく

$$T_2 = T_1(1-\eta_R) \tag{6.59}$$

の関係がある．そこで $T_1$ を温度の基準とすると，効率 $\eta_R$ を測定すれば，式 (6.59) により低温熱源の温度 $T_2$ を定めることができる．低温熱源を基準熱源 $T_2$ として

$$T_1 = \frac{T_2}{1-\eta_R} \tag{6.60}$$

により高温熱源の温度 $T_1$ を定めることもできる．このようにして定めた温度は，水銀温度計などとは異なり，作業物質の種類に影響されない普遍的な定義になっている．このようにして定めた温度を**熱力学的絶対温度**，または単に絶対温度という．基準温度は，水の三重点を $273.16\,\mathrm{K}$ とすることが国際的な約束になっている．

効率 $\eta_R$ はエネルギーの保存則から $\eta_R \leq 1$ であるから，式 (6.59) より絶対温度 $T_2$ は負になることはない．低温熱源の絶対温度が $0\,\mathrm{K}$ に近づけば効率は 1 に近づき，可逆熱機関を逆向きに働かせても低温熱源から吸収する熱量は 0 に近づく．したがって，絶対温度 $0\,\mathrm{K}$ には近づくことはできても到達することはできない．つまり，絶対温度 $0\,\mathrm{K}$ は最低温度であり，仮にその状態になったとすると，その物体からはどのようにしても原子や分子の熱エネルギーを取り出すことはできない．なお，理想気体の状態方程式で定義された絶対温度は，この熱力学的絶対温度と一致している．

### (4) エントロピー
### (a) クラウジウスの関係式

高温と低温の二つの熱源の間で働く熱機関の効率 $\eta$ が，カルノーの熱機関の効率と同じか小さいことを式で表すと，式 (6.56)，(6.58) より

$$\eta = \frac{Q_1 - Q_2}{Q_1} \leq \frac{T_1 - T_2}{T_1} \tag{6.61}$$

となる．この式を変形すると

$$\frac{Q_1}{T_1} + \frac{-Q_2}{T_2} \leq 0 \tag{6.62}$$

と表すことができる．ここで，$Q_2$ は熱機関から低温熱源に移動する熱量であるが，向きを逆にして，熱源から熱機関に移動する熱量を $Q_2$ とすると

$$\frac{Q_1}{T_1} + \frac{Q_2}{T_2} \leq 0 \tag{6.63}$$

の関係がある．これを拡張して熱機関が 1 サイクル働く間に温度が $T_1, T_2, \cdots, T_n$ の $n$

個の熱源からそれぞれ $Q_1, Q_2, \cdots, Q_n$ の熱量を受け取る場合には

$$\frac{Q_1}{T_1} + \frac{Q_2}{T_2} + \cdots + \frac{Q_n}{T_n} \leq 0 \qquad (6.64)$$

の関係がある．熱源の温度が連続的に変化するような場合には和を積分に変えて

$$\oint \frac{d'Q}{T} \leq 0 \qquad (6.65)$$

のように表せる．ここで，不等号は不可逆過程を含む場合である．

これらの関係を**クラウジウスの関係式**という．

---

〈参考〉　　　　　　**クラウジウスの関係式の証明**

熱機関 E が 1 サイクル動くとき，温度が $T_1, T_2, \cdots, T_n$ の熱源からそれぞれ，$Q_1, Q_2, \cdots, Q_n$ の熱量を受け取るとする．このとき可逆熱機関 $R_1, R_2, \cdots, R_n$ を働かせて温度 $T$ の熱源からそれぞれ熱量 $Q_1', Q_2', \cdots, Q_n'$ を受け取り，温度が $T_1, T_2, \cdots, T_n$ の熱源にそれぞれ熱量 $Q_1, Q_2, \cdots, Q_n$ を渡すとする（図 6.17）．これらは可逆熱機関であるので

$$\frac{Q_1}{T_1} = \frac{Q_1'}{T}, \quad \frac{Q_2}{T_2} = \frac{Q_2'}{T}, \quad \cdots, \quad \frac{Q_n}{T_n} = \frac{Q_n'}{T}$$

の関係がある．これらの関係を用いると

$$\frac{Q_1}{T_1} + \frac{Q_2}{T_2} + \cdots + \frac{Q_n}{T_n} = \frac{Q_1' + Q_2' + \cdots + Q_n'}{T} \qquad (6.66)$$

となる．このとき，熱機関 E が 1 サイクル動いても温度が $T_1, T_2, \cdots, T_n$ の熱源のそれぞれの熱量の変化はなく，全体として温度 $T$ の熱源が出した熱量 $Q_1' + Q_2' + \cdots + Q_n'$ がすべて熱機関のする仕事に変化することを示している．

トムソンの原理により，熱をすべて仕事に変えるだけで他になにも変化がないようにすることはできないので，$Q_1' + Q_2' + \cdots + Q_n' \leq 0$ でなければならない．したがって，式 (6.66) より

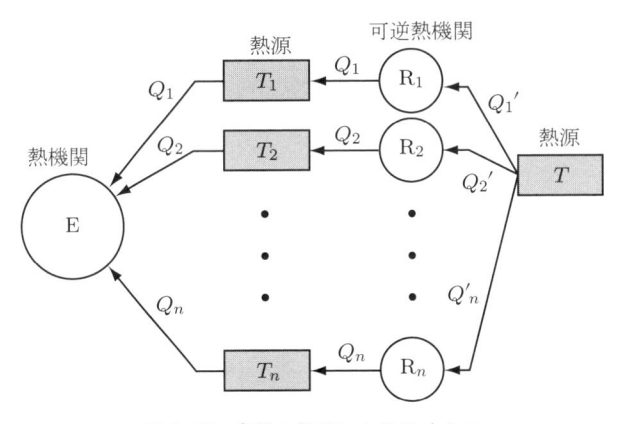

図 6.17　多数の熱源によるサイクル

$$\frac{Q_1}{T_1} + \frac{Q_2}{T_2} + \cdots + \frac{Q_n}{T_n} \leq 0 \qquad (6.67)$$

の関係があることが示された．ここで，不等号の場合には，このサイクルで$-(Q_1'+Q_2'+\cdots+Q_n')$の熱量が温度 $T$ の熱源に吸収されている．これは，外からこれらの系に与えた仕事が熱に変化していることになるので，熱機関 E には不可逆変化が生じていることになる．（証明終）．

## （b）エントロピー

可逆的な経路にそって系が1サイクルするとき，経路にそって1周の積分を行うとクラウジウスの関係式により 0 となる（図 6.18）．

$$\int_{\text{OAPBO}} \frac{d'Q}{T} = \int_{\text{OAP}} \frac{d'Q}{T} + \int_{\text{PBO}} \frac{d'Q}{T} = \int_{\text{OAP}} \frac{d'Q}{T} - \int_{\text{OBP}} \frac{d'Q}{T} = 0 \qquad (6.68)$$

したがって

$$\int_{\text{OAP}} \frac{d'Q}{T} = \int_{\text{OBP}} \frac{d'Q}{T} \qquad (6.69)$$

となる．これは，点 O から点 P までの積分は，点 A，B どちらの経路を通っても等しいことを示し，一般的に途中はどのような経路を通っても等しい．

そこで，基準点 O からある点 P までの積分

$$S(\text{P}) = \int_0^\text{P} \frac{d'Q}{T} \qquad (6.70)$$

は途中の経路によらず基準点 O を定めておけば点 P のみによって定まる．この $S(\text{P})$ は点 P での状態量とみなすことができ，これを**エントロピー**（entropy）という．エントロピーは基準点のとりかたによって定数の任意性があるが，点 P の状態量の関数として表すことができる．点 A から点 B まで積分するとき経路によらないので，基準点 O を経由して積分すると

$$\int_{\text{AOB}} \frac{d'Q}{T} = \int_A^O \frac{d'Q}{T} + \int_O^B \frac{d'Q}{T} = -\int_O^A \frac{d'Q}{T} + \int_O^B \frac{d'Q}{T} = S(\text{B}) - S(\text{A}) \qquad (6.71)$$

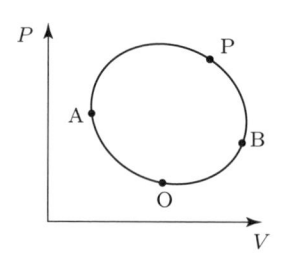

図 6.18

となり，点Bと点Aでのエントロピーの差を表している．積分区間が短いときには
$$\frac{d'Q}{T} = dS \tag{6.72}$$
となり，熱量の変化量 $d'Q$ とエントロピーの変化量 $dS$ の関係を表している．

**例題 6.3** $n$ モルの理想気体のエントロピーを求めよ．

**解** 熱力学の第1法則の式（6.26）より
$$d'Q = dU + PdV = nC_V dT + \frac{nRT}{V}dV = nC_V\left\{dT + \frac{(\gamma-1)T}{V}dV\right\} \tag{6.73}$$
したがって，$C_V$ を温度によらない定数とみなすと
$$\begin{aligned}
S &= \int \frac{d'Q}{T} = nC_V \int \left\{\frac{dT}{T} + \frac{(\gamma-1)dV}{V}\right\} \\
&= nC_V \log(TV^{\gamma-1}) + (\text{定数}) \\
&= nC_V \log(PV^{\gamma}) + (\text{定数}) \\
&= nC_V \log(T^{\gamma}P^{1-\gamma}) + (\text{定数})
\end{aligned} \tag{6.74}$$
ここで，定数は基準点のとりかたによって定まる． ■

### （c） 不可逆過程におけるエントロピーの変化

ある系でA→不可逆（IR）→Bと不可逆過程で進み，B→可逆（R）→Aでは可逆過程で元の状態にもどるとする．クラウジウスの関係式（6.65）から
$$\int_{A(IR)B(R)A} \frac{d'Q}{T} = \int_{A(IR)B} \frac{d'Q}{T} + \int_{B(R)A} \frac{d'Q}{T} < 0 \tag{6.75}$$
ここで，B→可逆（R）→Aは可逆過程なので
$$\int_{B(R)A} \frac{d'Q}{T} = S(A) - S(B) \tag{6.76}$$
式（6.76）を式（6.75）に代入して
$$\int_{A(IR)B} \frac{d'Q}{T} < S(B) - S(A) \tag{6.77}$$
の関係がある．不可逆過程でA→不可逆（IR）→Bと進むとき系が孤立していたり，外部と断熱されている場合には熱のやりとりはないので，式（6.77）の左辺は0となる．したがって，$S(A) < S(B)$ となりエントロピーは増加する．ここで，A→不可逆（IR）→Bの部分が断熱で可逆変化とすれば式（6.75）の不等号＜は等号＝でおきかえられ，$S(A) = S(B)$ となりエントロピーは変化しない．

宇宙全体は孤立系であり，内部では熱の移動など不可逆変化がつねに生じているので，エントロピーは増える一方である．可逆変化であったとしてもエントロピーに変化はなくて減少することはない．これを**エントロピー増大の法則**という．

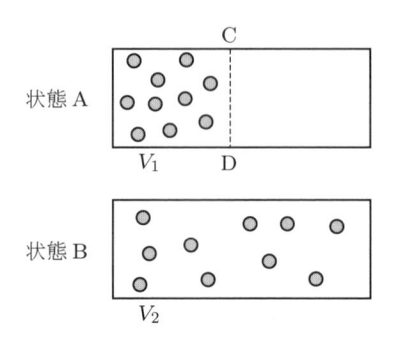

図6.19 断熱自由膨張

　図6.19のように隔壁CDで仕切られた左側の体積 $V_1$ の中に理想気体が閉じ込められている．隔壁の右側は真空になっている（状態A）．隔壁を取り去ると気体は真空中に膨張して体積が $V_2$ となる（状態B）．これは断熱自由膨張で不可逆変化である．

　この断熱自由膨張のとき，気体は外部に仕事をしないので内部エネルギーの変化はなく，温度も変化しない．一方，状態Bから状態Aに等温変化で可逆的に移行させたときのエントロピーの変化を計算すると

$$S(\mathrm{A}) - S(\mathrm{B}) = \int_{\mathrm{BA}} \frac{\mathrm{d}'Q}{T} = \int_{V_2}^{V_1} \frac{P\mathrm{d}V}{T} = nR \int_{V_2}^{V_1} \frac{\mathrm{d}V}{V} = nR \log \frac{V_1}{V_2} < 0 \quad (6.78)$$

となる．したがって，$S(\mathrm{A}) < S(\mathrm{B})$ となり，不可逆変化である断熱自由膨張（状態A→状態B）でエントロピーは増加していることがわかる．

〈参考〉
### エントロピーの分子運動論的解釈

　容器に入れた $N$ 個の気体分子は，与えられた全エネルギー（内部エネルギー）$U$ を一定に保ちながら，衝突などによってエネルギーを相互にやりとりしている．$N$ 個の分子に全体として決まったエネルギー $U$ を分配する組み合わせの数や空間的分布状態など，物理的に実現可能な状態の数を $W$ とする．これらの $W$ 通りの状態はどれも等しい確率で実現すると考えられている．ボルツマンはこの状態のエントロピー $S$ を

$$S = k \log W \quad (6.79)$$

であるとする解釈を与えた．これを**ボルツマンの関係式**という．ここで $k$ はボルツマン定数である．

　空間分布に限って実現可能な状態数を考察してみる．図6.19において気体が状態Bにあるとき，その中の一つの気体分子が境界線CDの左側にある確率は，$V_1/V_2$ である．$N$ 個の気体分子がすべて境界線の左側にある確率は $(V_1/V_2)^N$ となる．ここで，気体分子がすべて境界線CDの左側にある状態Aで実現できる状態数を $W_\mathrm{A}$ とする．同じく体積 $V_2$ の容器全体に広がっている状態Bで実現できる状態数を $W_\mathrm{B}$ とする．

確率は実現できる状態の数に比例するので

$$W_A : W_B = \left(\frac{V_1}{V_2}\right)^N : 1 = (V_1)^N : (V_2)^N \tag{6.80}$$

となる．ここで適当な定数を $a$ として

$$W_A = a(V_1)^N, \quad W_B = a(V_2)^N \tag{6.81}$$

とおけるので，ボルツマンの関係式 (6.79) を用いると，それぞれのエントロピーの差は

$$\begin{aligned}S(A) - S(B) &= k \log W_A - k \log W_B = kN \log(V_1/V_2) \\ &= nR \log(V_1/V_2)\end{aligned} \tag{6.82}$$

のように表すことができる．ここで，アボガドロ数を $N_0$ として，$kN_0 = R$, $nN_0 = N$ を用いた．この結果は熱力学的に求めた式 (6.78) と一致している．

　状態 A から断熱自由膨張で体積が増加して状態 B になると，空間の配置状態による実現可能な状態数が $W_A$ から $W_B$ に増加する．状態 A は状態 B の中の一部になっていて $W_A$ は $W_B$ と比較すると非常に小さく（したがって，状態 A のエントロピーは状態 B のエントロピーよりも小さくて），いったん状態 B になると状態 A はほとんど実現しないといっていいほどである．熱力学的な不可逆変化とは，このように実現可能な状態数が飛躍的に増大してこれらの状態に占有されてしまい，元の状態になる確率がほとんどなくなってしまうことと解釈できる．

## 練習問題 6　　　　　　　　　　（解答は p.245〜246）

1.\* ファン・デル・ワールスの式 (6.8) から臨界点を求め，式 (6.9) になることを示せ．

2. 式 (6.6) にしたがう理想気体の比熱比 $\gamma = C_P/C_V$ は，気体 1 モルの内部エネルギーの式 (6.17) で $f$ を温度によらない定数とすると $\gamma = 1 + 2/f$ となることを示せ．

3. $1.0 \times 10^5$ Pa (1.0 atm) で 20°C の酸素ガス，およびヘリウムガスの各分子の平均自由行程を求めよ．酸素分子とヘリウム分子の直径はそれぞれ，$3.6 \times 10^{-10}$ m, $2.3 \times 10^{-10}$ m とする．また，平均自由行程を 1.0 m にするには圧力をそれぞれいくらにすればよいか．

4.\* $N_0$ 個の分子からなる空気が入っている体積 $V$ の容器を真空にする．単位時間に体積 $c$ の空気を排出する真空ポンプを時間 $t$ だけ稼働させたときに，容器内の分子数 $N$ は時間 $t$ とともにどのように変化するか．$N$ と $t$ の関係を求めよ．（**ヒント**：時間 $dt$ の間に $cdt$ の体積の空気を排出する．この中の分子数は $cdt(N/V)$ であり，これは分子数の減少量であるので，$dN = -cdt(N/V)$ の関係がある．）

　 30 $l$ の容器に入った圧力 $1.0 \times 10^5$ Pa の気体を 10 Pa にするにはどれだけの時間がかかるか．真空ポンプの排気量は 1.0 $l$/s とする．

5. 体積 $V$ の気体を圧力 $P$ の状態から温度を一定に保ちながらゆっくりと圧縮し，体積が最初の 1/2 になった．どれだけの仕事をしたことになるか．また，最後の状態の圧力はいくらか．

6. 単原子分子で比熱比 $\gamma$ が 5/3 の気体 A と 2 原子分子で比熱比が 7/5 の気体 B がある．最初，圧力，体積，温度が等しい状態から断熱圧縮で体積を最初の体積の 1/2 にした．このとき A と B の気体について，気体がした仕事の比，最後の状態の圧力の比，温度の比を求めよ．

7. 高温熱源と低温熱源の温度がそれぞれ 500°C，30°C の準静的熱機関の効率はいくらか．

8. カルノー・サイクルの逆過程で暖房を行うとする．外気温が 5°C として室内を 20°C に保つために 1 kW の熱量を補給しなければならないとすれば，カルノーの熱機関には何 W のエネルギーを加える必要があるか．

9.* 理想気体で行う図 6.20 のような準静的サイクルの効率 $\eta = (Q_1 - Q_2)/Q_1$ が，オットー・サイクル（ガソリンエンジン）では

$$\eta = 1 - \frac{1}{r^{\gamma-1}}, \qquad r = \frac{V_D}{V_A}$$

ディーゼル・サイクルでは

$$\eta = 1 - \frac{1}{\gamma}\frac{r_e^{-\gamma} - r_c^{-\gamma}}{r_e^{-1} - r_c^{-1}}, \qquad r_c = \frac{V_D}{V_A}, \qquad r_e = \frac{V_D}{V_B}$$

となることを示せ．$\gamma$ は比熱比である．

（a）オットー・サイクル　　（b）ディーゼル・サイクル

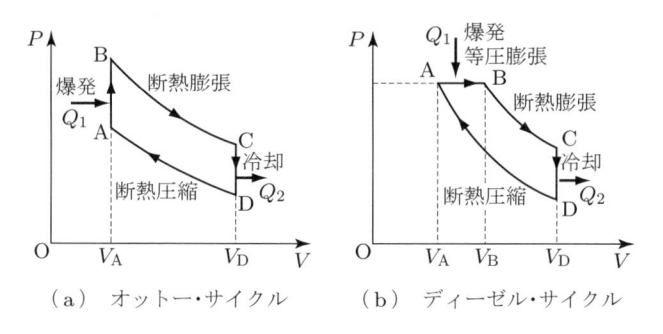

図 6.20

10. 熱容量 $C$，温度 $T$ の物体を環境温度（常温）$T_0$ にするまでに準静的機関により最大どれだけの仕事を取り出すことができるか．（1）$T > T_0$ の場合と（2）$T < T_0$ の場合についてそれぞれ求めよ．

11. 二つの容器があり定積比熱 $C_V$ の気体が入っている．それぞれの温度は $T_1, T_2 (T_1 > T_2)$ であり，体積 $V$ とモル数 $n$ はどちらも同じとする．容器を接触して同じ温度にしたときエントロピーの和の変化量を求め，増加することを示せ．熱は他に逃げないものとする．

## 第 7 章
# 静的な電気と磁気

　われわれの身の周りには電気や磁気の性質を応用した製品があふれている．確かに，最近の家電製品や電子機器は複雑多岐にわたっている．しかし，その動作原理は意外にやさしく，ただ，高速性や正確さ，それに高品位をめざすため，やや装置が複雑で大げさになったにすぎない場合もある．たとえば，コピー機の場合では，光伝導性の半導体膜をあらかじめ帯電させておき，これに対象のパターンの光を当てて感光部分の静電気を中和して電気的な潜像を作成する．そして，これにトナーという黒い粉末を静電気力で選択付着させ，それを白紙に転写し，最後に焼き付けるという一連の操作を自動的に行わせているのである．ポイントは静的な電気を用いている点である．

　したがって，電気や磁気の本質や性質を正しく理解しておくことは，いかなる場合でもたいへん重要なことであり，これらを素直に適用したり応用したりできれば，未来の可能性はさらに開けよう．

## 7.1　静的な電気

　電気を通さない絶縁性のよい物質，たとえば羊毛の布地とビニル製下敷を互いに擦り合わせて，これらを引き離すと，互いにくっつき合うことがみられる．これは**摩擦電気**と呼ばれる現象で，羊毛を構成している分子から摩擦によって多数の電子（−の電荷）がはぎとられ，それが下敷のほうへ移り，羊毛のほうが＋の，下敷のほうが−の電気を帯びた（帯電した）と考えられる．しかも，絶縁性がよい場合は，摩擦を受けた部分に＋や−の電気がしばらくとどまっているので，それを観測しやすいのである．このように時間的に移動しない静的な電気を**静電気**（static electricity），そのとき働く力を**静電気力**（electrostatic force）と呼ぶ．

### （1）電荷と力

　上述の体験を通して，電気の間に力が働くことが明らかとなったが，それらの間にどのような定量的関係が存在するのであろうか．これらを実験的に明らかにしたのが**クーロン**（C. A. Coulomb）である．以下，＋や−の電気の量を**電荷**（electric charge）と呼び，これを C（クーロン）という単位で計ることにする．いま，真空中に同じ質量で電荷が $q[C]$ と $Q[C]$ の二つの振り子が，互いの力で図 7.1 のようにつり合った

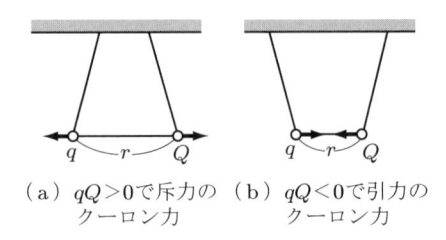

(a) $qQ>0$ で斥力の　(b) $qQ<0$ で引力の
　　クーロン力　　　　　　クーロン力

**図 7.1** 点電荷 $q$, $Q$ の振り子の力のつり合い.
重力はともに等しく働いているものとする

き，その水平距離を $r$[m] とすると，両者の間に働く力 $F$[N] は

$$F = k\frac{qQ}{r^2} \qquad (7.1)$$

で与えられる．これを**クーロンの法則**（Coulomb's law）といい，$F$ を**クーロン力**という．ここで，$k$ は（後述の真空の誘電率 $\varepsilon_0 = 10^7/(4\pi c^2) = 8.85 \times 10^{-12}$F/m（$c$：光速）と関係して）次の値を有する定数である．

$$k = \frac{1}{4\pi\varepsilon_0} = 8.99 \times 10^9 \, \text{Nm}^2/\text{C}^2 \qquad (7.2)$$

つまり，二つの点電荷[1]の間に作用する力は互いの電荷の大きさに比例し，その距離の2乗に反比例するというものである．電荷の符号と力の方向の間には

$$qQ>0 \quad \text{ならば} \quad F>0, \quad \text{つまり } F \text{ は斥力}$$
$$qQ<0 \quad \text{ならば} \quad F<0, \quad \text{つまり } F \text{ は引力}$$

の関係が存在する．クーロンの法則は，万有引力と式の形は同じである．空間の1点を源として，距離の2乗に反比例して物理量が減少していくものにはこのほか，光や音，それに放射線などの強度がある．一般に空間を放射的に一様に広がっていくものの強度や大きさは，このように距離の逆2乗に比例する．これらの関係は一般に**逆2乗則**と呼ばれる．

### （2） 電　　界

われわれが最初，質点の力学を学ぶとき，地上での重力を考えた．そこでは万有引力による重力場が存在しているが，無意識のうちに $F = mg$ という形で万有引力を表現してきた．つまり注目している点に働く力を考えるとき，周りにどのような質量が存在するかは別として，それ自身が置かれた力場（field）という概念を導入することに

---

1) 電荷をもつが，大きさのない点状の仮想的な物体を**点電荷**という．

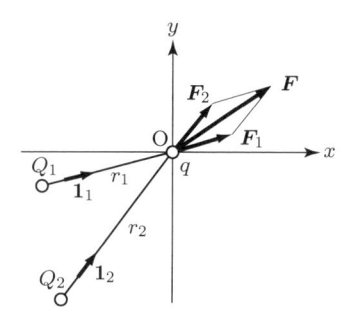

**図 7.2** 点電荷 $Q_1$, $Q_2$ から，注目の点電荷 $q$ に作用する力の合力 $F$

より，それ自身に働く力を容易に表現できた．

電磁気学でも同様に，多数の点電荷 $Q_i$ が空間で固定されているとき，注目している点電荷 $q$ に作用する力 $F$ は

$$F \propto q$$

のように自分自身の電荷に比例する．いま，図 7.2 のように，$q$ 以外に $Q_1$ と $Q_2$ の二つ点電荷があるとき，上の $F$ はそれぞれの点から作用する力のベクトル合成

$$F = q\left(\frac{1}{4\pi\varepsilon_0}\frac{Q_1}{r_1^2}\mathbf{1}_1 + \frac{1}{4\pi\varepsilon_0}\frac{Q_2}{r_2^2}\mathbf{1}_2\right)$$

として表すことができる．これを**重ね合せの原理**という．ここで，$\mathbf{1}_1$ と $\mathbf{1}_2$ はそれぞれの点から注目する点電荷 $q$ へ向かう単位ベクトルである．一般に，多数の点電荷 $Q_i$ が存在するとき $q$ が受ける力は，上の式を拡張した

$$F = q\left(\sum_i \frac{1}{4\pi\varepsilon_0}\frac{Q_i}{r_i^2}\mathbf{1}_i\right) \tag{7.3}$$

で与えられる．ここで，$\sum_i$ は $i$ についての総和を表す．そこで，式 (7.3) の右辺の ( ) 内を次のように $E$ とおくと

$$E = \sum_i \frac{1}{4\pi\varepsilon_0}\frac{Q_i}{r_i^2}\mathbf{1}_i \tag{7.4}$$

$$F = qE \tag{7.5}$$

のように $F$ を表すことができる．ここで定義されたベクトル $E$ を**電界** (electric field) といい，それはまた次のように，「正の単位電荷に働く力の大きさとその方向である」ともいえる．

$$E = \frac{F}{q} \tag{7.6}$$

電界の単位は式 (7.6) より N/C と書けるが，後述の電位の単位 V（ボルト）についての V = J/C = Nm/C の関係を用いて

$$\boldsymbol{E}\,[\mathrm{N/C}] = \boldsymbol{E}\,[\mathrm{V/m}]$$

とも表せるので，右辺の V/m を使用することもできる．

さて，電界は式（7.6）のベクトルで表せるので，点電荷系を考えるとき，任意の地点から正の単位電荷に働く力の方向を接線とする曲線を連続的にトレースしていくと1本の曲線を描くことができる．これを**電気力線**（line of electric force）という．点電荷1個と2個の場合で，電気力線を描いてみると，図7.3（a）と（b）に示すようなパターンが得られる．

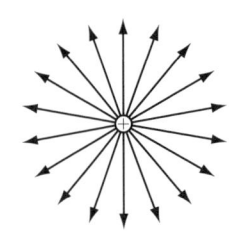

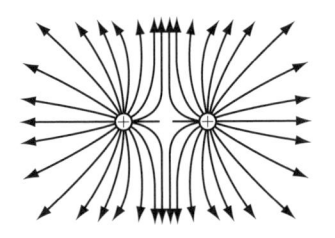

（a）正の点電荷が1個の場合　　（b）正の点電荷が2個の場合

図 7.3　電気力線の分布

一般に電気力線には，交差しない，密度の高い部分は電界が強い，始点や終点はつねに＋と－の電荷である，などの性質がある．

**例題 7.1**　大きさが 5 nC（ナノクーロン）$= 5\times 10^{-9}$ C の正と負の点電荷を 12 cm 離して空間に固定したとき（図7.4），中間点での電界の方向と大きさを求めよ．

図 7.4　2個の点電荷 $+q$ と $-q$ の中間点での電界を求めるための図

**解**　二つの点電荷 $\pm q$ を $x$ 軸上で対称な位置の $\pm a$ に固定し，中間点に単位電荷1C を置いたとき，これに作用する力の方向はいずれも $x$ 軸上で $+q \to -q$ の向きとなる．したがって，その大きさは式（7.4）より次のように求められる．

$$E = \frac{1}{4\pi\varepsilon_0}\left(\frac{1\cdot q}{a^2} + \frac{1\cdot q}{a^2}\right) = \frac{2\times 5\times 10^{-9}}{(4\pi\times 8.85\times 10^{-12}\times (6\times 10^{-2})^2)} = 2.5\times 10^4 \text{ V/m}$$

### （3）電界の求め方

点電荷による電界を求める場合は，式（7.4）の計算を行えば得られるが，電荷の分布が点ではなく，平面や空間に連続的に分布している場合はどうすればよいか．

基本的には空間の電荷を微小な電荷 $dQ$ の集まりに分割して，それからの注目点 P への寄与 $dE = dQ/(4\pi\varepsilon_0 r^2)$ を次のようにベクトル合成すれば，電界が求められる．

$$\bm{E} = \int d\bm{E} = \int \frac{dQ}{4\pi\varepsilon_0 r^2} \bm{1}_r \tag{7.7}$$

ここで，$r$ は $dQ \to$ 点 P への位置ベクトルの大きさであり，$\bm{1}_r$ はその方向の単位ベクトルである．電荷の分布が 1，2，3 次元の場合に応じて，電荷の線密度 $\lambda$，面密度 $\sigma$，体積密度 $\rho$ を用いて微小電荷 $dQ = \lambda ds$，$dQ = \sigma dS$，$dQ = \rho dV$ が得られるので，これらを使い分ければよい．特に，この方法は $\bm{E}$ を解析的に求めるのが困難な場合の電子計算機による計算に有効である．

もう一つの方法に，次に述べるガウスの法則を用いる方法がある．

図 7.3 の電気力線の分布を見ると，密な所や，疎な所があり，密な箇所では電荷に近づくので一般に電界が強い．そこで，電界 $\bm{E}$ の中で微小面積 $dS$ を考え，そこを貫く電気力線の量 $d\phi$ は

$$d\phi = E_n dS$$

で与えられると定義する．つまり，$E$ は電気力線の密度を表すと定義する．ここで，$dS$ の垂直方向の単位ベクトルを $\bm{n}$ とすると，$E_n$ は内積 $\bm{E}\cdot\bm{n}$ で与えられる（図 7.5）．空間の任意の閉曲面 $S$ について，その外側に向かって通過する全電気力線の量を計算すると，閉曲面の中に存在する全電荷 $Q$ と $\bm{E}$ の間に

$$\oint_S E_n dS = \frac{Q}{\varepsilon_0} \tag{7.8}$$

の関係が成立する．これを**ガウスの法則**（Gauss' law）という．$\oint_S$ は，積分が閉曲面全体について行われることを意味する．この法則が成立する理由は後で考えることにして，次の簡単な例題で確かめてみよう．

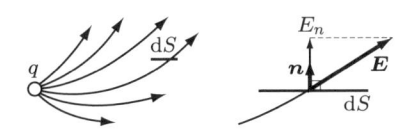

図 7.5　電界中で設定された微小面積 $dS$ での電界 $\bm{E}$ の垂直成分 $E_n$

**例題 7.2**　空間の点電荷 $Q$ から距離 $a$ だけ離れた地点の電界の強さを求めよ．

**解**　対称性から電界の分布は球対称を示す．したがって，点電荷を中心とした半径 $a$ の球面上ではすべて電界の強さは等しく，球面上の $dS$ に垂直である（図 7.6）．そこで，これを $E$ とすれば，$E_n = E$ で，その球面についてガウスの法則を適用すれば，

$$\oint_S E_n dS = E \oint_S dS = E(4\pi a^2) = \frac{Q}{\varepsilon_0}$$

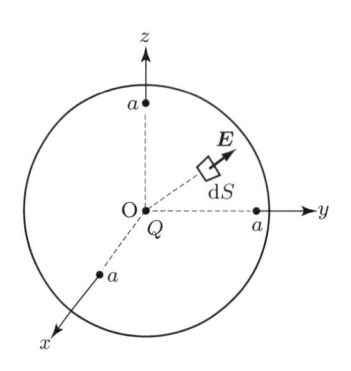

**図 7.6** 点電荷 $Q$ を中心に含む球面上の微小面積 $\mathrm{d}S$ での電界 $\boldsymbol{E}$

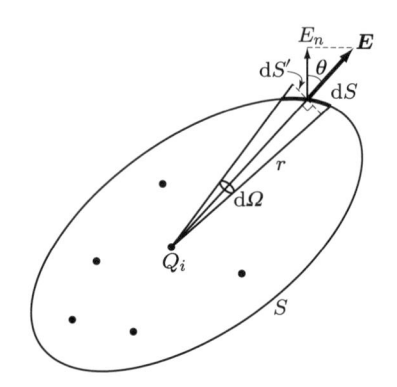

**図 7.7** 点電荷 $Q_i$ を含む閉曲面 $S$ 上の微小面積 $\mathrm{d}S$ の垂直成分 $\mathrm{d}S'$ と立体角 $\mathrm{d}\Omega$ の関係

の関係式が得られる．この等式から電界は

$$E=\frac{Q}{4\pi\varepsilon_0 a^2} \tag{7.9}$$

として求まる．これは式 (7.4) の 1 個の点電荷（$i=1$）の式に一致する．　∎

式 (7.8) の略証を考えてみる．図 7.7 のように点電荷を複数含む閉曲面 $S$ 上に微小面積 $\mathrm{d}S$ をとり，点電荷 $Q_i$ からの電界 $\boldsymbol{E}$ と $\mathrm{d}S$ の垂線となす角を $\theta$ とすれば

$$E_n \mathrm{d}S = E\cos\theta \cdot \mathrm{d}S = E\mathrm{d}S'$$

ここで，$\mathrm{d}S\cos\theta=\mathrm{d}S'$ は $\mathrm{d}S$ の $\boldsymbol{E}$ への垂直成分である．これを用いて $Q_i$ から見た**立体角**は $\mathrm{d}\Omega=\mathrm{d}S'/r^2$ となる[1]．また，式 (7.4) の点電荷の電界が $E=Q_i/(4\pi\varepsilon_0 r^2)$ なので，上式は

$$E\mathrm{d}S' = \frac{Q_i}{4\pi\varepsilon_0 r^2} r^2 \mathrm{d}\Omega = \frac{Q_i}{4\pi\varepsilon_0}\mathrm{d}\Omega$$

となる．点電荷が $S$ の中にある場合 $\oint_S \mathrm{d}\Omega=4\pi$，外にある場合 $\oint_S \mathrm{d}\Omega=0$ となる．他の電荷も同様に考え，$S$ の中の電荷の総和を $Q=\sum_i Q_i$ として，ガウスの法則

$$\oint_S E_n \mathrm{d}S = \frac{Q}{4\pi\varepsilon_0}\cdot 4\pi = \frac{Q}{\varepsilon_0}$$

が導ける．

---

[1] $Q_i$ から見た立体角 $\mathrm{d}\Omega$ とは，$Q_i$ にいる人の視野が $\mathrm{d}S$ によってかくされる割合に $4\pi$ をかけた量と考えればよい．したがって，$Q_i$ が $S$ 内にある場合は全視野が $S$ によってかくされるので $\oint_S \mathrm{d}\Omega=4\pi$ となる．

### 7.1 静的な電気

**例題 7.3** 電荷 $Q$ が半径 $a$ の球面状に一様に分布している場合の電界を求めよ.

**解** 図 7.8 のように球の中心に原点をとり,そこからの距離 $r$ を半径とする球面についてガウスの法則を適用する.対称性から電界 $\boldsymbol{E}$ は球面に垂直で,$r$ の方向に無関係なので $r>a$ のとき

$$\oint_S E_n \mathrm{d}S = E \cdot 4\pi r^2 = \frac{Q}{\varepsilon_0} \quad \text{より} \quad E = \frac{Q}{4\pi\varepsilon_0 r^2} \tag{7.10}$$

となる.これは点電荷の場合の式 (7.9) と同じになる.

$r<a$ のとき,閉曲面内には電荷がないから

$$\oint_S E_n \mathrm{d}S = E \cdot 4\pi r^2 = 0 \quad \text{より} \quad E=0 \tag{7.11}$$

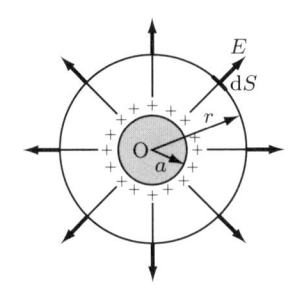

図 7.8 半径 $a$ の球面電荷を含む半径 $r$ の同心球を閉曲面にとった場合の図

**例題 7.4** $z$ 軸上に単位長さ当たり $\lambda$ の電荷が一様に,かつ,無限に存在する場合の任意の地点の電界を求めよ.

**解** 電荷が無限に長く直線状に分布することから,電界の分布は $z$ 軸の周りで対称で,かつ垂直となる.そこで,$z$ 軸から距離 $r$ の地点での電界を求めるため,図 7.9 のような半径 $r$,高さ $h$ の円筒を閉曲面として,これにガウスの法則を適用する.円筒側面上の $\mathrm{d}S$ にはすべて等しい電界 $E(=E_n)$ が作用し,上,下底面では $E_n=0$ である.したがって,

$$\oint_S E_n \mathrm{d}S = E \cdot 2\pi rh = \frac{\lambda h}{\varepsilon_0}$$

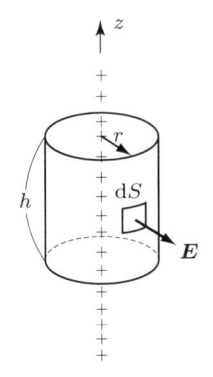

図 7.9 直線状電荷を中心軸とする円筒面を閉曲面にとる

が成立し，これより

$$E=\frac{\lambda}{2\pi r\varepsilon_0} \qquad (7.12)$$

となる．

**例題 7.5** 平面上に単位面積当たり $\sigma$ の電荷が一様に，かつ，無限に存在する場合の任意の地点での電界を求めよ．

**解** 電荷が無限に広く平面状に分布することから，電界の分布は電荷が存在する平面について対称で，かつ垂直となる．そこで，この平面から距離 $h$ の地点での電界を求めるため，図7.10のような半径 $r$，高さ $2h$ の円筒を閉曲面 $S$ としてガウスの法則を適用する．円筒の上面と底面での $dS$ にはすべて等しい電界 $E(=E_n)$ が作用し，側面では $E_n=0$ である．したがって，

$$\oint_S E_n \, dS = E \cdot 2\pi r^2 = \frac{\sigma \pi r^2}{\varepsilon_0}$$

が成立し，これより，

$$E=\frac{\sigma}{2\varepsilon_0} \qquad (7.13)$$

となる．

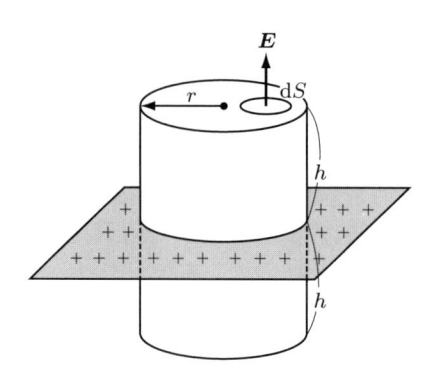

**図 7.10** 平面状電荷を対称面とする円筒面を閉曲面 $S$ とする

これらのように，ガウスの法則を適用して電界を求めるときは，電界の分布について，その対称性や境界条件がある程度わかっていることが必要である．

### （4）電　位

電荷の存在する空間には電界という力場が存在することが明らかとなった．この状況は，質点の力学で学んだ万有引力場や，単に重力場と呼ばれる保存力場に類似している．そこでは，それらの力のなす仕事つまり位置エネルギー (potential energy) と

7.1 静的な電気　**121**

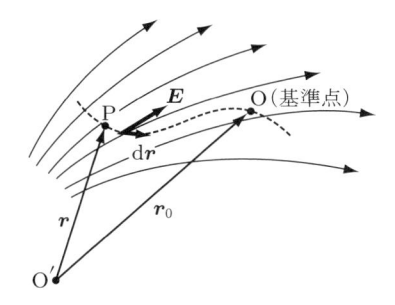

**図 7.11**　二つの地点 $r$ と $r_0$ の間の任意の経路にそって行う電界の仕事

いわれる概念が導入されてきた．位置エネルギーを保存力のポテンシャルともいう．電界も同様に，保存力場であるから，そこにポテンシャルの概念が導入できる．電界内の点 O を基準点として，任意の点 P の位置 $r$ から基準点 O の位置 $r_0$ までいく間に，点電荷 $Q$ に働く力（$=Q\bm{E}$）のなす仕事を $W$ とすれば（図 7.11）

$$W(\bm{r}) = Q\int_{r}^{r_0} \bm{E}\cdot d\bm{r}$$

となる．これを単位電荷当たりの仕事への換算 $W/Q$ を行って得られる $\phi$

$$\phi(\bm{r}) = \int_{r}^{r_0} \bm{E}\cdot d\bm{r} \qquad (7.14)$$

を**電位**（electric potential）と定義する．その単位は J/C となるが，これをあらためて V（ボルト，volt）と定める．$\bm{E}$ は保存力であるから $\phi$ は積分経路に無関係で，位置 $r$ のみで決まる量である．

重力場と同様に，任意の 2 点間のポテンシャルの差，つまり**電位差**（potential difference）が有効な場合が多い．任意の点 A に対する点 B の電位差は式（7.14）より

$$\phi_B - \phi_A = \int_{r_B}^{r_A} \bm{E}\cdot d\bm{r} \qquad (7.15)$$

で与えられる．ここで $r_A$ と $r_B$ は点 A と点 B の位置を表す．

**例題 7.6**　点電荷 $Q = 5.8\,\mathrm{nC}$ から距離 $r_1 = 46\,\mathrm{cm}$ 離れた地点における電位，およびこの点に対する $r_2 = 26\,\mathrm{cm}$ の地点の電位差をそれぞれ求めよ．

**解**　点電荷を原点におく．そうすると，式（7.4）から，一つの点電荷の電界

$$E = \frac{Q}{4\pi\varepsilon_0 r^2}$$

は原点 $r = 0$ に近づくと発散するから原点を電位の基準点にとれない．このような場合，基

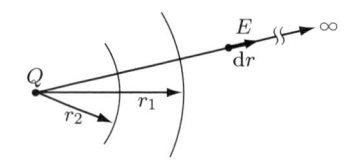

準点として無限遠の $r=\infty$ をとる（図7.12参照）．上式と式（7.14）より

$$\phi(r_1) = \left(\frac{Q}{4\pi\varepsilon_0}\right)\int_{r_1}^{\infty}\frac{1}{r^2}dr = \frac{Q}{4\pi\varepsilon_0}\cdot\frac{1}{r_1} \tag{7.16}$$

$$= \frac{5.8\times10^{-9}}{4\pi\times8.85\times10^{-12}}\times\frac{1}{46\times10^{-2}} = 52.15\times\frac{1}{46\times10^{-2}} = 113\text{ V}$$

電位差は式（7.15）より

$$\phi(r_2) - \phi(r_1) = \frac{Q}{4\pi\varepsilon_0}\left(\frac{1}{r_2} - \frac{1}{r_1}\right) = 52.15\times\left(\frac{1}{0.26} - \frac{1}{0.46}\right) = 87\text{ V}$$ ∎

## （5）導　　体

いままでの話では，電荷は空間に固定されているという表現をしてきた．具体的に電荷を固定する方法などについては一切触れていない．実際には，絶縁のよい支持棒やひもなどが必要となる．では，金属のように電気をよく導く物では電荷はどのように振る舞うのであろうか．

電気をよく通す物体を**導体**（conductor）という．金属の他にイオンを多量に含んだ液体や気体，あるいはプラズマも比較の対象によっては導体とみなせる．これらの物体中には多量の電荷の担い手（carrier）が存在し，それらは原子間を"自由に"移動できる．金属では，この担い手は**自由電子**（free electron）と呼ばれる負の電荷[1]を帯びた軽い粒子である．この自由電子はわずかな外部からの電界にもきわめて早く応答するが，外部電界がないときは＋の電荷をもつ金属イオンとつり合って，全体として電気的に中性を保っている．

一般に，導体が静電的につり合っているとき，電荷は移動しないから，

① 導体内部には電界は存在しない
② 導体のすべての部分は等電位である
③ 電荷の存在は表面に限られ，その面密度が $\pm\sigma$ のとき，表面に垂直に $\pm\sigma/\varepsilon_0$ の電界が外側で存在する
④ 導体表面に電荷が面密度 $\pm\sigma$ で存在するとき，電荷に対して垂直外側へ $\sigma^2/(2\varepsilon_0)$ の静電応力が働く

---

[1] 電子の電荷 $-e$ は $-e = -1.602\times10^{-19}$ C である．$e$ を素電荷または**電気素量**という．

という性質が導かれる．

上記の性質は互いに関連した事象であるが，そのほかに応用的にも興味ある性質に**静電遮へい**（electric shielding）がある．たとえば図7.13のように導体に外部の電荷から電界が作用しても，内部の空洞ではつねに電界はゼロである．なぜならば，もし電荷のない空洞内に電界が存在したとすれば，電気力線は空洞内面の1点から出て他の点へ入り込まなければならない．しかし，上記の②の性質からそのようなことは不可能であり，したがって，空洞内では電界は0である．つまり，導体で囲われた内部では外部の電界の影響を受けないといえる．この性質を応用して，外部からのノイズを低減するシールド室や通信用のシールド線などがある．また，落雷のときでも自動車の車内が安全といわれるのもこのことに由来している．

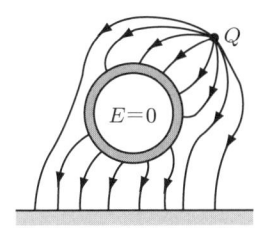

**図7.13** 導体内の空洞には外部の電界の侵入はなく，遮へい（シールド）される

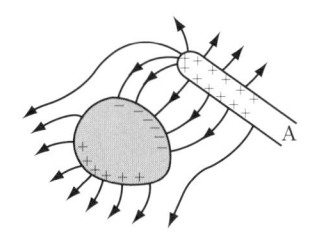

**図7.14** 帯電している絶縁棒を導体に接近させると導体表面に電荷が現れる静電誘導の図

もう一つの性質として，**静電誘導**（electrostatic induction）がある．電荷を帯びていない導体に，外部から＋の静電気を帯びた別の物体Aを近づけてみる．すると，静電気力により，－の電荷をもった電子がただちにA側に接近し，その反対側には＋の電荷が相対的に現れる（図7.14参照）．これを導体内部から見ると，誘導電荷は外部の電界とは逆向きの電界をつくることになる．これによってちょうど内部電界が打ち消された時点で静電誘導は停止する（実際には瞬間的に終わる）．これを実際に確かめたいときは箔検電器を使用すれば容易に観察できる．また，この性質を応用して物体の有無を感知する非接触センサーが開発されている．

**例題 7.7** 半径 $a=3\,\text{cm}$ の導体球殻に電荷 $Q=8\,\text{nC}$ が存在するとき，球の中心から $r=60\,\text{cm}$ の地点と球面および内部 $r=2\,\text{cm}$ の各地点の電位を求めよ．

**解** 球では，導体の性質より，電荷はすべて表面に一様に存在するから，前の例題7.3と7.6の結果がそのまま利用できる．電位の基準を $r=\infty$ にとって

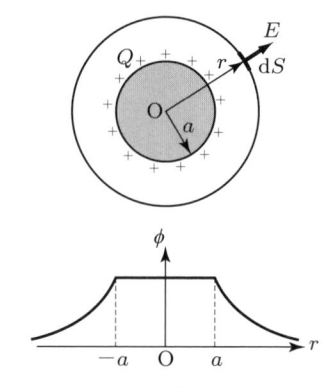

**図 7.15** 半径 $a$ の導体球殻の電位分布

$r > a$ のとき，$E = \dfrac{Q}{4\pi\varepsilon_0 r^2}$ より

$$\phi = \frac{Q}{4\pi\varepsilon_0}\int_r^\infty \frac{1}{r^2}\,dr = \frac{Q}{4\pi\varepsilon_0}\frac{1}{r}$$

$$= \frac{8\times 10^{-9}}{4\pi\times 8.85\times 10^{-12}} \times \frac{1}{60\times 10^{-2}} = 120 \text{ V}$$

$r = a$ のとき，上式から $\phi = \dfrac{Q}{4\pi\varepsilon_0 a} = 2.4\times 10^3$ V  (7.17)

$r < a$ のとき，$E = 0$ なので $r = a$ の場合と同電位となる（図 7.15 参照）． ■

## （6） 電 気 容 量

　導体の1点に電荷を移せば導体全表面が帯電する．これは見方を変えれば，導体は電荷を収容する器ともみなせる．たとえば，例題 7.7 のような孤立している導体球もそれ自身，器としての機能がある．では器の容量はどれほどであろうか．導体球の電位は式（7.17）より $\phi \propto Q$ の関係，つまり，$\phi$ と $Q$ は比例関係にある．したがって，$Q$ の電荷を器へ入れたとき，器の容積が小さいと電位はすぐ上昇し，$\phi$ が大きくなる．これは，底面積の小さい水槽は少量の水を入れただけで，すぐ水面が上昇して水圧が上がるのと似ている．そこで，この比例定数を $C$ として

$$Q = C\phi \tag{7.18}$$

の式で関係づけられる $C$ を，**電気容量**（electric capacity）と定義する．その単位は C/V で，これをあらためて F（ファラド，farad）と定義する．孤立した導体球（孤立球）の場合は式（7.17）より

$$Q = 4\pi\varepsilon_0 a\phi \tag{7.19}$$

であるから，電気容量は

$$C = 4\pi\varepsilon_0 a \tag{7.20}$$

となり，半径に比例することがわかる．たとえば，地球（半径6370 km）も水分を含む導体球とみなせるが，その電気容量は上式より，$C = 4\pi \times 8.85 \times 10^{-12} \times 6370 \times 10^3 = 7.08 \times 10^{-4}$ F $= 708$ μF（マイクロファラド）となる．

一方，電子部品の中には，1個で地球と同じぐらいの容量をもつものもある．一般に，電荷をため込むためにつくられた導体系を**コンデンサー**（capacitor）と呼ぶ．孤立導体では電荷を収容するには効率が悪いが，定義の式 $Q = C\phi$ をみると，$Q$ が一定の下で $\phi$ を下げると $C$ が大きくなる．上記の導体球の電位 $\phi$ は無限遠に対するものなので，この $\phi$ は，無限遠に導体球を取り囲むもう一つの薄い導体球殻を仮定したときの球殻との電位差であると考えてもよい．その電位差をあらためて $V$ とし，外側の球殻を次第に小さくして半径 $b$ まで接近させると（図7.16参照），式（7.15）と（7.16）より $V$ は

$$V = \phi_a - \phi_b = \int_a^b \frac{Q}{4\pi\varepsilon_0 r^2} dr = \frac{Q}{4\pi\varepsilon_0}\left(\frac{1}{a} - \frac{1}{b}\right) \tag{7.21}$$

となる．一方，$V$ と $Q$ の間には式（7.18）から

$$\phi = V = \frac{Q}{C} \tag{7.22}$$

の関係があるので，上の二式を比較することにより

$$C = 4\pi\varepsilon_0 \Big/ \left(\frac{1}{a} - \frac{1}{b}\right) \tag{7.23}$$

として導体二重球間の電気容量が求まる．特に $a \fallingdotseq b$ ですきまを $d$ $(= b - a)$ とした場合，式（7.23）は

$$C = 4\pi\varepsilon_0 \frac{a^2}{d} \tag{7.24}$$

となる．これを孤立球の $C = 4\pi\varepsilon_0 a$ と比較すると，すきまを小さくすると孤立球よりはるかに大きな容量が得られることがわかる．たとえば，孤立球と同じ容量を得るため

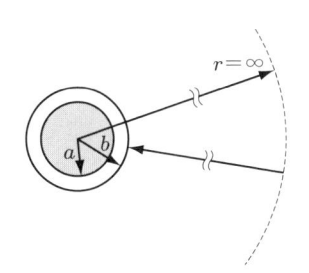

**図7.16** 孤立球 $a$ に対して無限遠にあった球を近づけて二重球にした図

の二重球の半径 $r$ は式（7.20）と（7.24）より $r=\sqrt{da}$ で与えられる．もし，$d=1\,\mathrm{mm}$ とすれば，地球と同じ容量を得るにはわずか $80\,\mathrm{m}$ 程度の半径の二重球でよいことになる．

**例題 7.8** 面積が $S$ の薄い金属板 2 枚を十分せまい間隔 $d$ で向かい合わせた平行板空気コンデンサーの電気容量を求めよ．

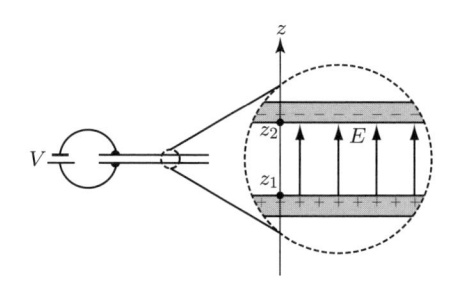

**図 7.17** 平行板空気コンデンサーに充電したときの極板間の電界

**解** 電池によって上，下の極板にそれぞれ $\mp Q$ の電荷を与えてみると，例題 7.5 のように正極板の電荷は板から離れる方向に，負極板は板に近づく方向にそれぞれ電界をつくる．その結果，平行板の外側では正負極板の電界が打ち消し合って $E=0$ となり，極板間では両者が強め合い，板に垂直で一様な

$$E = 2\cdot\frac{\sigma}{2\varepsilon_0} = \frac{\sigma}{\varepsilon_0} = \frac{Q}{\varepsilon_0 S} \tag{7.25}$$

という電界ができる．極板間の電位差 $V$ は

$$V = \int_{z_1}^{z_2} E\,dz = \frac{Q}{\varepsilon_0 S}(z_2 - z_1) = \frac{Q}{\varepsilon_0 S}d \tag{7.26}$$

で与えられるので，$V=Q/C$ と比較して電気容量は次式で求まる．

$$C = \frac{\varepsilon_0 S}{d} \tag{7.27}$$

### （7） コンデンサーのエネルギー

例題 7.8 では電池から極板に±の電荷を与えた（充電した）が，これをエネルギー的に考えると電池からコンデンサーへエネルギーが供給されたことになる．今日では，たとえばおもちゃのミニカーの中には 1 回の瞬間的な充電で，かなりの時間動き回るものがある．現代の技術では 1F 程度の大容量のコンデンサーも製造され，そのようなおもちゃが出現したのである．充電のとき，少しずつ電荷（電子）が移る状態では，

先に存在する電荷（電子）と後から送り込まれる電荷（電子）との間の静電気力に逆らって電池の起電力が仕事を行う．逆に，放電のときのエネルギーは，コンデンサー中の電界が＋の電荷を－の電極まで移すときの静電気力のなす仕事（実際にはモーターや抵抗線を通して放電するときの仕事）に等しいことになる．

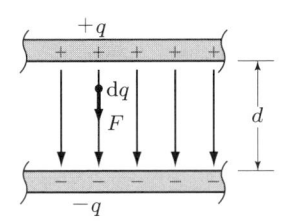

**図7.18** 微小な電荷 d$q$ を電界中で一方の極板から他方の極板へ移す様子

話を簡単にするため，最初±$Q$ の電荷をもっていた平行板コンデンサーを考える．そして，すでに少し電荷を移して，いま極板に±$q$ の電荷が存在し（図7.18），その電界にしたがって＋の極板から微小な電荷 d$q$ を－の極板へ移すとき，静電気力 $F$ のなす仕事 d$W$ は

$$dW = Fd = (Edq)d = Ed\,dq$$

であり，ここで電界 $E$ は，式（7.25）と（7.27）より

$$E = \frac{q}{\varepsilon_0 S} = \frac{q}{Cd}$$

である．最初の電荷 $Q$ から出発してそれが 0 になるまでの仕事 $U$ は，上の二式より

$$U = \int dW = \int_0^Q \left(\frac{q}{Cd}\right) d\,dq = \frac{1}{C}\int_0^Q q\,dq = \frac{Q^2}{2C}$$

この結果は他の任意のコンデンサーでも成立して，式（7.22）の $Q = CV$ の関係を用いて，

$$U = \frac{Q^2}{2C} = \frac{1}{2}QV = \frac{1}{2}CV^2 \qquad (7.28)$$

のようにも表現できる．

**例題 7.9** カメラのストロボでは，乾電池の電圧 3 V を 330 V に昇圧して，電気容量 220 μF のコンデンサーにその電気を（時間をかけて）充電している．これをキセノン（Xe）ランプで 1.0 ms の時間で放電したときの平均的発光出力を求めよ．ただし，コンデンサーのエネルギーがすべて光のエネルギーに変換されたと仮定する．

**解** コンデンサーに蓄えられた静電エネルギーは，式（7.28）より
$$U = CV^2/2 = 220 \times 10^{-6} \times 330^2/2 = 12\,\text{J}$$

であり，平均的発光出力 $P$ は
$$P = U/t = 12/10^{-3} = 1.2 \times 10^4 \text{W}$$
となる． ∎

## （8）誘電体

前述の導体と対称的なのが**絶縁体**（insulator）である．これは，その中に電荷の担い手がなく，外部から電界を印加しても導体のように自由に電気を通さないものである．電気を通さない物質はわれわれの生活に利用できないかといえば，決してそうではなく，むしろ導体と絶縁体の（このほかに半導体の）組合せでいろいろな機能が生まれるので，その性質を理解することは重要である．

### （a）分極

絶縁体も，原子や分子から構成されているから，電子やイオンを含んでいる．しかし，これらの電荷を帯びた粒子は自由に移動できなくて，その位置で微小な変位ができる程度に束縛されている．そして，外部電界のないときは全体として電気的に中性の状態になっている（図7.19(a)）．

次に，この系に外部から電界 $E$ を印加すると，図7.19(b)のように，＋と－の電荷がわずかに変位する．このとき，物体内部では±の電荷が依然として存在するから電気的に中性であるが，表面では一方に＋の，他方に－の電荷がにじみ出てくる．この現象は導体の静電誘導に類似しているが，導体のようにその内部の電界を完全に打ち消すほど多量の電荷は現れない．

このように，初め中性であった物体が電荷のずれによって全体的に＋と－の電荷を帯びた状態に分かれる現象を**誘電分極**（electric polarization）といい，誘起された電荷を**分極電荷**という．そして，これは外場による一種の誘起現象なので，絶縁体のことを**誘電体**（dielectrics）ともいう．では，その内部の電界 $E_i$ はどうなるか．表面の

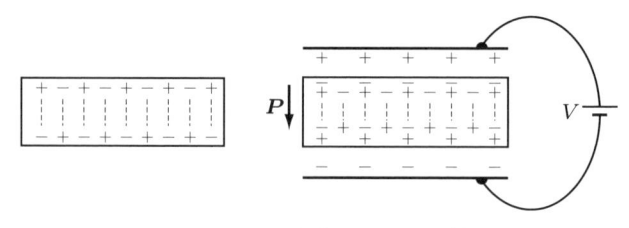

（a）外部電界が働いていない場合　　（b）外部電界が働いている場合

図 7.19　誘電体の模式図

電荷がつくる電界は外部電界 $E$ とは逆向きであるから，やはり外部からの電界を弱めることになる．その結果，分極させようとする静電的な力が弱められ，弾性的な力とのつり合いで平衡状態に達する．したがって，分極する度合いは物質によって異なる．

分極電荷の単位面積当たりの値を**分極** $P$ [C/m²] といい，その方向を－電荷から＋電荷の移動した向きを正にとって，ベクトル **P** と定義する (図 7.19(b))．実際に物質に働いている電界を $E$ とすると，通常の誘電体では $P$ は

$$P = \chi E \tag{7.29}$$

のように $E$ に比例する．ここで，$\chi$ を**電気感受率** (electric susceptibility) といい，物質に固有な定数である．単位は $C \cdot m^{-2}/(V \cdot m^{-1}) = F/m$．

ところで，分極電荷は必ず±のペアで現れる．それに対して以前，ガウスの法則で扱った電荷は物体が帯電したときの電荷で，工夫すれば＋または－の形で単独で取り出すことができた．そこで，これらを区別して，後者を**真電荷** (true charge) と呼ぶ[1]．

**(b) 電束密度と誘電率**

それでは，この真電荷に対してガウスの法則はどのように記述されるであろうか．それを考えるため，さらに真電荷に対応する新しい物理量として電束密度ベクトル **D** を導入しよう．

簡単にするため平行板空気コンデンサー (面積 $S$) を例にとる．これに，図 7.20(a) のように，電池の起電力 $V$ を印加しておく．このとき，極板に現れた真電荷密度 $\sigma_0$ は，$Q = CV$ の関係式より，

$$\sigma_0 = C_0 V / S \tag{7.30}$$

ここで，$C_0$ は極板の間が空気の場合の電気容量である．次に，誘電体を極板に密着して挿入すると，その間の電界 $V/d$ によって誘電体が分極する．そのとき必要なエネル

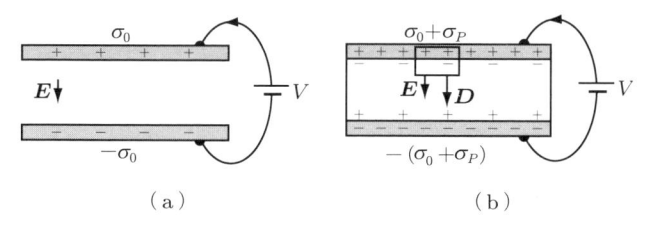

図 7.20 (a) 平行板空気コンデンサーに電圧 $V$ を印加した後，(b) 極板の間に誘電体を密着しながら挿入した図 (周端の影響は省略)

---

1) 自由電荷 (free charge) と呼ぶこともある．

ギー（実際には電荷）が電池から供給され，同図 (b) のように極板には，分極電荷とは反対の符号の真電荷 $\sigma_P$ が先の真電荷 $\sigma_0$ に追加される．このときの極板の真電荷密度を $\sigma_D [\mathrm{C/m^2}]$ とすれば

$$\sigma_D = \sigma_0 + \sigma_P \tag{7.31}$$

となる．一方，$C_0$ についての式（7.27）を用いて，式（7.30）の真電荷は

$$\sigma_0 = \varepsilon_0 \frac{V}{d} = \varepsilon_0 E \tag{7.32}$$

のように書き直せる．さらに，式（7.31）の $\sigma_0$ をベクトル $\varepsilon_0 \boldsymbol{E}$ でおきかえる．$\sigma_P$ も分極と同じ大きさなので，これを分極ベクトル $\boldsymbol{P}$ でおきかえ，$\sigma_D$ を同じくベクトル $\boldsymbol{D}$ でおきかえると，式（7.31）の関係式は

$$\boldsymbol{D} = \varepsilon_0 \boldsymbol{E} + \boldsymbol{P} \tag{7.33}$$

となる．ここで，$\boldsymbol{E}$ と $\boldsymbol{P}$ の方向はそれらの定義にしたがった向きを正にとる．このようにして得られる $\boldsymbol{D}$ は極板に現れた真電荷密度とその変位方向を表しており，$\boldsymbol{D}$ を**電束密度**（electric flux density）と定義する[1]．

また，この場合，極板と誘電体が密着しているから式（7.29）の $E$ は式（7.32）の $E$ と同じなので，式（7.33）は

$$\boldsymbol{D} = \varepsilon_0 \boldsymbol{E} + \chi \boldsymbol{E} = \varepsilon_0 \left(1 + \frac{\chi}{\varepsilon_0}\right) \boldsymbol{E} = \varepsilon_0 \varepsilon_r \boldsymbol{E}$$
$$= \varepsilon \boldsymbol{E} \tag{7.34}$$

のように変形できる．ここで，$\varepsilon_0$ を真空の**誘電率**（dielectric constant），$\varepsilon$ を物質の絶対誘電率，$\varepsilon_r$（$= 1 + \chi/\varepsilon_0$）を物質の比誘電率（relative dielectric constant）と呼ぶ．

式（7.31）からわかるように，誘電体を挿入したときの極板には $Q = DS$ の電荷があるので，式（7.34）を用いて，そのときの電気容量 $C$ は

$$C = \frac{Q}{V} = \frac{DS}{V} = \frac{(\varepsilon_0 \varepsilon_r E) S}{V} = \varepsilon_0 \varepsilon_r \frac{(V/d) S}{V} = \varepsilon_r \frac{\varepsilon_0 S}{d} \tag{7.35}$$

として表せる．さらに，式（7.27）の空気の場合の電気容量 $C_0 = \varepsilon_0 S/d$ で右辺をおきかえると

$$C = \varepsilon_r C_0 \tag{7.36}$$

となって，電気容量は空気の場合に比べて $\varepsilon_r$ 倍になっていることがわかる（表7.1）．

---

[1] 電気変位（electric displacement）ともいう．

次に，最初のテーマであった電束密度 $\boldsymbol{D}$ とガウスの法則との関係を考えてみる．図 7.20（b）で，+電極と誘電体の一部を含む円筒形閉曲面を設定する（円筒形の断面積を $A$ とする）．下底面にのみ外向きに $E_n$ や $P_n$ があり，また，閉曲面内に含まれる電荷は電極内の真電荷 $Q_D = \sigma_D A$ と誘電体表面の分極電荷 $Q_P = -\sigma_P A$ であるから，ガウスの法則（7.8）から

$$\oint_S E_n \, \mathrm{d}S = EA = \frac{\sigma_D A - \sigma_P A}{\varepsilon_0} = \frac{Q_D + Q_P}{\varepsilon_0}$$

つまり，一般に

$$\oint_S \varepsilon_0 E_n \, \mathrm{d}S = Q_D + Q_P$$

また，上記の閉曲面を通過して移動した電荷 $P_n A$ は，$\sigma_P A (= |Q_P|)$ に等しい．閉曲面内の分極電荷 $Q_P < 0$ のときは，$P_n > 0$ であるから，$P_n A = -Q_P$ である．一般に

$$\oint_S P_n \, \mathrm{d}S = -Q_P$$

の関係がある．

したがって，上の二式より

$$\oint_S D_n \, \mathrm{d}S = \oint_S (\varepsilon_0 \boldsymbol{E} + \boldsymbol{P})_n \, \mathrm{d}S = Q_D + Q_P - Q_P = Q_D \tag{7.37}$$

となる．つまり，$\boldsymbol{D}$ は分極電荷に影響されず，その源が真電荷のみに起因していることがわかる．この式は平行板コンデンサーに限らず，他の一般の誘電体についても成立するので，この式がより**一般的なガウスの法則**といえる．誘電体系ではこれを用いると記述式が簡単になる．たとえば，二つの誘電体の境界面で，そこに真電荷がないときは，境界面でガウスの法則を適用することにより

$$D_{1n} = D_{2n} \tag{7.38}$$

という境界条件（電束密度の垂直成分が連続）が得られる．

(c) **いろいろな誘電体**

実用にはできるだけ小さな体積で大きな電気容量を有するコンデンサーが望まれる．それには式（7.36）が意味するように，大きな誘電率を有する物質を極板ではさんでやればよい．ガラスやプラスチックでは比誘電率は 10 より小さい．これらには通常，式（7.29）の関係が成立し，この性質を**常誘電性**（paraelectricity）という．しかし，チタン酸バリウム（$BaTiO_3$）やリン酸二水素カリウム（$KH_2PO_4$）などで代表される**強誘電体**（ferroelectrics）の仲間は必ずしも式（7.29）にしたがわず異常に大きな比誘電率（$>10^3$ 以上）を示す．これらは（次節の磁性体から由来する）**キュリー温度**

(Curie temperature) またはキュリー点と呼ばれる固有の温度以下で自発的に分極して，いわゆる永久分極の性質を示す．しかし，この結晶は自然な状態では図 7.21(a) に示すような**分域**(domain)と呼ばれる(互いに分極方向が 180°異なる)細かい領域に分かれていて，外部からは自発分極(spontaneous polarization)がないようにみえる．

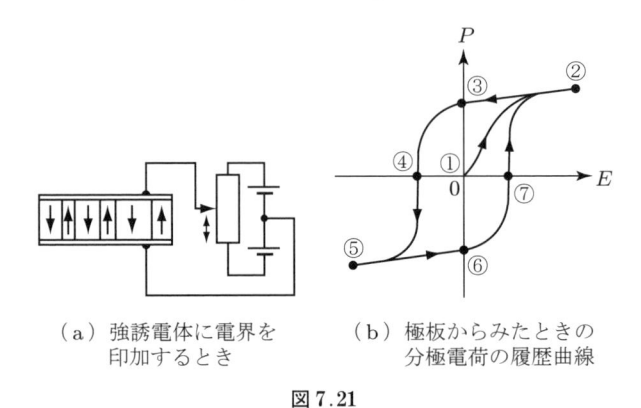

(a) 強誘電体に電界を印加するとき

(b) 極板からみたときの分極電荷の履歴曲線

図 7.21

そこで，電極を取りつけて外部から電界を±の方向に掃引してみると，一般に同図 (b) のような過程をたどる．

①の $E=0$ から次第に $E$ を強くしていくと，＋方向の分域幅が大きく（−方向が逆に小さく）成長し，上下の極板には±のおのおのの電荷が次第に増加していき，ついに結晶全体が＋方向の単分域となって飽和の状態の②に至る．

次に，電界を逆方向に掃引していくと，③の $E=0$ で残留分極 $P_r$ が残り，さらに④で±の分域幅が等しくなって，極板では見かけ上 $P=0$ となる．このときの電界は**抗電界**(coercive field)と呼ばれる．そして，飽和の⑤へと達する．

再び逆掃引すると，⑤→⑥→⑦→②へと先の道筋とは異なった道筋をたどって②に至る．このように往復で異なる経路をたどる曲線を一般に**履歴曲線**(hysteresis loop)という．

実用目的に強誘電体のセラミックス（焼結体）の形で，大きな誘電率，安定な残留分極，大きな圧電性（応力による電荷の誘起）を有する物質がいろいろ開発されて，多くの電子機器の製造に用いられている．また，±の残留分極はそれ自体，記憶効果を示すので，半導体との組合せで新しいメモリーも考えられる．また，液晶の中にも強誘電性を示すものがあり，その高速切換え性能が注目されている．次に，いろいろな誘電体と強誘電体の例を表 7.1 と 7.2 に示す．

表7.1　いろいろな物質の比誘電率(20℃)

| 物　質 | 比誘電率 | 物　質 | 比誘電率 |
|---|---|---|---|
| 真空 | 1 | ポリスチレン | 2.5 |
| 空気 | 1.00059 | 雲母 | 7.0 |
| 水 | 80 | 酸化チタン | 100 |
| ガラス | 4〜6 | チタン酸バリウム系磁器 | 100〜1000 |

表7.2　いろいろな強誘電体の特性値

| 物　質 | 分子式 | キュリー温度 | 自発分極 [C/m$^2$] |
|---|---|---|---|
| チタン酸バリウム | $BaTiO_3$ | 120℃ | 0.26 |
| リン酸二水素カリウム | $KH_2PO_4$ | $-150$℃ | 0.050 |
| グリシン硫酸塩 | $(CH_2NH_2COOH)_3H_2SO_4$ | 49℃ | 0.042 |
| 亜硝酸ナトリウム | $NaNO_2$ | 163℃ | 0.086 |
| PZT(焼結体) | $Pb(Zr_xTi_{1-x})O_3$ | 230〜490℃ | |

### (9)　誘電体と電界のエネルギー

　誘電体を含んだコンデンサーを充電するとき，それを分極させるため真空の場合より大きなエネルギーが必要となる．平行板コンデンサーの場合，そのエネルギーは式 (7.28) の $U=\frac{1}{2}CV^2$ で与えられる．極板間が真空の場合（電気容量を $C_0$ とする），$U=\frac{1}{2}C_0V^2$ であるのに対し，誘電体を含む場合の $U$ は，式(7.36)の $\varepsilon_r C_0$ でおきかえた $U=\frac{1}{2}\varepsilon_r C_0 V^2$ で与えられる．このときの分極のエネルギーは誘電体そのものに含まれていると考えてもよい．このエネルギーが極板の真電荷を通して外部に仕事を行うのである．極板の間の誘電体の体積は $Sd$ であるから，誘電体の単位体積当たりのエネルギー密度 $u$ は

$$u=\frac{\frac{1}{2}\varepsilon_r C_0 V^2}{Sd}=\frac{\frac{1}{2}\varepsilon_r\left(\frac{\varepsilon_0 S}{d}\right)V^2}{Sd}=\frac{1}{2}\varepsilon_0\varepsilon_r\left(\frac{V}{d}\right)^2$$

$$\therefore\quad u=\frac{1}{2}\varepsilon E^2=\frac{1}{2}ED \tag{7.39}$$

となる．式 (7.39) は他の一般の誘電体に対しても成立する．$u$ は電界と電束密度で表されているので，一般に電界が有するエネルギー密度ともいえる．この式は，$\varepsilon\to\varepsilon_0$ とおけば，真空に対しても適用できる．

## 7.2 静的な磁気

今日の高度な科学技術社会は，磁気的な応用を除いては考えられない．たとえば，発電機やモーターに代表されるエネルギー機器から，磁気共鳴による医療機器，さらにはフロッピーディスクや磁気テープなどの情報関連まで，その応用面は実に広範囲に及ぶ．このような製品もその原理はきわめてシンプルなものになっている．そこで，われわれは磁気に関する基礎的な理解を通して，実践的なものへと発展することをめざしたい．

磁気に対するイメージは永久磁石に代表されるように，われわれは子供のころからその強力な磁力で親しみを感じてきた．そのような磁化された物質では，いわゆるN極とS極の**磁荷**というイメージが浮かびやすい．そこで，最初は電気のクーロンの法則に対応して磁気でもクーロンの法則から出発し，同様な記述で磁性体まで進むことにする．しかし，1819年に**エルステッド**（H. C. Ørsted）が電流の流れている針金の動きに応じて近くの磁針の方向が変わることを発見して以来，磁界は静的な磁荷からのみ発生するのではなく，電流（移動する電荷の流れ）からも発生していることがわかった．

磁石は原子レベルの微小な磁石（磁気モーメント）から構成されていて，それは電子による円電流に類似したものでおきかえられるので，むしろ，電流による磁界のほうがより本質的なものであろう．

### (1) 磁荷と力

自然界の中ではいままで述べてきた電気に対応して，磁気という性質があることはすでにいろいろな経験を通してわれわれは知っている．前節 7.1 (1) で紹介したクーロンの法則も，磁気に対しても同様に定義できるが，静電気の場合とは異なり，＋や－の単一磁荷のみを別々に取り出すことはできない．しかし，棒磁石のようにN極とS極が対になった形で分極したものとしてならば扱うことができる．

十分長くて細い棒磁石の両端はほぼ単磁極として扱えて，棒磁石を2本用いることにより，磁気にもクーロンの法則が成立することが確かめられる．その磁荷を記号 $m$ で，その単位をウエーバー（Wb）で表すと，点磁荷 $m$ と $m'$ の間にクーロンの法則

$$F = \frac{mm'}{4\pi\mu_0 r^2} \tag{7.40}$$

で表される力が作用する．ここで，$\mu_0$ は真空の**透磁率**と呼ばれ，$\mu_0 = 4\pi \times 10^{-7}$ H/m（$= 1.26 \times 10^{-6}$ N/A²）の定数である．また，H は後述のインダクタンスの単位で，ヘンリ

ーと呼び，Wb/A と同じ単位である．

以下，電気と同様に，単位磁荷に働く力を**磁界** $H$ [A/m] と定義し，磁荷 $m$ に作用する力を

$$F = mH \quad (7.41)$$

で表す．この力場でもポテンシャルの電位に対応して磁位を定義できるが省略する．

### (2) 磁 性 体

誘電体と対応する物質は**磁性体**である．これを磁界の中に入れると誘電体と似たように，N 極と S 極の磁気が誘起されて磁気的な分極が起こる．これを電気的な分極に対応して**磁化** $M$ (magnetization) と呼ぶ．磁性体中では磁性イオンと呼ばれる原子レベルの非常に小さな**磁石** (magnet) があると考えてよい（図 7.22(a)）．その磁石の両端には必ず $+m$ と $-m$ の磁荷が対となっている．その長さを $l$ とし，$-m$ から $+m$ の向きをその方向とするベクトルを $l$ として

$$\boldsymbol{p} = m\boldsymbol{l} \quad (7.42)$$

で表される $\boldsymbol{p}$ を**磁気モーメント**と定義する．これは磁界 $H$ の中で，図 7.22(b) のように

$$\boldsymbol{N} = \boldsymbol{p} \times \boldsymbol{H} \quad (7.43)$$

で与えられる偶力のモーメントを受ける．磁化するメカニズムは磁荷が移動するというイメージではなく，これらの磁気モーメントが外部磁界による偶力のモーメントを受け，その方向へ整列しようとするというイメージである．通常は，すべての磁気モーメントが整列するのではなく，熱的な運動によって整列が乱されて，磁化がある平衡状態に落ち着く（図 7.22(c)）．その結果，誘電体と同様に磁化 $M$ [Wb/m$^2$] が磁界 $H$ [A/m] に比例する．ベクトルで表すと

$$\boldsymbol{M} = \chi_\mathrm{m} \boldsymbol{H} \quad (7.44)$$

の関係が成立する物質があり，$\chi_\mathrm{m} > 0$ の場合を**常磁性体** (paramagnetic substance) と

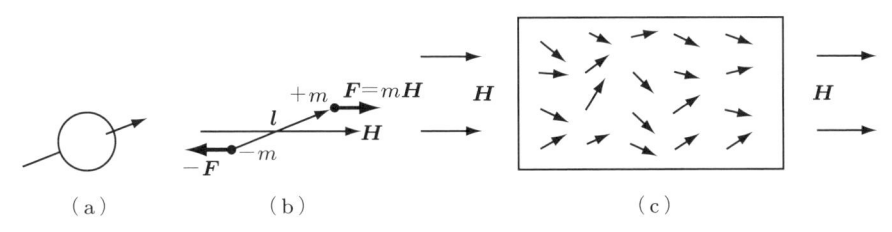

図 7.22 (a) 原子サイズの磁石の模式図，(b) 同磁石が磁界の中に置かれたときの等価図，(c) 同磁石が固体中で磁界を受けているときの瞬間的な模式図

呼び，$\chi_m<0$ の場合を**反磁性体**（diamagnetic substance）と呼ぶ．ここで，$\chi_m$ を**磁化率**（magnetic susceptibility）と呼び，単位は H/m である．また，電束密度 $D$ に対応して，**磁束密度** $B$（magnetic flux density）が

$$B = \mu_0 H + M = \mu_0\left(1 + \frac{\chi_m}{\mu_0}\right)H = \mu_0 \mu_r H = \mu H \tag{7.45}$$

のように表され，その単位は Wb/m² であるが，これをあらためて T（テスラ，tesla）と呼ぶ．ここで，$\mu(=\mu_0\mu_r)$ は**透磁率**（magnetic permeability），$\mu_r$ は比透磁率（relative magnetic permeability）と呼ばれる物質定数である．

磁気密度 $B$ の磁界の中で微小面積 dS を考え，その垂直方向の $B$ の成分を $B_n$ とする．そして，磁力線の数に対応する**磁束**を $\phi$ として，微小面積 dS を通過する磁束 d$\phi$ は，d$\phi = B_n$dS で定義される．電気と最も異なる点は，$B$ に対するガウスの法則が

$$\oint_S B_n \, dS = 0 \tag{7.46}$$

のように右辺が0になる点である．これは，磁気には単一磁荷として取り出せるいわゆる真電荷に対応するものがないからである．つまり，磁束がある1点から発生したり，1点へ吸収されたりする状況にはならないのである．その結果，磁界中で二つの磁性体1と2が接しているとき，その境界面では $B$ の垂直成分 $B_n$ が連続

$$B_{1n} = B_{2n} \tag{7.47}$$

であるという境界条件が成立する[1]．

### （3） いろいろな磁性体

磁性体の中には $\chi_m$（または $\mu_r$）が異常に大きく，必ずしも式（7.44）にはしたがわない物質群がある．それは**強磁性体**（ferromagnetic substance）と呼ばれる物質で，たとえば，鉄，コバルト，ニッケル，ガドリニウム，ジスプロシウム，およびそれらの合金や化合物である（表7.3）．これらの物質は**キュリー温度**（キュリー点ともいう）と呼ばれる物質固有の温度以下では自発的に磁化していて，いわゆる永久磁石（permanent magnet）の性質を示す．

しかし，自然の状態では，**磁区**（magnetic domain）と呼ばれる細かい領域に分かれていて，外部からみると磁石としての性質は弱い．それに外部から磁界 $H$ を加えると，単結晶では比較的弱い磁界でただちに磁気飽和を示すが，試料が多結晶からなる場合は，図7.21(b) のような履歴曲線を示す．

---

[1] 境界面に垂直に小さな円筒（底面積が $A$）を設定し，その表面についてガウスの法則を適用すれば，$B_{1n}A - B_{2n}A = 0$ となることから証明される．

表7.3 いろいろな強磁性体の特性値

| 物質 | 元素記号 | キュリー温度 | (初)比透磁率* |
|---|---|---|---|
| 鉄 | Fe | 770°C | 5000 |
| コバルト | Co | 1131°C | 70 |
| ニッケル | Ni | 358°C | 110 |
| ガドリニウム | Gd | 20°C | — |
| ジスプロシウム | Dy | −168°C | — |

\* 初透磁率というのは磁界の小さなときの透磁率で，$H=0$ 付近での傾き $B/H$ に相当する．

強誘電体と同様に，十分強い磁界印加のもとで磁気飽和に達した後，磁界を $H=0$ に戻したとき残った磁化 $M_r$ を**残留磁化**（residual magnetization），また逆方向の磁界によって起こされた見かけ上の $M=0$ を与える磁界 $H_c$ を**保磁力**（coercive force）と呼ぶ．

残留磁化と保磁力が大きな物質をハードな磁性体，その逆に残留磁化や保磁力が小さくても $H=0$ 付近の透磁率が大きい物質をソフトな磁性体と呼ぶ．両者の中間状態のものをセミハードと呼ぶ．いろいろな磁気材料が開発され，その目的に応じて利用されている．

また，$\pm M_r$ は異なる二つの状態に対応するので，いわゆる記憶効果があることから磁気記録媒体に広く用いられている．主な磁気材料の特性別応用例を表7.4に示す．

表7.4 いろいろな磁性体の性質と応用例

| 性質 | $\mu_r$ | 磁性体 | 応用例 |
|---|---|---|---|
| 大きい $M_r$ | 0.5〜1 | KS鋼，アルニコ | 強力マグネット，スピーカー |
| 高い $H_c$ | $10^5$ | ネオマックス | 高性能なDCモーター，メーター，リレー |
| 適度な $M_r$ 適度な $H_c$ | | フェライト | 磁気記憶媒体（磁気ディスク，磁気テープ） |
| 大きな $\mu_m$ | $10^4$〜$10^5$ | ケイ素鋼，パーマロイ | 鉄心，交流発電機，変圧器 |
| 低い $H_c$ | 10〜0.1 | フェライト | 高周波コイル |

## 練習問題 7　　　（解答は p.245〜246）

1. 水素原子内の電子と陽子の距離は 52.9 pm [1 p（ピコ）m=$10^{-12}$ m] で，その電荷はそれぞれ $-e$ と $e$ である．電子と陽子間のクーロン力 $F_c$ の（1）方向，（2）大きさ，（3）電子と陽子間の万有引力 $F_g$ に対する比 $F_c/F_g$ をそれぞれ求めよ．

2. $+2.6$ pC と $-2.6$ pC の点電荷が 8.2 cm 隔てて固定されているとき，2 点を結ぶ直線の垂直二等分線上で，交点から 5.8 cm の地点での電界の方向と大きさを求めよ．

3. 十分薄い無限平面状の絶縁体のシートが一様に帯電している．（1）面密度 $\sigma$ で正に帯電したシート 2 枚が平行に存在するとき，（2）面密度 $\sigma$ で正に帯電したシートと，$-\sigma$ で負に帯電したシートが平行に存在するとき，それぞれの空間での電界を求めよ．

4. 十分広い金属表面上に面密度 $\sigma$ の一様な電荷が静止しているとき，表面の電界を求めよ．

5. 空気中では電界が $3\times10^6$ V/m の大きさを超えると放電する．
　（1）半径 $a=1.8$ cm の金属球が保有できる電荷の最大値を求めよ．
　（2）（1）の電荷がすべて電子からなっていて，それらが正方形に配列していると考えたときの電子と電子の間隔を求めよ．

6. 静電塗装中で，塗料の微粒子（質量 $m=6.5\times10^{-11}$ kg）が電荷 $q=-0.22$ pC を帯びている．これが，金属表面の面密度 $\sigma=0.42$ μC/m$^2$ の電荷によって吸引されるときの（1）吸引力，（2）微粒子の加速度の大きさをそれぞれ求めよ．

7. 十分広い 2 枚の平行金属板を 25 mm の間隔で真空中に固定し，一方をゼロ電位に，他方に $+120$ V の電圧をかけた．そして，ゼロ電位側の金属板の表面から 1 個の電子が初速度 0 で放たれた．（1）電子の加速度，（2）電子が＋電位側の極板に到達するのに要する時間，（3）電子の最大運動エネルギーをそれぞれ求めよ．

8.* 放射線を検出する**ガイガー－ミューラー管**は，外側の内直径 18 mm の金属円筒と，その中心軸に直径 0.1 mm の金属線を張り，その間の空間に希薄な Ar ガスを満たした構造になっている．円筒は十分長いとして，ゼロ電位側の円筒に対し，金属線に $+660$ V の電圧を印加したとき，（1）中心から $r=4.5$ mm と $r=0.5$ mm の地点の電界を求めよ．（2）円筒に対する同地点の電位差を求めよ[1]．

9. 平行板空気コンデンサーの極板を引き離すとき，極板の単位面積当たり，$\frac{1}{2}\varepsilon_0 E^2$ の力が必要となることを示せ．ここで $E$ は極板間の電界である．（**ヒント**：式（7.27）と（7.28）を用いる．）

10. 面積が $S=36$ cm$^2$，間隔が $d=0.82$ mm の平行板空気コンデンサーに電圧 $E=420$ V をかけて充電した後，電源をはずした．そして，極板の間に比誘電率 860 のチタン酸バリウム

---

[1] これと似たものに静電式集塵機がある．ただし，電圧を逆に印可し，金属線をゼロ電位に，円筒を＋電位にする．そして，中心付近の強電界で分子をイオン化し，出てきた電子を軸方向に流れる煙の微粒子に付着させ，これを－に帯電させる．それを，静電気力で外側の円筒面に吸着させる．

のセラミック板を密着しながら挿入した．（1）挿入前のコンデンサーのエネルギー $U_0$，（2）挿入後の極板間の電位差，（3）挿入後のエネルギー $U$, をそれぞれ求め，（4）その差 $U-U_0$ について説明せよ．

11. 同軸ケーブルの芯線の直径が 0.62 mm，その外側を覆っているシールド金属チューブの内直径が 3.4 mm，そして，両者の間は比誘電率 2.5 のポリエチレンで埋められている．このケーブル 1 m 当たりの電気容量を pF の単位で求めよ．

# 第8章 電流と磁気

## 8.1 電流と磁界

### (1) 電流

多くの水循環システムでは図8.1(a)に示すように，ポンプで水を循環させて，使用した水をフィルターでろ過して再利用するのが普通である．このシステムを電気回路でおきかえてみると，同(b)図のようになる[1]．ポンプは起電力 $V$，バルブVはスイッチSに，フィルターFは電気抵抗 $R$ に対応する．**起電力** (electromotive force) はポンプのように，導線中の電荷を一方から他方へと押し出す圧力であると思えばよい．

起電力を発生するものには化学電池や，発電機，熱電対，太陽電池などがある．電流は導体中を移動していく**キャリア**といわれる電荷の担い手の流れである．電気抵抗はそのキャリアを原子の格子状のフィルターに通して，その運動を妨げようとする力と考えられる．キャリアは金属では自由電子，電解液では各種のイオンであり，抵抗体はいろいろな金属線や半導体などである．

電流の大きさ $I$ は単位時間中に移動した電荷の量のことである．いま，微小時間 $dt$ の間に移動した電荷の量を $dQ$ とすると，

$$I = \frac{dQ}{dt} \qquad (8.1)$$

を**電流** (electric current)，そして，その単位を A（アンペア，ampere）と定義する．つまり，1秒間に1Cの割合で電荷が移動している空間では，そこに1Aの電流が

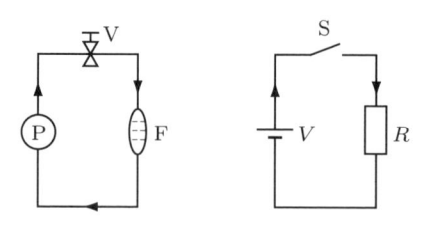

(a) 水の循環システム　　(b) 直流の電気回路

図8.1

流れているという．また，その空間がせまいか広いかによって電流の密度が異なるので，電荷の流れている部分の垂直断面積 $S$ を用いて

$$J = \frac{I}{S} \tag{8.2}$$

で与えられる $J$ を電流密度と定義する．単位は A/m² である．

**例題 8.1** 直径 $d = 0.60$ mm の銅線中を $I = 1.2$ A の電流が流れているときの電子群の移動速度 $v$ を求めよ．ただし，銅原子1個から自由電子が1個放出されているとし，銅の原子量は 63.55，密度 $\rho$ は $8.93\,\mathrm{g/cm^3}$ である．

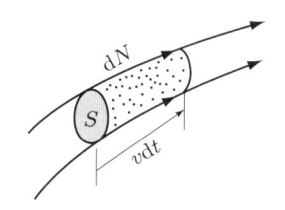

**図 8.2** 断面積 $S$ の導線を通過する電子の数 $\mathrm{d}N$

**解** 単位時間に導線のある断面を，電荷を運ぶ電子がどれだけ移動するかで電流が決まる．そこで，電子密度を $n$ として，時間 $\mathrm{d}t$ に面積 $S$ を通過した電子数 $\mathrm{d}N$ は

$$\mathrm{d}N = nS(v\mathrm{d}t) \tag{8.3}$$

となる（図 8.2）．電子の電荷の大きさは $e$ だから，電流の大きさは

$$I = \frac{e\mathrm{d}N}{\mathrm{d}t} = \frac{enSv\mathrm{d}t}{\mathrm{d}t} = enSv \tag{8.4}$$

となる．また，(単位体積のモル数) = (密度 $\rho$)/(1モルの質量 $M$) であるから，電子密度 $n$ は

$$n = \frac{\rho}{M} N_\mathrm{A} \tag{8.5}$$

となる．ここで，$N_\mathrm{A}$ はアボガドロ数である．上の二式より

$$\begin{aligned}
v &= \frac{I}{enS} = \frac{IM}{e\rho N_\mathrm{A} S} \\
&= \frac{1.2 \times 63.55 \times 10^{-3}}{1.60 \times 10^{-19} \times 8.93 \times 10^3 \times 6.02 \times 10^{23} \times \pi (0.60 \times 10^{-3}/2)^2} \\
&= 3.1 \times 10^{-4}\,\mathrm{m/s}
\end{aligned}$$

### （2） オームの法則

例題 8.1 の答の $v$ の値は意外に小さいと思われるが，これは電子1個に注目したときの速度ではない．激しく動き衝突しながらさまざまな方向に運動する電子の群が，

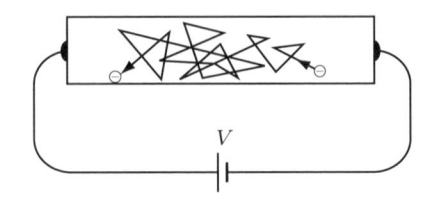

図 8.3　導体中の電子が結晶格子と衝突を繰り返しながら
しだいに移動（ドリフト）していく模式図

電界という圧力でじわじわとトコロテンが押し出されるように移動していくときの速度である（図 8.3）．そのような動きをドリフト（drift）といい，その速度 $v_d$ を**ドリフト速度**という．当然ながら，圧力（電界 $E$）を大きくすれば $v_d$ は大きくなり電流が増加する．しかし，その増加の度合いは物質によって異なるので

$$v_d = \mu E \tag{8.6}$$

で示される $\mu$ を**移動度**（mobility）と定義する．電流密度，電流，電界，ドリフト速度をそれぞれベクトル記号 $\boldsymbol{J}$, $\boldsymbol{I}$, $\boldsymbol{E}$, $\boldsymbol{v}_d$ と表すと，式 (8.2) と (8.4) より

$$\boldsymbol{J} = \boldsymbol{I}/S = -en\boldsymbol{v}_d = en\mu \boldsymbol{E} \tag{8.7}$$

となって，電流密度は電界に比例することがわかる．そこで，**電気伝導率** $\sigma$ と**体積抵抗率** $\rho$ を

$$\sigma = \frac{1}{\rho} = en\mu \tag{8.8}$$

の関係式で定義すると，一般的な**オームの法則**（Ohm's law）

$$\boldsymbol{J} = \sigma \boldsymbol{E} = \frac{\boldsymbol{E}}{\rho} \tag{8.9}$$

が得られる．図 8.1(b) の抵抗が長さ $l$，断面積 $S$ の抵抗線とする．その中の電界は $E = V/l$ となるので，上式の $E$ へこれを代入し，その両辺に $S$ を乗じると，

$$I = \frac{\sigma S}{l} V = \frac{S}{\rho l} V = \frac{V}{R} \tag{8.10}$$

のように変形できる．ここで，$R$ は

$$R = \frac{l}{\sigma S} = \rho \frac{l}{S} \tag{8.11}$$

とおいてあり，$R$ を**電気抵抗**（electric resistance）と定義する．単位は Ω（オーム，ohm）である．式 (8.10) の右辺が従来からよく知られたオームの法則の式である．したがって，電気抵抗 $R$ は $l/(en\mu S)$ に相当し，その本質は電子の密度と移動度によるものであることがわかる．移動度は電子が結晶の原子空間を通り抜けるときの原子

表8.1　いろいろな物質の体積抵抗率 $\rho$ (20℃)

| 物　質 | $\rho$[Ωm] | 物　質 | $\rho$[Ωm] | 物　質 | $\rho$[Ωm] |
|---|---|---|---|---|---|
| 銀 | $1.6\times10^{-8}$ | マンガニン（合金） | $44\times10^{-8}$ | 炭素（黒鉛） | $\sim10^{-5}$ |
| 銅 | $1.7\times10^{-8}$ | ニクロム（合金） | $100\times10^{-8}$ | ソーダガラス | $\sim10^{11}$ |
| アルミニウム | $2.8\times10^{-8}$ | ゲルマニウム | $\sim1$ | 雲母 | $\sim10^{13}$ |
| 黄銅（合金） | $6.6\times10^{-8}$ | シリコン | $\sim1000$ | テフロン | $\sim10^{16}$ |

配列の規則性の乱れや，不純物原子，および，原子の熱振動などと密接に関係している．温度が上昇すると一般に原子の振動変位が大きくなり，電子は散乱されて通過しにくくなり，移動度が小さく（体積抵抗率は大きく）なる．いろいろな物質の体積抵抗率 $\rho$ のデータを表8.1に示す．

**（3）超　伝　導**

1911年に**カマリング・オネス**（H. Kamerlingh Onnes）が固体の水銀の電気抵抗が4.2Kという低い温度で急に0になることを発見した．この現象を**超伝導**（superconductivity）という．以来，いろいろな物質について研究がなされ，今日では20種以上の元素と多数の化合物や合金の超伝導物質が発見されている（表8.2参照）．

いま，超伝導物質の温度をしだいに下げていくとしよう．すると，図8.4に示すように，次の①～④の四つの特徴的な現象が存在する．

① 物質に固有のある温度（**臨界温度** $T_c$）で通常の常伝導状態から超伝導状態へ転移する

② そして，いったん超伝導状態になると，電源を取り去ってもそれまで流れていた電流が永久に流れ続ける**永久電流**

表8.2　いろいろな超伝導物質とその特性値

| 物　質 | $T_c$[K] | $H_{c0}$ [A/m][1] | 物　質 | $T_c$[K] | $H_{c0}$ [A/m][1] |
|---|---|---|---|---|---|
| Sn | 3.72 | $2.4\times10^4$ | Nb$_3$Al | 18.8 | $2.6\times10^7$ |
| Hg[3] | 4.19 | $3.3\times10^4$ | V$_3$Si | 17.1 | $1.9\times10^7$ |
| Ta | 4.39 | $6.2\times10^4$ | La-Sr-Cu-O 系 | 40 | [2] |
| Pb | 7.19 | $6.4\times10^4$ | Y-Ba-Cu-O 系 | 95 | [2] |
| Nb | 9.23 | $15.8\times10^4$ | Bi-Sr-Ca-Cu-O 系 | 110 | [2] |
| Nb$_3$Sn | 18.3 | $2.0\times10^7$ | Tl-Ba-Ca-Cu-O 系 | 125 | [2] |

1) 0Kの温度での臨界磁界の強さを表す．2) 異方性と未確定要素がある．
3) 1994年現在，Hg系で $T_c$ が150Kを越えるものも見つかっている．

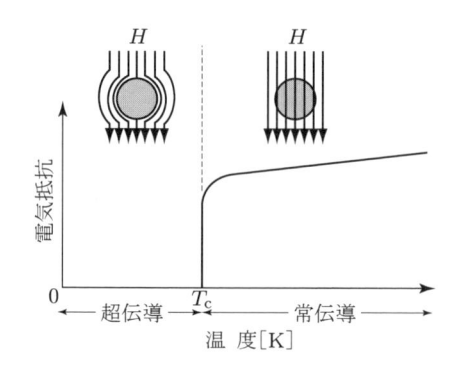

図8.4 超伝導物質の電気抵抗の温度変化とマイスナー効果による磁力線の変化. $T_c$ は臨界温度

③ 外部から磁界を印加していくと，磁束はその物質の外部へ押し出されてしまう**マイスナー効果**（Meissner effect）

④ さらに磁界を強めていくと，ある磁界（**臨界磁界** $H_c$）で超伝導性が破れて常伝導へ転移する

　超伝導の起こるメカニズムを，常伝導の電気抵抗が低温でしだいに小さくなった極限ととらえることは適当でない．今日の理論的な説明では，超伝導状態は結晶格子空間での自由電子の量子力学的なある特異な状態に対応している．多数の自由電子が不規則に振動格子や不純物と衝突して抵抗を受けている常伝導状態が，ある温度以下になると格子の陽イオンを通して，電子–格子–電子の間の弱い力によって電子の対が多数形成される．そして，それらが広く群をなして格子の空間を歩調を合わせて運動するので，途中なんら障害を受けることもなく移動が続くというものである．

　超伝導物質の応用もいろいろなされている．最も多いのが超伝導磁石である．常伝導で電磁石を作製しても，最後はコイルの電気抵抗による発熱のため流せる電流に限界があり，それ以上の強力な磁界は得にくい．ところが，超伝導物質で作製されたコイルでは電気抵抗が0なので，そのような発熱も起こらず，効率のよい強力な電磁石をつくることができる．

　ただ，問題点としては，① 多くの物質の $T_c$ の値が20K以下なので，液体ヘリウムで冷やして使用する不便さと，② 発生する磁界の強さにも，マグネット自身の磁界が $H_c$ を越えたときコイルの超伝導性が破れることから，限界がある点などである．超伝導性が破れるときの電流 $I_c$ を**臨界電流**という．

　前者に対しては1986年ベドノルツ（J. G. Bednorz）とミューラー（K. A. Müller）がLa-Ba-Cu-O系の酸化物で比較的高い $T_c$ を示す超伝導物質を発見して以来，高温超伝導物質といわれる物質が相次いで発見され，今日では $T_c$ が液体窒素の温度77K

(−196℃) より高いものまで発見されている (表 8.2 の酸化物系). 後者に対しては新物質の開発と材料の加工法を工夫することにより $I_c$ を高めている.

超伝導磁石の用途には磁気浮上車用, 医療核磁気共鳴用, 粒子加速器用, プラズマ核融合用, 物性研究用, エネルギー貯蔵用などがある.

### (4) 電流磁界の計算法 ーその1ー

いろいろな電気機器の中には, コイルが内蔵されている場合がある. そして, それらは目的に応じて電磁的作用を生じ, 所定の機能を果たしている. たとえば, テレビのブラウン管にも偏向ヨークという大きなコイルが二対取り付けられ, それによって電子線が高速に掃引されている. そのようなコイルの磁界の強さはどのようにしたら求められるのだろうか.

鉄粉を散りばめた白い紙を垂直に貫く 1 本の導線に電流を流し, 紙を少したたいて鉄粉を振動させてやると, 鉄粉が再配列して, 図 8.5 のようなパターンが得られる. つまり, 電荷が一定の速度で運動している空間では, その周囲に磁界が発生しているのである. 磁界の向きは, 電流の方向に右ねじの進行方向を合わせたとき, 右ねじを回す向きに一致する.

ビオ (J. B. Biot) とサヴァール (F. Savart) らの実験の結果にしたがって, 電流による磁界の強さを一般的に表してみる. 図 8.6 のように電流の微小部分 $d\boldsymbol{s}$ がそこから距離 $r$ の地点 P での磁界に及ぼす寄与 $d\boldsymbol{H}$ は, 外積を用いて

$$d\boldsymbol{H}=\frac{I d\boldsymbol{s}\times \boldsymbol{r}}{4\pi r^2 \cdot r} \qquad \text{または,} \qquad dH=\frac{I\sin\theta ds}{4\pi r^2} \qquad (8.12)$$

で与えられる. ここで, $I$ は電流の強さ, $d\boldsymbol{s}$ は $I$ の方向にとった微小変位ベクトル, $\boldsymbol{r}$ は $d\boldsymbol{s}$ から点 P へ向けた位置ベクトル, $\theta$ は $d\boldsymbol{s}$ と $\boldsymbol{r}$ の狭角である. これを**ビオ-サヴァールの法則** (Biot-Savart's law) という. $I d\boldsymbol{s}$ は電流素片とも呼ばれる. 基本的に

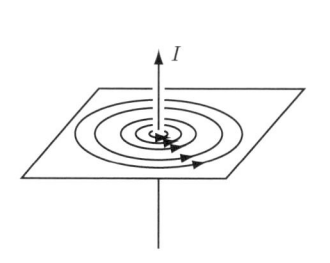

図 8.5 直流電流のまわりに生じた磁界の分布. 右ねじの回転方向となる

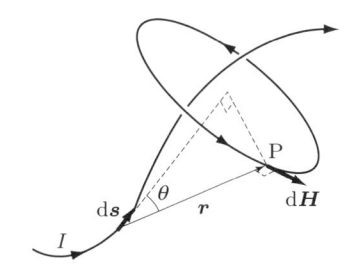

図 8.6 電流の微小部分 $d\boldsymbol{s}$ が, 地点 $r$ につくる微小な磁界 $d\boldsymbol{H}$ の方向

は，クーロンの法則と類似した距離の逆2乗則の形をしているが，d$H$ は d$s$ の前後 ($\theta=0$) では 0，真横 ($\theta=\pi/2$) で最も強いという指向性がある点が大きく異なる．この表示は微分形式なので，いろいろな電流形状に対してでも積分を用いれば磁界の計算ができる．

**例題 8.2** 電流 $I=2.4$ A が流れている半径 6.3 cm の円形導線の中心 O での磁界を求めよ．

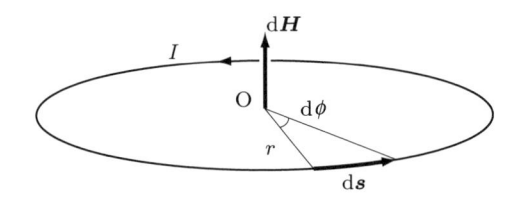

**図 8.7** 円電流の中心での磁界を求めるため，d$s$ からの寄与 d$H$ を描いた様子

**解** 図 8.7 のように電流素片 $I$d$s$ から点 O までの距離 $r$ は一定で，d$s$ と $r$ の狭角はつねに 90° である．これを式 (8.12) に代入し，d$s=r$d$\phi$ を用いると

$$H=\frac{I}{4\pi r^2}\int_0^{2\pi} r\,d\phi=\frac{I}{4\pi r}\int_0^{2\pi} d\phi=\frac{I}{4\pi r}\Big[\phi\Big]_0^{2\pi}=\frac{I}{2r} \qquad (8.13)$$

$$=\frac{2.4}{2\times 6.3\times 10^{-2}}=19\text{ A/m}$$

同様の手法により，電流 $I$ が流れている無限に長い直線導線から距離 $a$ の地点での磁界 $H$ は

$$H=\frac{I}{2\pi a} \qquad (8.14)$$

となる（導出は練習問題 8 の 5．参照）．

### （5） 電流磁界の計算法 －その2－

ビオ-サヴァールの法則を用いて磁界を計算する方法は，クーロンの法則の式 (7.4) を用いて電界を求める方法と似ている．この方法は，積分さえ可能であればいかなる電流形状に対しても有効である．しかし，比較的対称性のよい形状の場合は，電気ではガウスの法則が便利な方法であった．電流磁界でもそれに対応した方法がある．

式 (8.14) より，直線電流の周りの磁界は $H=I/(2\pi a)$ で与えられることがわかった．そこで，その磁界中に単位磁荷を置くと，それに $F=H$ の力が働く．この力にしたがって単位磁荷を半径 $a$ の閉曲線 $C$ にそって静かに 1 回動かすとき，力 $F$ のな

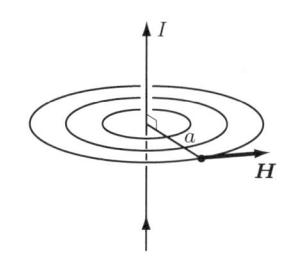

図 8.8 直線電流を中心とする半径 $a$ の円周にそって磁界 $H$ が仕事を行う

す仕事 $W$ は

$$W = \oint_C H \, \mathrm{d}s = \oint_C \frac{I}{2\pi a} \, \mathrm{d}s = \frac{I}{2\pi a} \oint_C \mathrm{d}s = \frac{I}{2\pi a}(2\pi a) = I$$

となることがわかる．$W$ は半径 $a$ の大きさに無関係であり，さらに，閉曲線が円でなくても $W = I$ が成立することが証明される．

一般に，磁界中のある閉曲線 $C$ にそって，$\boldsymbol{H}$ についての線積分は（図 8.8），その中に含まれる電流 $I$ に等しく

$$\oint_C H_s \, \mathrm{d}s = \oint_C \boldsymbol{H} \cdot \mathrm{d}\boldsymbol{s} = I \tag{8.15}$$

が成立する．これを**アンペールの法則**（Ampère's law）という．もちろん閉曲線の中に電流を含まないときは，その積分値は 0 である．磁界の分布状況が物理的に明らかな場合は，この法則を用いると比較的容易に磁界を求めることができる．アンペールの法則とビオ-サヴァールの法則とは同等の意味を有している．

**例題 8.3** 式 (8.14) をアンペールの法則を用いて導いてみよ．

**解** 導線を中心とし，そこから半径 $a$ の円周を閉曲線 $C$ とすると，右ねじの回転方向に一定の円形磁界 $H$ が存在する．その円周にそってアンペールの法則を適用すると

$$\oint_C H_s \, \mathrm{d}s = H(2\pi a) = I$$

したがって

$$H = \frac{I}{2\pi a}$$

となって，式 (8.14) と一致する．

**例題 8.4** 導線を一軸方向へ一様な密度で巻いたコイル（図 8.9）を**ソレノイド**（solenoid）という．軸方向の単位長さ当たり $n$ 回巻いてあるソレノイドに電流 $I$ を流したときの磁界を求めよ．ただし，直径に比べて軸方向が十分長いとする．

**解** ソレノイドの軸を含む断面図上（図 8.9 (b)）で 1 巻きごとのコイルのつくる磁界を考えてみると，コイル内部では順方向で強め合う．それに対し，外側では逆向きになるので打ち消し合い，十分長いソレノイドでは 0 になる．しかも，コイルの密度は一様だから内部の

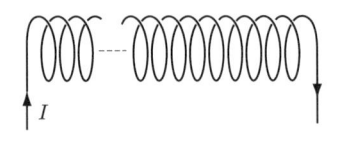

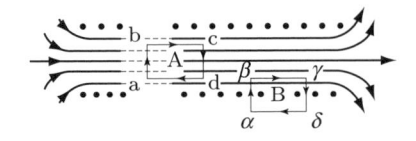

(a) 軸方向に十分長いソレノイド　(b) 電流を流したときに生ずる磁界の断面図

図 8.9

磁界は軸に平行になる．そこで，内部で図のような二つの長方形 A, B についてアンペールの法則を適用する．長方形 A の a→b と c→d では $\boldsymbol{H} \perp \mathrm{d}\boldsymbol{s}$ なので $H_s \mathrm{d}s = 0$ となり，b→c, d→a の経路での磁界をそれぞれ $H_1$, $H_2$, bc の長さを $l$ とすると，これらの経路について

$$\int_b^c H_s \mathrm{d}s + \int_d^a H_s \mathrm{d}s = H_1 l - H_2 l = 0$$

なので，$H_1 = H_2$ となって，軸に平行な方向の磁界は一様（$=H$）になる．

長方形 B では $\alpha \to \beta$ と $\gamma \to \delta$ および $\delta \to \alpha$ では $H_s \mathrm{d}s = 0$，しかも $\beta\gamma$ の長さを $l$ とすると長方形 B の内部に $nlI$ の電流の束を含むので

$$\int_\beta^\gamma H_s \mathrm{d}s = Hl = nlI$$

となる．したがって

$$H = nI \tag{8.16}$$

となって，磁界は単位長さ当たりの巻数と電流に比例することがわかる． ∎

## (6) 電流に働く力

テレビやパソコンの CRT（**ブラウン管**）の中では，陰極線と呼ばれる電子の流れを蛍光面に衝突させている．そのとき，偏向ヨークと呼ばれる一対のコイルによる磁界で，電子の進行方向を制御している．つまり，電荷を帯びた粒子が磁界中で運動すると，その電荷に力が作用する．

一般に，電荷 $q$ を帯びた粒子が速度 $\boldsymbol{v}$ で磁束密度 $\boldsymbol{B}$ の磁界中を進むとき，電荷に

$$\boldsymbol{F} = q\boldsymbol{v} \times \boldsymbol{B} \tag{8.17}$$

で与えられる方向と大きさの力を受ける．特に $\boldsymbol{v}$ の方向が $\boldsymbol{B}$ の方向に垂直な場合は，図 8.10 に示すような円運動となり，これを**サイクロトロン運動**という．

**例題 8.5** 質量 $m$，電荷 $q$ の粒子が磁束密度 $\boldsymbol{B}$ の磁界に垂直に速度 $\boldsymbol{v}$ で発射された．サイクロトロン運動の半径 $r$（これを**ジャイロ半径**という）と周期 $T$ を求めよ．

**解** 式 (8.17) より，$F = qvB\sin\theta$ となるが，$\boldsymbol{B}$ と $\boldsymbol{v}$ は直角であるから $\theta = 90°$ である．したがって，$F = qvB$ となる．荷電粒子はこの力を向心力として円運動しているから

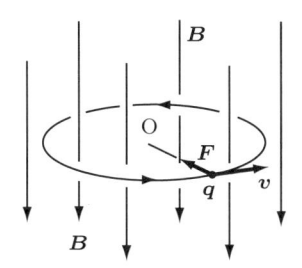

図8.10 磁束密度 $B$ の磁界に垂直な一定速度 $v$ で運動する荷電粒子は円運動を行う

$$qvB = mr\omega^2 = m\frac{v^2}{r}$$

である．したがって，ジャイロ半径は

$$r = \frac{mv}{qB} \tag{8.18}$$

周期は

$$T = \frac{2\pi r}{v} = 2\pi \frac{m}{qB} \tag{8.19}$$

となる．

電荷 $q$ に働く力には，この他にクーロン力 $\boldsymbol{F} = q\boldsymbol{E}$ もあるから，一般に電界 $\boldsymbol{E}$ と磁束密度 $\boldsymbol{B}$ の中で点電荷 $q$ が受ける力は

$$\boldsymbol{F} = q\boldsymbol{E} + q\boldsymbol{v} \times \boldsymbol{B} \tag{8.20}$$

となる．これを**ローレンツ力**（Lorentz force）という．ブラウン管では，電子銃の部分でクーロン力 $q\boldsymbol{E}$ によって電子を加速し，これを電磁力 $q\boldsymbol{v} \times \boldsymbol{B}$ で瞬間的に偏向させて蛍光面に衝突させているのである．実際には $\boldsymbol{B}$ を周期的に変化させて陰極線を掃引している．

この力は導線中を移動する自由電子にも作用し，その結果，導線にその力が作用することになる．電子密度を $n$，電子の移動速度を $\boldsymbol{v}_\mathrm{d}$ とすると，断面積 $S$ の導線の微小部分 $\mathrm{d}l$ の部分が受ける力は，式 (8.17) より

$$\boldsymbol{F} = nS(\mathrm{d}l)(-e)(\boldsymbol{v}_\mathrm{d} \times \boldsymbol{B}) \tag{8.21}$$

となる．一方，大きさが $I$ で電流と同じ方向をもつベクトルを $\boldsymbol{I}$ とすると，式(8.4) より，$\boldsymbol{I} = -enS\boldsymbol{v}_\mathrm{d}$ なので

$$\boldsymbol{F} = \mathrm{d}l(\boldsymbol{I} \times \boldsymbol{B}) \tag{8.22}$$

の力が導線の微小部分に作用することになる[1]．

---

[1] 図8.11のように，左手の中指，人さし指，親指を互いに直角にすると，中指を電流の向き，人さし指を磁界の向きに合わせたとき親指の方向が力の向きになるという法則を**フレミングの左手の法則**という．

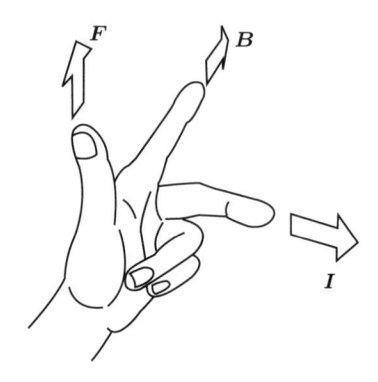

図 8.11　フレミングの左手の法則

## 8.2　変動する電磁界

いままでは，時間的に変動しない電気や磁気について，その電界や磁界からくるいろいろな物理量を考えてきた．しかし，われわれの身の周りでは，電気や磁気が一定のままでいるより，むしろ時間的に変動しているほうが多い．たとえば，交流の発電機や電動機，それに変圧器などを用いた交流機器，さらに，電磁波による通信機器などその応用面は非常に多岐にわたっている．この節ではそのような変動電磁界の基礎的な性質を理解し，将来への応用にそなえる．

### （1）　電 磁 誘 導

前節で荷電粒子が電界や磁界中を運動するとローレンツ力が作用することを学んだ．そこで，図 8.12 に示すように，磁界に垂直な矩形コイルの一辺 ab をコイルから"浮かして"速度 $v$ で移動すると，導線の中の自由電子（電荷 $-e$）には式（8.20）の第 2 項で与えられる磁界からの力 $evB$ が b→a に向かって働く．その力で自由電子が移動すると辺 ab の中に逆向きに電界が発生して，電子は力学的につり合って静止する．つまり，式（8.20）で $F=0$ として得られる電界 $E=-vB$ が逆電界として作用する．そこで，辺 ab をコイルに接触させて移動させると，逆電界は 0 になり，自由電子が移動して電流が流れる．結局，長さ $l$ の辺 ab で，a→b の向きに起電力

$$V = El = vBl \tag{8.23}$$

が発生し，その向きに電流が流れることになる．この式中で，$lv$ という量は下記の式のように，線分 ab が描く面積速度 $dS/dt$ と一致する．さらに，微小面積 $dS$ を通過する磁束 $d\phi = BdS$ の関係を用いて，式（8.23）は

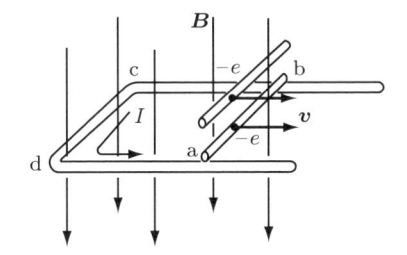

図 8.12　磁界中で矩形コイルの長さ $l$ の一辺を一定速度で動かす場合

$$V = Blv = B\frac{l\,\mathrm{d}x}{\mathrm{d}t} = B\frac{\mathrm{d}S}{\mathrm{d}t} = \frac{\mathrm{d}\phi}{\mathrm{d}t}$$

のようになり，起電力 $V$ は磁束の時間的変化率で与えられる．

一般的には，導線1回ループの中で磁束 $\phi$ が時間的に変化するとき，ループ内の磁束を増加させる向きの電流を正の向きと決めると

$$V = -\frac{\mathrm{d}\phi}{\mathrm{d}t} \quad (1\text{巻きごとに}) \tag{8.24}$$

の**誘導起電力**が回路中に発生し，その向き（－の符号がつくので，磁束の変化に逆らうよう）に誘導電流が流れる（図 8.13 参照）．これを，**ファラデーの電磁誘導の法則** (Faraday's law of induction) という．磁束の変化はコイルを動かす他に，磁石を動かしてもよいし，さらに，別のコイルからの変動磁界でもよいし，そのコイル自身からの変動磁界でもよい．このように磁界が変化する場合，磁界からの力が原因で誘導起電力が生じているのではないから，磁束の変化によって空間に電界（誘導電界という）が生じていると考えなければならない．そこに回路があれば，誘導起電力が発生するのである．

なお，「磁束の変化を妨げる向きに誘導電流を生ずるような誘導起電力が発生する」ことを特に，**レンツの法則**という．

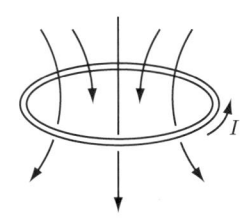

図 8.13　コイルの中の磁束が増加中のときの誘導電流の方向

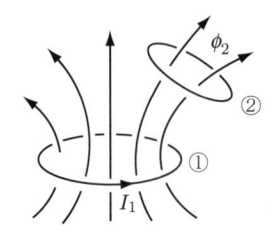

**図8.14** コイル①の電流 $I_1$ による磁束 $\phi$ の一部 $\phi_2$ がコイル②の中に入る様子

### （2） インダクタンス

電磁誘導は電流による磁界の変動でも発生し，その結果，コイル間でも誘導起電力を引き起こす．一般にはすべての磁束が他方のコイルに達するとは限らないので，誘導の能率にも差異がある．図8.14のように二つのコイルを固定したとき，コイル①に電流 $I_1$ を流して生じる磁束の中で，コイル②を通過する磁束 $\phi_2$ は

$$\phi_2 = L_m I_1 \tag{8.25}$$

のように $I_1$ に比例することは明らかである．この比例定数 $L_m$ を**相互インダクタンス** (mutual inductance) という．その単位を下記のように H (ヘンリー，henry) と定義する．したがって，もし $I_1$ を時間的に変化させたとき，コイル②には

$$V_2 = -\frac{d\phi_2}{dt} = -L_m \frac{dI_1}{dt} \tag{8.26}$$

の誘導起電力が生じる．1秒間に1Aの割合で電流を変化させたとき，他のコイルに1Vの誘導起電力を生じるときの相互インダクタンスを1Hと定義する．$L_m$ はコイルの形状や配置，コイルの中の磁性体の透磁率などで決まる．また，式 (8.25) の逆の場合

$$\phi_1 = L_m' I_2$$

となり，このとき $L_m = L_m'$ の関係が成立する．

また，図8.15のように1個のコイルに電流 $I$ を流したとき，そのコイル自身を通過する磁束は電流に比例して

$$\phi = LI$$

のように書ける．したがって，コイル自身にも誘導起電力

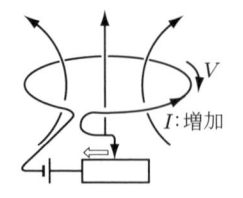

**図8.15** 自分自身の磁束が変化するとき，その変化に逆らう向きに誘導起電力 $V$ が生じる（図はしゅう動抵抗器の接点を移動して電流を増加させている場合を示す）

$$V = -\frac{d\phi}{dt} = -L\frac{dI}{dt} \tag{8.27}$$

が発生することになる．この $L$ を**自己インダクタンス** (self-inductance) と呼ぶ．単位はやはり H である．

**例題 8.6** 比透磁率 $\mu_r=5200$，断面積 $S=0.8\times0.8\,\mathrm{cm}^2$ のコアに単位長さ当たりの巻数 $n=34$ 回/cm で均一に巻いた長さ $l=12\,\mathrm{cm}$ のソレノイドの自己インダクタンスを求めよ．

**解** 長さに比べて断面が十分小さいので，コアの内部の磁界 $H$ は全域均一であると近似する．電流 $I$ が流れているときのソレノイドの内部の磁界は式 (8.16) より

$$H = nI$$

である．したがって，1 巻きのコイルを通過する磁束は

$$\phi = BS = \mu HS = \mu(nI)S = \mu nSI$$

となる．式 (8.27) の磁束は，この場合，総巻数 $nl$ に対して $nl\phi$ となるので

$$V = -\frac{d\phi}{dt} = -(nl)\mu nS\frac{dI}{dt} = -L\frac{dI}{dt}$$

となり，両辺の比較より

$$L = \mu n^2 lS = \mu_0 \mu_r n^2 lS \tag{8.28}$$
$$= 4\pi \times 10^{-7} \times 5200 \times (34\times10^2)^2 \times 0.12 \times (0.8\times10^{-2})^2 = 0.58\,\mathrm{H}$$ ∎

### （3） コイルと磁界のエネルギー

コンデンサーの場合と同様に，コイルの電流を少しずつ増加させていくと，磁束が増加して，コイルにエネルギーが蓄えられることになる．特に，大きな透磁率のコアを含むコイルでは，それを磁化する分，より大きなエネルギーを蓄えることになる．そのエネルギーの量はどのように見積ればよいか．

図 8.16(a) のように，コイルの電流を少しずつ増加させていく瞬間において，いま，電流が $I$ だけ流れていて，さらに電流を $dI$ だけ増やそうとするとき，電源側から

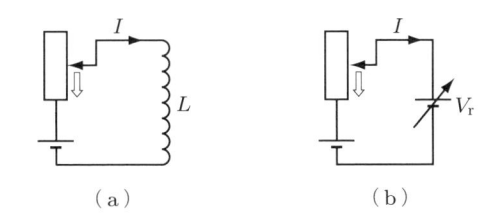

図 8.16 (a) コイルの電流を増加して磁束を増すとき，
(b) コイルの誘導起電力 $V_r$ に逆らって電流を流すことになる

見ると，そのときの誘導起電力 $V_r=-L(dI/dt)$ に対抗して $-V_r$ の電圧で電流を押し流さなければならない（図 8.16(b) は図 (a) の等価回路）．このとき，電源のなした仕事 $dW$ は，それに要した時間を $dt$ とすると，仕事率 $dW/dt=P=VI$ を用いて

$$dW = P dt = -IV_r dt = I\left(L\frac{dI}{dt}\right)dt = LI\,dI$$

である．したがって，コイルの電流を 0 から $I$ まで増やしていくときの外部電源のなす仕事は

$$W = \int dW = \int_0^I LI\,dI = \frac{1}{2}LI^2$$

となる．このとき，コイルに蓄積されたエネルギーを $U$ とすれば，$\phi = LI$ を考慮して

$$U = \frac{1}{2}LI^2 = \frac{1}{2}\phi I \tag{8.29}$$

で与えられる．

**例題 8.7** 比透磁率 $\mu_r=6400$，断面積 $S=1.2\times1.2\,\mathrm{cm}^2$ のコアに，単位長さ当たりの巻数 $n=48$ 回/cm で巻いた長さ $l=18\,\mathrm{cm}$ のソレノイドがある．これに流れる電流が 1.6 A のとき，このソレノイドに蓄えられているエネルギーを求めよ．

**解** 自己インダクタンスは例題 8.6 の式（8.28）と同様に

$$L = \mu n^2 l S$$

であるから，ソレノイドのエネルギーは

$$U = \frac{1}{2}LI^2 = \frac{1}{2}\mu_0\mu_r n^2 lSI^2 \tag{8.30}$$

$$= \frac{1}{2}\times 4\pi\times 10^{-7}\times 6400\times(48\times 10^2)^2\times 0.18\times(1.2\times 10^{-2})^2\times 1.6^2$$

$$= 6.1\,\mathrm{J} \qquad\blacksquare$$

一方，ソレノイド内部の磁界は式（8.16）から $H=nI$ で与えられるから，式（8.30）の $U$ は

$$U = \frac{1}{2}\mu lS(nI)^2 = \frac{1}{2}\mu lSH^2$$

で表せる．これを単位体積当たりのエネルギーに換算すると，一般の空間の磁界のエネルギー $u$ として

$$u = \frac{\frac{1}{2}\mu H^2 lS}{Sl} = \frac{1}{2}\mu H^2 = \frac{1}{2}BH \tag{8.31}$$

が得られる．

## （4） 電気振動

コンデンサーとコイルはともにエネルギーを蓄積するが，その状態は本質的に異なる．コンデンサーは電荷を静電的に収容するのに対して，コイルでは電流という電荷の流れを動的に収容しているのである．つまり，コンデンサーでは電荷の位置エネルギーが，コイルでは電荷の運動エネルギーが蓄積されているとみることができる．そこで，図 8.17 のように，これらを直列につないで一つの閉回路を形成し，一方にエネルギーを与えてやると，それが $L$ と $C$ の間を行き来して，振動が起こることが予想される．

いま，ある瞬間，回路に電流 $I$ が流れ，電気容量 $C$ のコンデンサーに $\pm q$ の電荷が存在しているとき，コイルの両端の電位差 $V_L$ はコイルの誘導起電力（式 (8.27)）であり，コンデンサーの両端の電位差 $V_C$ は $q/C$ である．これを具体的に考えるために，図 8.17 のように，極板に電荷 $\mathrm{d}q$ が増減する瞬間を考えてみる．電流の定義の式 (8.1) より，いまの場合

$$I = \frac{\mathrm{d}q}{\mathrm{d}t} \tag{8.32}$$

となる．上の極板では $+\mathrm{d}q > 0$，つまり，$I > 0$ となり，図 8.17 の電流の方向が正方向となる．次に，AB 間の電位差については点 B を基準にとると

$$\phi_\mathrm{A} - \phi_\mathrm{B} = -L\frac{\mathrm{d}I}{\mathrm{d}t} \tag{8.33}$$

$$\phi_\mathrm{A} - \phi_\mathrm{B} = \frac{q}{C} \tag{8.34}$$

の関係がある．いまの場合，たとえば上の極板では $+q$ の中へさらに $\mathrm{d}q$ の電荷を押し込むことになるので，電流は減少，つまり，$\mathrm{d}I < 0$ となる．したがって，式 (8.33) の右辺 $-L\mathrm{d}I/\mathrm{d}t$（$>0$）と，式 (8.34) の右辺 $+q/C$（$>0$）はつり合っている．他の任意の時刻でも同様に両式の関係が成立する．したがって，式 (8.33) と式 (8.34) から

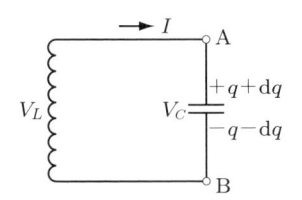

**図 8.17** コイルとコンデンサーによる電気振動中での起電力
（$\mathrm{d}q > 0$ のとき，図の矢印の向きに電流 $I$ が流れる）

$$L\frac{dI}{dt}+\frac{q}{C}=0 \tag{8.35}$$

が得られる．さらに，式 (8.32) を代入すると

$$L\frac{d^2q}{dt^2}+\frac{q}{C}=0 \tag{8.36}$$

となる．この微分方程式を解くことは第9章で扱うが，その結果は

$$q=q_0\cos(\omega t+\delta) \tag{8.37}$$

の単振動となる．ここで，$\omega$ は固有角振動数で，$\omega=1/\sqrt{LC}$ で与えられる．たとえば，$t=0$ で $q=q_0$，$I=0$ の場合は，図 8.18 (a) のようになる．また，そのときの電流 $I$ は，式 (8.32) より，やはり単振動になり，

$$I=-I_0\sin(\omega t+\delta) \tag{8.38}$$

と表せる．なお，$t=0$ で $I=0$ の場合は，図 8.18 (b) のようになる．

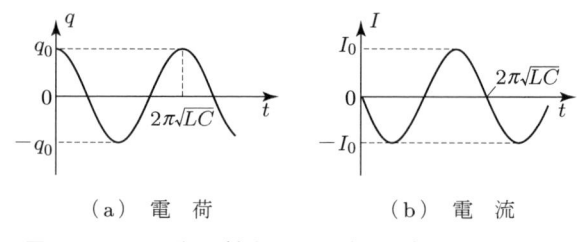

(a) 電荷　　　　(b) 電流

**図 8.18**　LC 回路の電気振動での電荷と電流の時間的変化

　実際には，導線の抵抗や，コイルやコンデンサーのエネルギー損失などで振動が減衰する(減衰振動)．つまり，等価的には電気抵抗 $R$ が加わり，$LCR$ の直列回路で表される．このような $LCR$ 回路に，さらに外部から振動電圧を加えると，強制振動になる．その結果は，やはり，図 8.18 (b) のようになるが (ただし振動数は外部電圧の振動数になる)，外部電圧の振動数によって振幅や位相が異なる．この電流振幅が最大になる場合を**共振** (resonance) という．このような $LCR$ 回路の減衰振動や強制振動は，第9章で扱う．

## 8.3　電　磁　波

　家庭で電源プラグを抜いたときや，近くで車のエンジンを始動したり，遠くで雷鳴があったときなど，よくテレビやラジオに雑音が入ることがある．これらはいずれも放電に伴う急激な電流変化によって生じた電磁波のしわざである．電磁波の本質や性

質を知り，これを正しく扱うことにより，ラジオやテレビ，レーダー，電子レンジといった通信手段や電磁機器が開発されてきたのである．

## （1）変位電流

前節の $LC$ 回路（図 8.17）では電流が正弦的に交互に流れ，コンデンサーの極板には＋と－の電荷が交互に現れていた．マクスウェル（J.C. Maxwell）はこのような場合に，コンデンサーの極板の間にも仮想的に電流が流れているとしたほうがアンペールの法則が矛盾なく，より普遍的に成立することを発見した．

図 8.19 のような $LC$ 回路において，閉曲線 $C$ についてアンペールの法則（式(8.15)）$\oint_C H_s \, ds = I$ を適用してみる．その際，$I$ は $C$ を周辺とする任意の曲面を通過する電流と考えるのが普通である．図 8.19 の曲面 $S_1$ では確かに電流 $I$ が通過しているので $\oint_C H_s \, ds = I$ となる．しかし，$C$ を周辺とするもう一つの曲面 $S_2$ を対象に適用すると，$S_2$ を通過する電流が存在しないので，$\oint_C H_s \, ds = 0$ となってしまう．つまり，閉曲線が同一でも，曲面のとり方で結果が異なることになり，法則の普遍性がなくなる．

そこで，マクスウェルはこの矛盾を取り除くため，極板の間にも導線を流れる電流 $I$ と等しい大きさの電流が存在すると考えた．そして，極板間に存在する電束密度 $\boldsymbol{D}$ の時間変化が

$$I = \frac{dq}{dt} = \int_{S_2} \frac{dD_n}{dt} dS \qquad (8.39)$$

を満すことから，$I_D = \int_{S_2} \frac{dD_n}{dt} dS$ という電流が存在すると考えた．マクスウェルは，この仮想的な電流を，次のようにアンペールの法則（式(8.15)）の電流の中に含めることにより，アンペールの法則を拡張することを考えた．

$$\oint_C H_s \, ds = I + I_D = I + \int_S \frac{dD_n}{dt} dS \qquad (8.40)$$

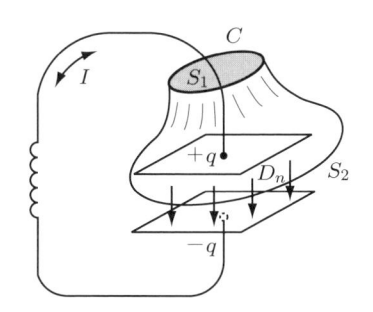

**図 8.19** $LC$ 振動電流に対するアンペールの法則の矛盾．同じ閉曲線 $C$ にそっての積分でも，考える面が $S_1$ と $S_2$ では結果が異なる

これを**拡張されたアンペールの法則**と呼び，$I_D$ は，電束密度（電気変位ともいう）$\boldsymbol{D}$ に由来するので，**変位電流**（displacement current）と呼ばれる．右辺第2項の積分は，閉曲線 $C$ を周辺とする任意の曲面についての積分である．試しに，図 8.19 の二つの曲面に適用してみると，$S_1$ では $I_D=0$ なので $\oint_C H_s \mathrm{d}s = I$ となり，$S_2$ では $I=0$ なので $\oint_C H_s \mathrm{d}s = I_D$ となって矛盾は解消される．しかし，後者の場合には変位電流による磁界（これを**誘導磁界**という）が存在することになるが，その実証は次の電磁波の理論と実験によって裏付けされることになる．

### （2）マクスウェルの電磁方程式

第 7 章の電気のクーロンの法則から出発して，最後の拡張されたアンペールの法則までいくつかの法則を述べてきたが，その中で本質的なものを整理してみると表 8.3 のような四つの法則にまとめられる．これら四つの基本方程式を**マクスウェルの電磁方程式**（Maxwell's equation）と呼ぶ．ここではすべて積分形式で表した．もう一つの表現方法に微分形式があるが，ここでは省略する．

**表 8.3 マクスウェルの電磁方程式**

| | | | |
|---|---|---|---|
| 1. | 電界に対するガウスの法則 | $\oint_S D_n \mathrm{d}S = Q$ | (8.41) |
| 2. | 磁界に対するガウスの法則 | $\oint_S B_n \mathrm{d}S = 0$ | (8.42) |
| 3. | 拡張されたアンペールの法則 | $\oint_C H_s \mathrm{d}s = I + \int_S \dfrac{\mathrm{d}D_n}{\mathrm{d}t} \mathrm{d}S$ | (8.43) |
| 4. | ファラデーの電磁誘導の法則 | $\oint_C E_s \mathrm{d}s = -\int_S \dfrac{\mathrm{d}B_n}{\mathrm{d}t} \mathrm{d}S$ | (8.44) |

表中のファラデーの電磁誘導の法則の式は，式 (8.24) $V = -(\mathrm{d}\phi/\mathrm{d}t)$ で表される電磁誘導のうち，$V$ を誘導電界 $\boldsymbol{E}$ で一般的に表したものである．つまり，起電力 $V$ を閉曲線 $C$ にそった電界の積分で表し，また磁束 $\phi (=B_n S)$ をその閉曲線で囲まれた曲面 $S$ を通過する磁束の総和で表してある．

この他，以前に学んだ法則，たとえばクーロンの法則はガウスの法則で，また，ビオ-サヴァールの法則はアンペールの法則でそれぞれ表されている．これらの方程式から，マクスウェルは電磁波の存在を予言し，その波の速度が光の速度と同じであることを示し，光の本質は波長の短い電磁波であるという説を立てた．

### （3）電磁波

さて，これらの式の中でも，磁気と電気の時間的変化を共役なものとして関係づけ

8.3 電磁波 **159**

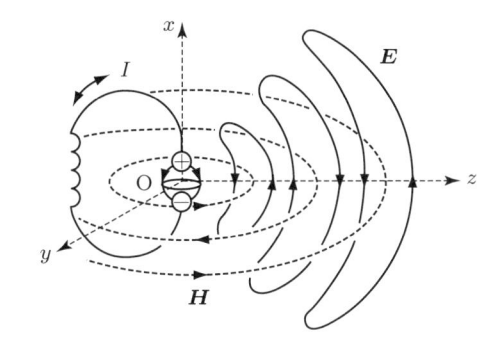

**図 8.20** 電気双極子から放射される電磁波の概略図

る拡張されたアンペールの法則とファラデーの電磁誘導の法則の式は，以下に述べる電磁波の本質を表現することになる．電磁波の存在を実験的に示したのは**ヘルツ**（H. R. Hertz）であった．1888 年，彼は 2 個の金属球の間に高電圧を印加して火花放電を起こし（一種の $LC$ 共振を起こし），それから離れた地点に置かれた別の金属環で電磁界を検出したのである．このような 2 個の電極による電磁波の放射を**双極子放射**（dipole radiation）という．

それにならって，図 8.20 のように $x$ 軸方向に置かれた 2 個の電極球に交互に，かつ，高速に＋と－の電荷を入れ換えてみる．そうすると，この球の間に変位電流が流れ（つまり，電界が変化し），それにともなって磁界と電界が発生する．$z$ 軸上では，磁界 $H$（破線）は $y$ 方向を，電界 $E$（実線）は $x$ 方向を向いている．

いま，図 8.21 のように，原点 O から $z$ 方向に十分離れた地点を考える．その地点での $E$ と $H$ の大きさは時間 $t$ と座標 $z$ のみで決まる．図 8.21 で，$z$ と $z+\mathrm{d}z$ の地点における電界と磁界の大きさをそれぞれ $E$ と $H$，および，$E+\mathrm{d}E$ と $H+\mathrm{d}H$ とする．

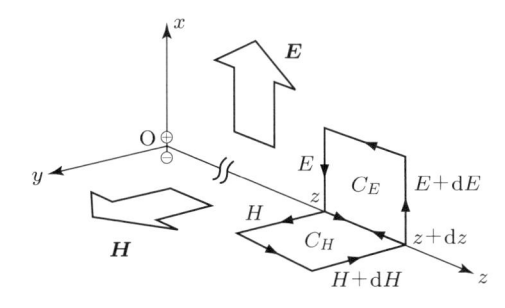

**図 8.21** 電気双極子から十分離れた地点で微小閉曲線 $C_E$（面積 $\mathrm{d}z\times\mathrm{d}x$ の長方形）と $C_H$（面積 $\mathrm{d}z\times\mathrm{d}y$ の長方形）を設定

さらに，これらの地点の間で微小な閉曲線 $C_E$ と $C_H$ を設定し，$z$ 軸に平行な辺の成分が $E_z=0$ であることを考慮しながら，$C_E$ の矢印の向きに表 8.3 のファラデーの電磁誘導の法則を適用すると

$$\oint_{C_E} E_s \mathrm{d}s = (E+\mathrm{d}E)\mathrm{d}x - E\mathrm{d}x = \mathrm{d}E\mathrm{d}x = -\frac{\partial B}{\partial t}\mathrm{d}x\mathrm{d}z \qquad (8.45)$$

となる．ここで，$B$ は $z$ と $t$ の関数なので，その微分を偏微分で表しておく．上式の辺々を $\mathrm{d}x\mathrm{d}z$ で割ると

$$\frac{\partial E}{\partial z} = -\frac{\partial B}{\partial t} \qquad (8.46)$$

が得られる．次に，閉曲線 $C_H$ に表 8.3 の拡張されたアンペールの法則を適用し，電流 $I=0$ と $H_z=0$ を考慮しながら，上と同様にして

$$\frac{\partial H}{\partial z} = -\frac{\partial D}{\partial t} \qquad (8.47)$$

の関係式を得る．

$D=\varepsilon E$ と $B=\mu H$ を用いて，上の二式を $E$ と $H$ で表すと

$$\frac{\partial E}{\partial z} = -\mu\frac{\partial H}{\partial t}, \qquad \frac{\partial H}{\partial z} = -\varepsilon\frac{\partial E}{\partial t} \qquad (8.48)$$

となる．この二式から

$$\frac{\partial^2 E}{\partial t^2} = \frac{1}{\varepsilon\mu}\frac{\partial^2 E}{\partial z^2}, \qquad \frac{\partial^2 H}{\partial t^2} = \frac{1}{\varepsilon\mu}\frac{\partial^2 H}{\partial z^2} \qquad (8.49)$$

のような偏微分方程式が得られる．これらは第 9 章で学ぶ 1 次元の**波動方程式**であり，電界 $E$ と磁界 $H$ はいずれも，速度 $1/\sqrt{\varepsilon\mu}$ で進む**横波**となる．特に，真空中では，$\varepsilon=\varepsilon_0$，$\mu=\mu_0$ であるから，速度は

$$1/\sqrt{\varepsilon_0\mu_0} = [\{10^7/(4\pi c^2)\}\times 4\pi\times 10^{-7}]^{-1/2} = c = 3.00\times 10^8 \text{ m/s} \qquad (8.50)$$

であることがわかる．このような波を**電磁波**（electromagnetic wave）と呼ぶ．これから，電磁波の速度が光速 $c$ と一致することがわかる．もし，図 8.20 の＋と－の電荷を正弦的に入れ換えれば，波動の式は

$$E = E_0\sin\{k(z-ct)\}, \qquad H = H_0\sin\{k(z-ct)\} \qquad (8.51)$$

のような正弦波となる．この様子を図で示すと，図 8.22 のように電界 $\boldsymbol{E}$ と磁界 $\boldsymbol{H}$ が正弦的に変化しながら $z$ 方向へ速度 $c$ で進行する横波平面波となる．式 (8.51) における**波数** $k$ と波長 $\lambda$ と振動数 $\nu$ の間には

$$k = \frac{2\pi}{\lambda}, \qquad \nu\lambda = c \qquad (8.52)$$

が成立する．

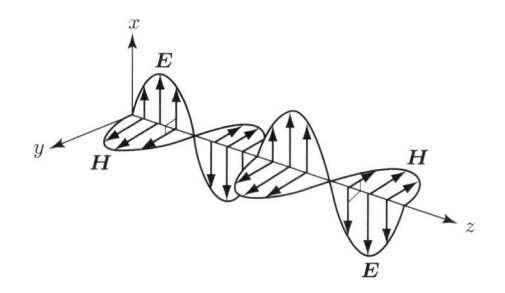

図 8.22　$z$ 方向に速度 $c$ で進行する平面電磁波の電界と磁界の空間的変化．$x$ 方向に電界 $E$ が，$y$ 方向に磁界 $H$ が，それぞれ同位相で振動する

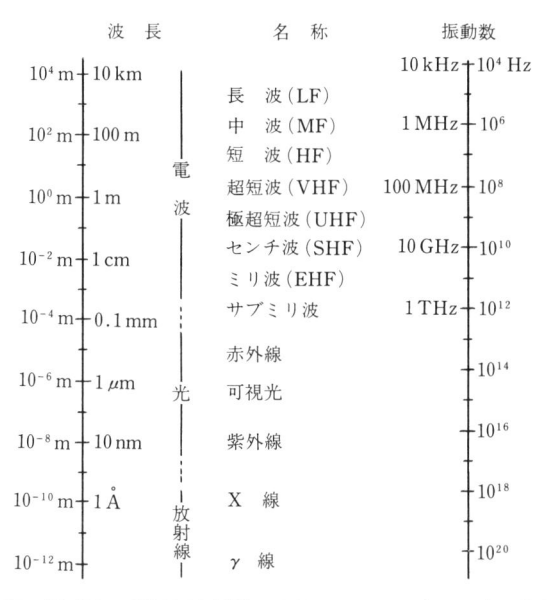

| 波　長 | | 名　称 | 振動数 | |
|---|---|---|---|---|
| $10^4$ m | 10 km | | 10 kHz | $10^4$ Hz |
| $10^2$ m | 100 m | 長　波（LF） | | |
| | | 中　波（MF） | 1 MHz | $10^6$ |
| | | 短　波（HF） | | |
| $10^0$ m | 1 m | 超短波（VHF） | 100 MHz | $10^8$ |
| | | 極超短波（UHF） | | |
| $10^{-2}$ m | 1 cm | センチ波（SHF） | 10 GHz | $10^{10}$ |
| | | ミリ波（EHF） | | |
| $10^{-4}$ m | 0.1 mm | サブミリ波 | 1 THz | $10^{12}$ |
| | | 赤外線 | | |
| $10^{-6}$ m | 1 μm | 可視光 | | $10^{14}$ |
| $10^{-8}$ m | 10 nm | 紫外線 | | $10^{16}$ |
| $10^{-10}$ m | 1 Å | X 線 | | $10^{18}$ |
| $10^{-12}$ m | | γ 線 | | $10^{20}$ |

図 8.23　電磁波の種類を波長別に分類したときの名称．光や放射線の中の分類は互いに少しずつ重なり合う領域がある

　電磁波の種類を波長別に分類したときのそれぞれの名称を図 8.23 にあげておく．電波の名称は，高周波技術の進歩とともに名づけられてきたので細かく分かれている．

## 練習問題　8 　（解答は p. 246）

1. テレビのブラウン管の電子銃から 8 kV の加速電圧で加速された電子が，直径 1.2 mm の電子ビームとなって蛍光面に衝突する．この電子ビームによる電流が 1.0 mA のとき，

ビーム中の (1) 電子の速度, (2) 電子密度, (3) 電子間の平均距離, をそれぞれ求めよ. ただし, 電子は立方体的な配置をとるものとし, そして相対論的な影響は考えないことにする.

2. 体積抵抗率が $\rho = 44 \times 10^{-8}\,\Omega\mathrm{m}$, 密度が $8.3\,\mathrm{g/cm^3}$ のマンガニン合金 $20\,\mathrm{g}$ を直径 $0.40\,\mathrm{mm}$ の抵抗線に引き延ばしたときの電気抵抗を求めよ.

3. 銅と白金の 1 モル当たりの質量 $A$, および室温での密度 $\rho_0$ と体積抵抗率 $\rho$ はそれぞれ, $A = (63.5,\ 195)\,\mathrm{g/mol}$, $\rho_0 = (8.92,\ 21.4)\,\mathrm{g/cm^3}$, $\rho = (1.69,\ 10.6) \times 10^{-8}\,\Omega\mathrm{m}$ である. 原子 1 個から自由電子が 1 個放たれると仮定したとき, それぞれの金属中の自由電子の移動度 $\mu$ を求めよ.

4. 抵抗線に起電力 $V$ を印加して電流 $I$ を流しているとき, 起電力のなす仕事率 (電力) が $VI$ で与えられることを示せ.

5. 無限に長い直線電流 $I$ から $a$ だけ離れた点 P での磁界の強さをビオ-サヴァールの法則を用いて求めよ.

6. 直径が $32\,\mathrm{cm}$ の 1 巻きの円形コイルを鉛直に立て, その中心に小さな磁針を置き, N と S の方向を円の面内に含むようにコイルを調整した. 次に, コイルに一定の電流を流したところ, 磁針が最初の方向から水平面内で $8.2°$ だけずれた. 地磁気の磁束密度の水平成分 $3.0 \times 10^{-5}\,\mathrm{T}$ をもとにして, この電流の大きさを求めよ.

7. 直径 $1.2\,\mathrm{mm}$ の直線状の導線に $2.4\,\mathrm{A}$ の電流が流れているとき, 導線の内外の磁界の強さを求めよ. ただし, 導線中の電流密度は均一であるとする.

8. 直径 $0.20\,\mathrm{mm}$ の銅線を, 外径 $14\,\mathrm{mm}$, 長さ $18\,\mathrm{cm}$ の円筒の側面に一様に $1800$ 回巻き付け, これに $12\,\mathrm{V}$ のバッテリーで電流を流した. このとき円筒中心部の磁界と磁束密度を求めよ. ただし, 銅の体積抵抗率は $1.7 \times 10^{-8}\,\Omega\mathrm{m}$ である.

9.* 直径 $0.42\,\mathrm{mm}$, 長さ $18\,\mathrm{cm}$ のアルミニウム線が 2 本ある. それぞれを長さ $24\,\mathrm{cm}$ の細い糸で密着させて, ブランコのようにつり下げた. そして, これらに $1\,\mathrm{A}$ の電流を互いに逆向きに流したとき, アルミニウム線は何 $\mathrm{mm}$ 離れるか. ただし, アルミニウムの密度は $2.7\,\mathrm{g/cm^3}$ であるが, 磁界に対しては線として近似する.

10. 1 巻きで面積が $S$ の長方形コイルの相対する 2 辺を磁束密度 $\boldsymbol{B}$ の磁界に垂直に, 他の 2 辺の垂直二等分線を回転軸にして, これに電流 $I$ を流すと, 軸の周りに $IBS\cos\theta$ の偶力のモーメントを受けることを示せ. ここで, $\theta$ は $\boldsymbol{B}$ とコイル面とのなす角である.

11. 真空容器中の電子銃で電圧 $460\,\mathrm{V}$ で加速された電子ビームが, 原点 O から $x$ 軸方向に, $z$ 軸方向の静磁界 ($B_z = 2.2 \times 10^{-3}\,\mathrm{T}$) 中へ発射された. 電子は容器に封入された希薄な Ar 原子と衝突して, 薄い緑色光の円の軌跡を示した. その円の半径と中心の座標を求めよ.

12. 自動車の点火用のイグニッションコイルを, 比透磁率が $440$, 直径が $12\,\mathrm{mm}$, 長さが $98\,\mathrm{mm}$ のコアに $520$ 回の 1 次コイル (電気抵抗が $3.6\,\Omega$) を巻いたソレノイドと考えて, (1) その自己インダクタンス, (2) コイルに $12\,\mathrm{V}$ の電源をつないだとき, このコイルに蓄えられるエネルギーをそれぞれ求めよ.

13. $N$ 回巻いて閉じた，面積が $S$ の矩形コイルの相対する 2 辺を磁束密度 $B$ の磁界に垂直に，他の 2 辺の垂直二等分線を回転軸として角速度 $\omega$ でこれを回転するとき，(1) コイル自身の電気抵抗 $R$ を流れる電流と，(2) 回転に要する力のモーメントを，それぞれ時間 $t$ の関数で表せ．

14. $C=6.8\,\mu\text{F}$ のコンデンサーに電圧 12 V を加えて充電した後，この両端を自己インダクタンス $L=24\,\text{mH}$ のコイルの両端につないだ．その後に起こる電気振動の，(1) 固有振動数，(2) 最大電流，をそれぞれ求めよ．

15. 半径 $R$ で，電気容量 $C$ の平行板コンデンサーの電圧 $V$ が時刻 $t$ に対して一定の割合で変化しているとき，極板の間で中心軸から $r$ の距離における磁束密度を求めよ．

16. 式 (8.48) から式 (8.49) を導け．

17. 平面正弦波 $E=E_0\sin\{k(z-ct)\}$ が，波動方程式 $\dfrac{\partial^2 E}{\partial t^2}=c^2\dfrac{\partial^2 E}{\partial z^2}$ を満たしていることを示せ．

18. $\varepsilon=\varepsilon_0$, $\mu=\mu_0$ として，式 (8.48) に式 (8.51) を代入して
$$H=\sqrt{\frac{\varepsilon_0}{\mu_0}}E$$
となることを示せ．また，その結果，電界と磁界のエネルギー密度が等しくなることも示せ．

# 第 9 章
# 振 動 と 波 動

## 9.1 振　　動

**（1）　調和振動（単振動）**

　おもりのついたばねや振り子は，つり合いの位置から少しずらすと元に戻そうとする力が働き戻っていくが，運動を続けようとする慣性により，つり合いの位置を行き過ぎてしまう．これを繰り返して，また始めに戻ってきて周期的な運動である**振動**を行う．このような振動は自然界に数多くみられるのでその取扱いについて学ぼう．

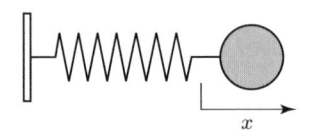

**図 9.1**　ばね振り子

　ばねを例にして調べよう（図 9.1）．ばね定数 $k$ のばねにつながれたおもりがつり合いの位置から $x$ だけずれると，おもりに働く力は $x$ に比例して $-kx$ となることが実験的に知られている．$-$ の符号は $x$ が正のときは力が負の向きに働き，$x$ が負のときには力が正の向きに働くからである．このように元に戻そうとする力を**復元力**という．この場合の運動方程式は

$$m\frac{d^2 x}{dt^2} = -kx \tag{9.1}$$

ここで $\omega = \sqrt{k/m}$ とおくと

$$\frac{d^2 x}{dt^2} = -\omega^2 x \tag{9.2}$$

この式は単振動の方程式といい，この解として

$$x = a \sin \omega t + b \cos \omega t \tag{9.3}$$

$$x = c \sin(\omega t + \delta) \tag{9.4}$$

$$x = c \cos(\omega t + \delta) \tag{9.5}$$

のいずれも式(9.2)を満たすことが確かめられ，一般解である．一般に微分方程式の

解は積分を行うごとに任意定数が一つ現れる．2 階微分方程式の解は，その方程式を満たし，かつ，二つの任意定数を含んでいるとき一般解となる．ここで任意定数 $a$, $b$, $c, \delta$ は運動の初期条件により決まる定数である．三角関数の sin や cos は位相(phase)が $2\pi$ 変化するごとに元の状態に戻る周期関数で，このような運動を**調和振動**（harmonic oscillation）または**単振動**という．位相が $2\pi$ 変化する時間間隔を**周期**(period)といい $2\pi/\omega$ である．また，単位時間当たりの繰返し数を**振動数** (frequency) または周波数といい，周期の逆数になり $\omega/(2\pi)$ である．$c$ は**振幅**(amplitude)，$\delta$ は初期位相という．

単振動は図 9.2 のように半径 $c$，角速度（angular velocity）$\omega$ で等速円運動する物体の正射影と同じ運動である．

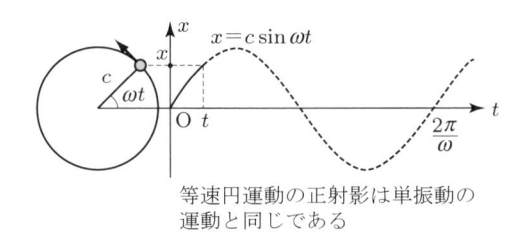

等速円運動の正射影は単振動の運動と同じである

図 9.2 等速円運動と単振動

### （2） 振動のエネルギー

この単振動のエネルギーについて調べる．運動エネルギーは

$$K = \frac{1}{2}mv^2 = \frac{1}{2}m\left(\frac{\mathrm{d}x}{\mathrm{d}t}\right)^2 \tag{9.6}$$

これに式 (9.5) を代入すると

$$K = \frac{1}{2}mc^2\omega^2\sin^2(\omega t + \delta) \tag{9.7}$$

また，ばねを伸ばしたり縮めたりするには仕事が必要である．$x$ 伸ばすのに必要な力は $kx$ で，さらに $\mathrm{d}x$ 伸ばすには $\mathrm{d}U = kx\,\mathrm{d}x$ の仕事が必要である．最初の位置から $x$ まで伸ばすのに必要な仕事は積分をして（p. 27, 式 (1.42)）

$$U = \int_0^x (kx)\,\mathrm{d}x = \frac{1}{2}kx^2 \tag{9.8}$$

であるが，これはこのばねにした仕事によってばねに蓄えられている位置エネルギーに等しい．

式 (9.5) を代入して

$$U = \frac{1}{2}kc^2 \cos^2(\omega t + \delta) \qquad (9.9)$$

したがって，全エネルギー $E$ は式 (9.7)，(9.9) より

$$E = K + U = \frac{1}{2}kc^2 \qquad (9.10)$$

となり，運動エネルギーと位置エネルギーは相互に移り変わるが合計は変化せず一定である．

**例題 9.1** 図 9.3 のように長さ $l$ の糸に質量 $m$ のおもりをつけた振り子の運動は，揺れる角度が小さいとき単振動になることを示せ．これを**単振り子**という．

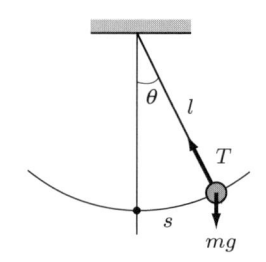

図 9.3 単振り子

**解** 最下点から円弧にそっておもりまでの距離を $s$ とする．運動の軌跡の接線方向の力は $-mg\sin\theta$ であるので，接線方向に関する運動方程式は

$$m\frac{d^2 s}{dt^2} = -mg\sin\theta \qquad (9.11)$$

$s = \theta l$ であるので

$$ml\frac{d^2 \theta}{dt^2} = -mg\sin\theta \qquad (9.12)$$

$\theta$ が小さいとき $\sin\theta = \theta$ として

$$\frac{d^2 \theta}{dt^2} = -\frac{g}{l}\theta \qquad (9.13)$$

となり単振動の方程式になる．

単振動の周期は $2\pi\sqrt{l/g}$ で，長さが 1.0 m の単振り子では，$g = 9.8 \text{m/s}^2$ とすれば周期は 2.0 秒となる． ■

---

〈参考〉　　　　　　　　**減衰振動と強制振動**

**1. 減 衰 振 動**

単振動をする物体に速度に比例する抵抗力 $-\beta dx/dt$ がある場合の運動を調べる．図 9.4 のように粘性流体中を物体が動くときの粘性抵抗はこの例になっている．運動方程

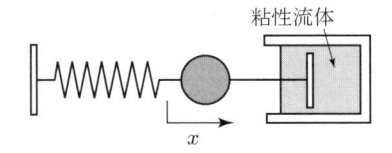

図 9.4　減衰振動

式は
$$m\frac{d^2x}{dt^2} = -\beta\frac{dx}{dt} - kx \tag{9.14}$$
であるが $\gamma = \beta/(2m)$, $\omega = \sqrt{k/m}$ とおくと
$$\frac{d^2x}{dt^2} + 2\gamma\frac{dx}{dt} + \omega^2 x = 0 \tag{9.15}$$
となる．この一般解は

$\omega > \gamma$ の場合　$x = ce^{-\gamma t}\sin(\sqrt{\omega^2 - \gamma^2}\,t + \delta)$ (9.16)

$\omega = \gamma$ の場合　$x = (at + b)e^{-\gamma t}$ (9.17)

$\omega < \gamma$ の場合　$x = (ae^{\sqrt{\gamma^2 - \omega^2}\,t} + be^{-\sqrt{\gamma^2 - \omega^2}\,t})e^{-\gamma t}$ (9.18)

となる．$\omega > \gamma$ の場合には，振幅が $ce^{-\gamma t}$ で時間とともに減少しながら一定の周期
$$T = \frac{2\pi}{\sqrt{\omega^2 - \gamma^2}}$$
の振動を行う．このような振動を**減衰振動**（damped oscillation）という．振幅は1周期経過するごとに $e^{-\gamma T}$ 倍ずつになり，等比級数で減少する．このとき，粘性抵抗により振動のエネルギーは失われ，運動エネルギー $mv^2/2$，および，位置エネルギー $kx^2/2$ はともに1周期経過するごとに $e^{-2\gamma T}$ 倍ずつ減少していく．

$\omega = \gamma$ の場合は**臨界制動**（critical damping），$\omega < \gamma$ の場合は**過減衰**（over damping）といわれ，ともに振動することなく静止の状態に近づいていく（図 9.5）．

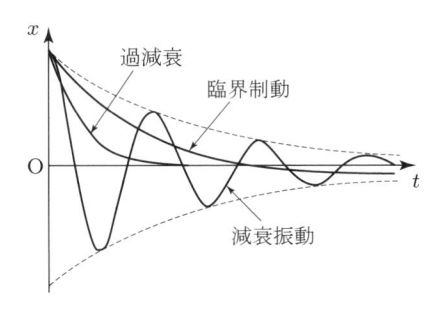

図 9.5　減衰振動

## 2.　強制振動と共振

前項の減衰振動を行っている物体に，図 9.6 のように周期的な外力を加えたときの運

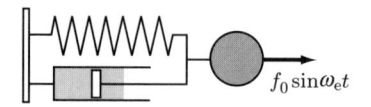

**図 9.6 強制振動**

動を調べよう．外力として $F = f_0 \sin \omega_e t$ の場合，運動方程式は

$$m\frac{d^2x}{dt^2} = -\beta\frac{dx}{dt} - kx + f_0 \sin \omega_e t \qquad (9.19)$$

減衰振動のときと同じ $\gamma$, $\omega$ を用いて

$$\frac{d^2x}{dt^2} + 2\gamma\frac{dx}{dt} + \omega^2 x = \frac{f_0}{m} \sin \omega_e t \qquad (9.20)$$

この方程式を満たす一つの特解を $x_s$ とする．右辺を 0 としたときの，つまり前項で扱った減衰振動の方程式の一般解を $x_0$ とすると，$x = x_0 + x_s$ は任意定数を二つ含み，かつ，式 (9.20) を満たすので一般解である．

特解は

$$x_s = A \sin(\omega_e t - \phi) \qquad (9.21)$$

となる．ただし

$$A = \frac{f_0/m}{\sqrt{(\omega^2 - \omega_e^2)^2 + 4\gamma^2 \omega_e^2}} \qquad (9.22)$$

$$\tan\phi = \frac{2\gamma\omega_e}{\omega^2 - \omega_e^2} \qquad (9.23)$$

である．一般解はこの式 (9.21) に減衰振動 $x_0$ を重ね合わせたものであるが，十分に長い時間が経過したときには後者の $x_0$ は減衰して 0 に近づくので式 (9.21) で与えられる単振動のみの振る舞いになる．これは外力により引き起こされる振動であるので**強制振動** (forced vibration) という．振動の変位は外力と同じ角振動数で振動するが，抵抗のために位相が $\phi$ だけ遅れて振動する．また，振幅 $A$ は外力の大きさ以外に，外力の角振動数 $\omega_e$ に大きく依存して変化する（図 9.7）．$\omega > \sqrt{2}\gamma$ ならば

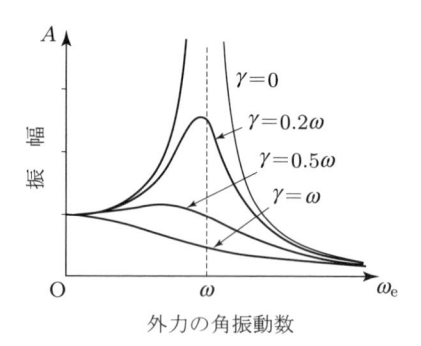

**図 9.7 強制振動**

$$\omega_e = \sqrt{\omega^2 - 2\gamma^2} \tag{9.24}$$

のときに振幅が最大になる．振動系がこのような角振動数で振幅が最大になって振動している状態を**共鳴**（resonance）または**共振**しているという．また，このときの振動数 $\omega_e/(2\pi)$ を共振振動数または共振周波数という．

### （3） *LC* および *LCR* 回路

電気回路でも単振動，減衰振動，強制振動と同様の現象がある．***LC* 回路**のコンデンサーを充電してスイッチを入れたときの電流について調べよう．

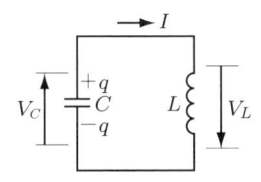

**図 9.8** *LC* 回路

図 9.8 の回路で矢印の向きに電流 $I$ が流れているものとする．電流の流れる向きにみたインダクタンス $L$ のコイルの両端間の電位差は

$$V_L = -L\frac{dI}{dt} \tag{9.25}$$

である．また，電荷 $q$ を蓄えた静電容量 $C$ のコンデンサーの電位差は

$$V_C = \frac{q}{C} \tag{9.26}$$

である．回路の 1 周の電位差の合計は元の位置に戻るので

$$V_L + V_C = 0 \tag{9.27}$$

である．この式に式 (9.25)，(9.26) を代入して

$$-L\frac{dI}{dt} + \frac{q}{C} = 0 \tag{9.28}$$

ところで，微小時間 $dt$ の間にコンデンサーの $+q$ の極板から $Idt$ の電荷が流れ出るので，$dq = -Idt$ である．つまり

$$I = -\frac{dq}{dt} \tag{9.29}$$

式 (9.28) と (9.29) から

$$L\frac{d^2q}{dt^2} + \frac{q}{C} = 0 \tag{9.30}$$

この式は電荷に関する微分方程式で，単振動の方程式になっている（p.156, 8.2節，式 (8.36) 参照）．したがって，LC回路では式 (9.29) から電流も周期的に向きを変えて，振動数 $1/(2\pi\sqrt{LC})$ の振動電流が流れる．

ばねによる振動と対応させてみると，コンデンサーは蓄えた電荷 $q$ に比例する電位差 $q/C$ により電荷を減らす方向に電流を流そうとする．一方，コイルは式 (9.25) に示される誘導起電力により電流の変化を妨げようとする慣性の性質をもっている．このことからばねと同じようにして電流が振動を行うことになる．

**例題 9.2** 図 9.9 のような LCR 回路を流れる電流を求めよ．

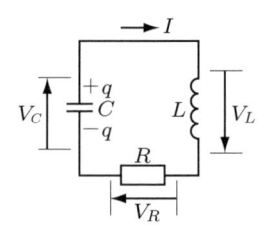

図 9.9 LCR 回路

**解** 電流を $I$ とすると，コイルとコンデンサーの両端の電位差は式 (9.25)，(9.26) と同じである．電気抵抗 $R$ の両端の電位差はオームの法則により

$$V_R = -RI \tag{9.31}$$

また，回路1周の電位差の和が0より

$$V_L + V_R + V_C = 0 \tag{9.32}$$

このときも，式 (9.25)，(9.26)，(9.29) が同様に成り立ち

$$L\frac{d^2q}{dt^2} + R\frac{dq}{dt} + \frac{q}{C} = 0 \tag{9.33}$$

この式は式 (9.15) と同じ形で，$R^2 < 4L/C$ のとき電荷 $q$ は減衰振動になり

$$\gamma = \frac{R}{2L}, \quad \omega = \frac{1}{\sqrt{LC}} \tag{9.34}$$

とおくと，式 (9.16) と全く同じ式

$$q = c\, e^{-\gamma t} \sin(\sqrt{\omega^2 - \gamma^2}\, t + \delta) \tag{9.35}$$

が解となる．電流 $I$ も式 (9.29) から得られ，$\tan\delta' = \sqrt{\omega^2 - \gamma^2}/\gamma$ とすると

$$I = c\omega\, e^{-\gamma t} \sin(\sqrt{\omega^2 - \gamma^2}\, t + \delta - \delta') \tag{9.36}$$

となる． ■

**例題 9.3** LCR 回路に交流電圧 $V_e \sin\omega_e t$ を加えたときの電流を求めよ．

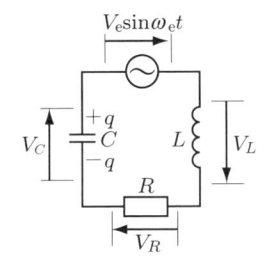

**図 9.10** $LCR$ 回路

**解** 電流を $I$ とすると，上記の例題と同様にして，式 (9.32) と (9.33) に相当する式
$$V_L + V_R + V_C + V_e \sin \omega_e t = 0$$
および
$$L\frac{d^2 q}{dt^2} + R\frac{dq}{dt} + \frac{q}{C} = -V_e \sin \omega_e t \tag{9.37}$$
が得られる．この式の一般解は，式 (9.37) の右辺を 0 としたときの一般解である式 (9.35) に式 (9.21) に相当する特解を加えたものになり，式 (9.34) を用いると，
$$q = c\, e^{-\gamma t} \sin(\sqrt{\omega^2 - \gamma^2}\, t + \delta) - A \sin(\omega_e t - \phi) \tag{9.38}$$
である．ここで，$\phi$ は式 (9.23) と同じで，$A$ は
$$A = \frac{V_e/L}{\sqrt{(\omega^2 - \omega_e^2)^2 + 4\gamma^2 \omega_e^2}} \tag{9.39}$$
である．電流も例題 9.3 と同様にして
$$I = c\omega\, e^{-\gamma t} \sin(\sqrt{\omega^2 - \gamma^2}\, t + \delta - \delta') - A\omega_e \sin(\omega_e t - \phi - \pi/2) \tag{9.40}$$
となる．∎

## 9.2 波動と波動方程式

### （1） 波　　動

弾性をもつ自然界のいろいろな物質に力を加えて平衡状態に乱れを与えると，それに隣接する物質に次々と平衡状態からの乱れが伝播していく現象がみられる．この現象を**波動**（wave）または波という．電磁波の光や音波も波動の一種で，私たちの視覚や聴覚も波動現象に依存していることになる．弦楽器の弦の一部をはじくと弦の変形が伝播していくが，この変形する物質を**媒質**という．弦の場合，変形は媒質である弦に垂直な方向に生じ，波動は弦にそって進行していく．

このように，媒質の移動方向と波動の進行方向が垂直になっている波動を**横波**（transverse wave）という．一方，空気中を伝わる音波の場合のように，媒質の移動方向と波の進行方向が平行な波動を**縦波**（longitudinal wave）という．接線応力のな

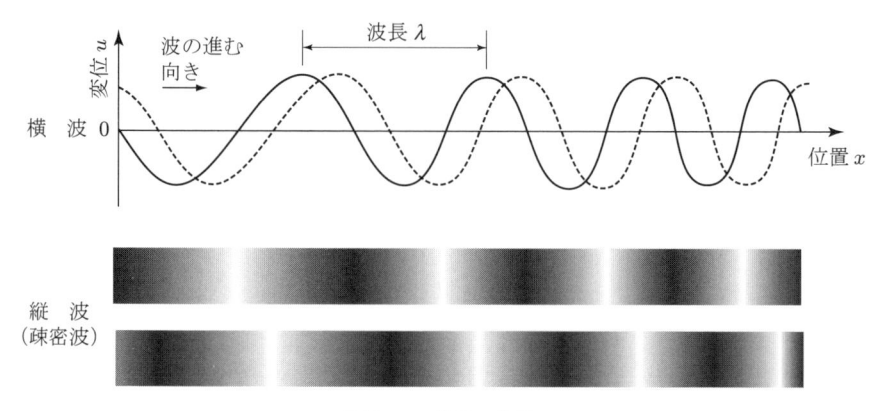

い流体では横波のような媒質の変形ができず，圧力のみが働き圧力の変化とそれにともなう密度の変化が波として伝わる．そのため，縦波を**疎密波**ともいう．図 9.11 に横波と縦波を示す．

また，深い海の水面を伝わる表面波は媒質が円運動を行う．そのため，水面の形から，この波は**トロコイド波**（trochoidal wave）といわれている（図 9.12）．

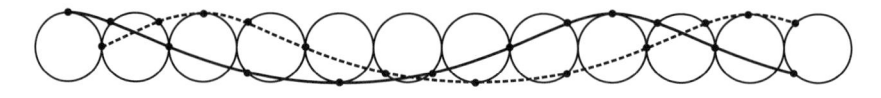

図 9.12 水の表面波（トロコイド波）

### （2） 弦を伝わる波動

線密度 $\rho_0$ の一様な弦を張力 $T$ で引張っておいて，横にはじくときの弦の振る舞いを調べよう．はじく前の弦にそって $x$ 軸をとり，座標が $x$ で時刻 $t$ における $x$ 軸に垂直方向の弦の変位を $u(x,t)$ で表す．図 9.13 のように弦の $x$ と $x+\Delta x$ の間の微小部分 PQ に関する運動を考える．

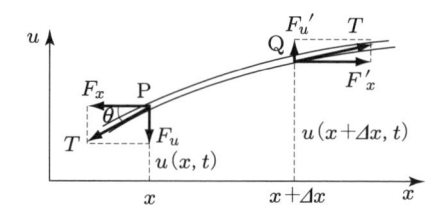

図 9.13 弦の微小部分に働く力

働いている外力は点Pと点Qにおいて隣接する部分から受ける張力で，大きさはともに $T$ であるが，方向がわずかに違うので合力は一般に0とはならない．重力はこの張力に比較して小さい場合を考え，ここでは無視する．座標 $x$ における弦の接線方向と $x$ 軸方向とのなす角度を $\theta$ とする．$\theta$ は十分に小さくて $\sin\theta = \theta = \tan\theta$, $\cos\theta = 1$ と近似すると，点Pにおける外力の $x$ 方向およびこれと垂直な $u$ 方向の成分 $F_x$, $F_u$ はそれぞれ

$$F_x = -T\cos\theta = -T$$

$$F_u = -T\sin\theta = -T\tan\theta = -T\left(\frac{\partial u}{\partial x}\right)_x$$

と表せる．ここで，$(\partial u/\partial x)_x$ は時間 $t$ の瞬間における座標 $x$ での接線の勾配である．また，点Qでは点Pと張力の向きが逆になり，座標を $x$ の代わりに $x+\Delta x$ とおきかえると，$x$ 方向および $u$ 方向のそれぞれの成分は

$$F_x' = T$$

$$F_u' = T\left(\frac{\partial u}{\partial x}\right)_{x+\Delta x} = T\left(\frac{\partial u}{\partial x}\right)_x + T\frac{\partial^2 u}{\partial x^2}\Delta x$$

となる．ここで，添字 $x+\Delta x$ は座標 $x+\Delta x$ での弦の接線の勾配を表す．また上の式はよく知られた微分の関係

$$\frac{\partial f}{\partial x} \doteqdot \frac{f(x+\Delta x, t) - f(x, t)}{\Delta x} \tag{9.41}$$

で，$f(x, t) = \partial u/\partial x$ とおきかえた式を用いた．

したがって，微小部分PQに働く外力の和の $x$ 方向は打ち消し合うので無視できる．そのため，最初に $x$ 方向に変位や初速度を与えなければ $x$ 方向に動くことはない．一方，$x$ 軸に垂直な方向の合力は

$$T\frac{\partial^2 u}{\partial x^2}\Delta x$$

である．また，微小部分PQの質量は $\rho_0\Delta x$，加速度は点Pで代表させ $\partial^2 u/\partial t^2$ とおくと，運動方程式は

$$\rho_0\Delta x\frac{\partial^2 u}{\partial t^2} = T\frac{\partial^2 u}{\partial x^2}\Delta x$$

となり $\rho_0\Delta x$ で割って

$$\frac{\partial^2 u}{\partial t^2} = \frac{T}{\rho_0}\frac{\partial^2 u}{\partial x^2} \tag{9.42}$$

を得る．$u(x, t)$ がしたがうこの種の方程式を **波動方程式**（wave equation）という．

## (3) 波動方程式とその解

式 (9.42) で，$v=\sqrt{T/\rho_0}$ とおいて波動方程式

$$\frac{\partial^2 u}{\partial t^2} = v^2 \frac{\partial^2 u}{\partial x^2} \tag{9.43}$$

の解の基本的な性質について調べよう．

いま $x-vt$ の任意関数

$$u_1 = f(x-vt) \tag{9.44}$$

を考えると，$f$ は変数 $s=x-vt$ の関数になっているので $t$ での偏微分は

$$\frac{\partial u_1}{\partial t} = \frac{du_1}{ds}\frac{\partial s}{\partial t} = -v\frac{du_1}{ds} \tag{9.45}$$

となる．もう一度繰り返して $t$ での偏微分を行うと

$$\frac{\partial^2 u_1}{\partial t^2} = \frac{d}{ds}\left(-v\frac{du_1}{ds}\right)\frac{\partial s}{\partial t} = v^2 \frac{d^2 u_1}{ds^2} \tag{9.46}$$

同様にして $x$ での偏微分に対しても

$$\frac{\partial^2 u_1}{\partial x^2} = \frac{d^2 u_1}{ds^2} \tag{9.47}$$

したがって，式 (9.46) と (9.47) から

$$\frac{\partial^2 u_1}{\partial t^2} = v^2 \frac{\partial^2 u_1}{\partial x^2} \tag{9.48}$$

となり $u_1$ は波動方程式を満たす．

$f(x-vt)$ は，関数 $f(x)$ を $x$ 軸の正方向に $vt$ だけ平行移動した関数であるから，$f(x)$ の形をした波形が $x$ 軸の正の向きに速さ $v$ で進んでいく波を表している（図 9.14 参照）．また，$x+vt$ の任意関数

$$u_2 = g(x+vt) \tag{9.49}$$

も同様にして波動方程式を満たすことが確かめられるが，これは $g(x)$ の形をした波形が $x$ 軸の負の向きにやはり速さ $v$ で進んでいく波を表している．また，この二つの解を加えた関数

$$u = u_1 + u_2 = f(x-vt) + g(x+vt) \tag{9.50}$$

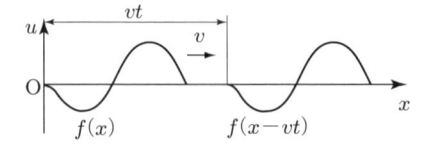

**図 9.14** $x$ 軸の正の向きに進む波

も式 (9.43) を満たす解であることが確かめられる.

式 (9.43) は 2 階偏微分方程式であり任意関数を二つ含んだ解（式 (9.50)）はその一般解であることが知られている．このように，波動方程式の解は二つ以上の解があれば，それらを加え合わせたものも解になっているという性質がある．弦の変位を表す関数 $u(x, t)$ は波動方程式を満たすので，弦の波形を保ったまま正方向や負方向または両方向同時に速さ $v=\sqrt{T/\rho_0}$ で伝わる波動の性質をもっている．また，正方向に進む波動と負方向に進む波動が出会った場合にはそのまま重ね合わせた波形になり，行き過ぎた後は元の波形に戻り，衝突により波形が乱されてしまうことはない．

**（4） 細い棒を伝わる縦波**

断面積 $S$，ヤング率 $E$，密度 $\rho$ の細い棒にそって $x$ 軸をとる．棒が平衡の位置のとき，$x$ と $x+\Delta x$ の間の微小部分 PQ に着目する（図 9.15）．棒に $x$ 方向のひずみを与えると，点 P, Q はそれぞれ点 P′, Q′ に移動したとする．ひずみを与えたときの点 P の変位 PP′ を $u(x, t)$ とする．点 P′ の断面に働く引張応力を $\sigma(x, t)$ とする．ヤング率 $E$，長さ $L$ の棒を応力 $\sigma$ で引張って $\Delta L$ 伸びると，p.56，式 (4.1) により，ひずみ $\varepsilon=\Delta L/L$ として

$$\sigma = E\frac{\Delta L}{L} \tag{9.51}$$

の関係がある．応力 $\sigma$ で引張ることにより，微小部の元の長さ $\Delta x$ の部分 PQ が $u(x+\Delta x, t)-u(x, t)$ だけ伸びることになる．そのため，棒のひずみ $\Delta L/L$ は

$$\frac{\Delta L}{L}=\frac{u(x+\Delta x, t)-u(x, t)}{\Delta x}=\frac{\partial u}{\partial x} \tag{9.52}$$

のように変位の微分で表せる．したがって，式 (9.51) は

$$\sigma = E\frac{\partial u}{\partial x} \tag{9.53}$$

となる．一方，微小部分 P′Q′ に働く力は

$$S\sigma(x+\Delta x, t)-S\sigma(x, t)=S\frac{\partial \sigma}{\partial x}\Delta x \tag{9.54}$$

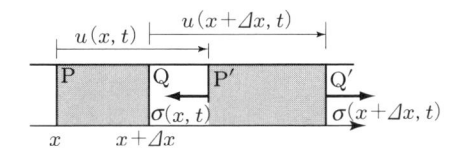

図 9.15　棒の微小部分に働く応力

である．微小部分 PQ の質量は $\rho S \Delta x$，加速度は $\partial^2 u/\partial t^2$ であるので，運動方程式は

$$\rho S \Delta x \frac{\partial^2 u}{\partial t^2} = S \frac{\partial \sigma}{\partial x} \Delta x = SE \frac{\partial^2 u}{\partial x^2} \Delta x \qquad (9.55)$$

となる．ここで，$\rho S \Delta x$ で割って $u$ は

$$\frac{\partial^2 u}{\partial t^2} = \frac{E}{\rho} \frac{\partial^2 u}{\partial x^2} \qquad (9.56)$$

という波動方程式にしたがうことがわかる．このように棒の中のひずみも波動として伝播し，伝播速度は

$$v = \sqrt{\frac{E}{\rho}} \qquad (9.57)$$

であることがわかる．この波動は媒質の運動方向が進行方向と平行な縦波として伝わり，棒の伸縮の状態がそのまま平行移動して伝わっていくことになる．

### （5）音　速

　太鼓をたたくと膜が振動して，まわりの空気は収縮と膨張を繰り返す．こうして，空気の密度が大きい部分と小さい部分が交互に生じ，空気中を疎密波（縦波）として伝わる．これが**音波**である．音圧による気体の膨張と収縮は高速度でくりかえされるので，断熱変化であるとしてよい．断熱変化では圧力 $P$ と体積 $V$ の間に p.99, 式 (6.45) より

$$PV^\gamma = \text{const.}$$

の関係がある．$\gamma$ は気体の比熱比である．

　この式の全微分をとると

$$\Delta P V^\gamma + \gamma PV^{\gamma-1} \Delta V = 0$$

となる．したがって，

$$\Delta P = -\gamma P \frac{\Delta V}{V} \qquad (9.58)$$

　ところで，体積が $V$ の流体に $\Delta P$ の圧力を加えたとき，$\Delta V$ の体積変化を生じるとする．流体の体積は減少するから $\Delta V < 0$ である．一般に，$-\Delta V$ は $\Delta P$ と $V$ に比例するので

$$\Delta P = -\kappa \frac{\Delta V}{V} \qquad (9.59)$$

の関係がある．ここで比例定数 $\overset{\text{カッパ}}{\kappa}$ を**体積弾性率**という．

　式 (9.58) と式 (9.59) を比較して体積弾性率は

$$\kappa = \gamma P \qquad (9.60)$$

となる．一方，体積弾性率 $\kappa$，密度 $\rho$ の流体中を伝わる音波の速さは $v=\sqrt{\kappa/\rho}$ で表される．また，$n\,\mathrm{mol}$ の気体は状態方程式 $PV=nRT$ にしたがう．気体 $1\,\mathrm{mol}$ の質量を $M$ とすると，密度は $\rho=nM/V$ と表されるから，気体中の音速は

$$v=\sqrt{\frac{\kappa}{\rho}}=\sqrt{\frac{\gamma RT}{M}} \tag{9.61}$$

となり，温度のみの関数として表せる．

空気中の音速を計算してみよう．空気 $1\,\mathrm{mol}$ の質量を $28.8\times10^{-3}\,\mathrm{kg/mol}$，比熱比を $1.4$ とし，セ氏の温度 $t$ で表すと，$(1+\varepsilon)^n\fallingdotseq 1+n\varepsilon$ の近似を用いて

$$v=332(1+t/273.15)^{1/2}=332+0.6t\quad[\mathrm{m/s}] \tag{9.62}$$

となる．

### (6) 周期的な波の性質

波動方程式にしたがう波動は，一般的には式 (9.50) より

$$u=f(x-vt)+g(x+vt)$$

の形をしている任意の関数である．ここでは正弦関数の場合

$$u=A\sin\{k(x-vt)+\phi\} \tag{9.63}$$

を考えよう．式 (9.63) で表される波動を**正弦波**という．$k$ は**波数**という．正弦関数の値は位相が $2\pi$ 変化すると元の値に戻るので，位置座標 $x$ に関しては $\lambda=2\pi/k$ ごとに繰り返して同じ値になる．この $\lambda$ を**波長**という．また，時間 $t$ に関しても周期関数であり，その周期は $T=2\pi/(kv)=\lambda/v$ である．$A$ を振幅，$\phi$ を初期位相という．また，単位時間の繰返し回数 $\nu$ を**振動数**といい，$\nu=1/T$ で周期の逆数である．式 (9.63) を書き直して

$$u=A\sin\left\{2\pi\left(\frac{x}{\lambda}-\frac{t}{T}\right)+\phi\right\} \tag{9.64}$$

または

$$u=A\sin\left\{2\pi\nu\left(\frac{x}{v}-t\right)+\phi\right\} \tag{9.65}$$

のようにも表せる．

### (7) 波のエネルギー

正弦波が伝わっているときの波のエネルギーを調べよう．

一般に，弾性をもつ媒質は運動すると同時にひずむので，波動は運動エネルギーとともにひずみによる位置エネルギーをもつ．媒質の速度は $\dfrac{\partial u}{\partial t}$ で表されるので，単位体積当たりの運動エネルギー $K_w$ は媒質の密度を $\rho$ として

$$K_w = \frac{1}{2}\rho\left(\frac{\partial u}{\partial t}\right)^2 \tag{9.66}$$

である．

　また，細い棒（弾性体）の単位体積当たりに蓄えられる位置エネルギー $U_w$ は $\frac{1}{2}\times$（弾性定数）$\times$（ひずみ）$^2$ で表される（練習問題 4 の 3. を参照）．

　ここで，棒のひずみは式 (9.52) より $\frac{\partial u}{\partial x}$ で表されるので，棒のヤング率を $E$ として

$$U_w = \frac{1}{2}E\left(\frac{\partial u}{\partial x}\right)^2 \tag{9.67}$$

である．

　単位体積当たりの全エネルギー $E_w = K_w + U_w$ は，式 (9.66)，(9.67) に式 (9.65) を代入して

$$E_w = 4\pi^2\rho A^2\nu^2\cos^2\left\{2\pi\nu\left(\frac{x}{v}-t\right)+\phi\right\} \tag{9.68}$$

となる．ここで，式 (9.57) の $v=\sqrt{E/\rho}$ の関係を用いた．単位断面積で 1 波長の長さの媒質中の平均エネルギー密度は

$$\langle E_w \rangle = \frac{1}{\lambda}\int_0^\lambda E_w dx = 2\pi^2\rho A^2\nu^2 \tag{9.69}$$

である．波動は速さ $v$ で進んでいくが，波の形だけでなく運動やひずみも伝わるので，運動エネルギーや位置エネルギーも同じ速さで進むことになる．

　波動の進行方向に垂直な単位断面積を単位時間に通過するエネルギーを，**波（音）の強さ**という．単位時間には体積 $v$ の部分が通過するので，正弦波の波の強さは

$$I = \langle E_w\rangle v = 2\pi^2\rho A^2\nu^2 v \tag{9.70}$$

である．また，波の強さ $I$ を基準になる強さ $I_0$ で割った $I/I_0$ の常用対数をとり，それを 10 倍したもの，つまり

$$L = 10\log_{10}\frac{I}{I_0} \quad [\text{dB}] \tag{9.71}$$

を**波（音）の強さのレベル**といい，単位は dB（デシベル）で表す．これは対数による計量になるので，非常に小さい量から大きい量にまで範囲が広い量を表すときに便利である．波の強さが 10 倍になるごとに強さのレベルは 10 dB ずつ増加し，2 倍増加したときには約 3 dB 増加する．音の場合，耳のよい人が振動数 1000 Hz の音を聞き取れるかどうかの限界の強さを基準の値 $I_0$ にとる．$I_0 = 10^{-12}\,\text{W/m}^2$ である．

　人が聞くときの感覚としての**音の大きさ**はフォン（phon）で表す．ある音を聞いた

とき，$x\,[\mathrm{dB}]$ の強さのレベルをもった $1000\,\mathrm{Hz}$ の純音（正弦波）と同じ大きさに聞こえる場合，その音の大きさは $x$ フォンであると定める．人の可聴周波数は $16\,\mathrm{Hz}$ から $20000\,\mathrm{Hz}$ であり，$3000\,\mathrm{Hz}$ から $4000\,\mathrm{Hz}$ 付近が最も鋭敏に聞こえる．dB は音のエネルギーの大きさを表すが，フォンは聞いた感覚の大きさを表す．$1000\,\mathrm{Hz}$ でフォンと dB の値は一致するが一般には同じ値にならない．たとえば，エネルギーとしては $50\,\mathrm{dB}$ の音波であっても，振動数が低くて聞こえにくければ音の大きさは $20$ フォン程度の場合もある．

**（8） 弦や管の中の気体の定常波**

弦楽器の弦のように両端が固定された弦の振動について調べよう．線密度 $\rho_0$ の弦が $x$ 軸にそって張力 $T$ で張ってあり，$x=0$ と $x=L$ で固定されている（固定端）．弦を $x$ 軸と垂直方向にはじいたとき，弦の変位を $u(x,t)$ とする．変位 $u$ は

① 波動方程式を満たす

② $x=0$ および $x=L$ で固定されているので，これらの位置で $u=0$

の二つの条件を満たさねばならない．①の条件を満たすことから，$u$ は式 (9.50) で与えられ

$$u = f(x-vt) + g(x+vt) \tag{9.72}$$

である．ただし，$v=\sqrt{T/\rho_0}$，$x=0$ で $u=0$ より

$$u = f(-vt) + g(vt) = 0$$

ここで，$t$ がどのような値に対しても成り立たねばならないので $s=vt$ とおき

$$g(s) = -f(-s) \tag{9.73}$$

のような関数の関係がある．この式で $s=x+vt$ とおいて式 (9.72) に代入すると

$$u = f(x-vt) - f(-x-vt) \tag{9.74}$$

この式の右辺の第 1 項と第 2 項は，それぞれ原点（固定端）から出ていく反射波と原点に向かう入射波とに対応させることができる．

ここで，関数 $f$ として正弦波を仮定し，式 (9.65) を代入すると

$$u = A\sin\left\{2\pi\nu\left(\frac{x}{v}-t\right)+\phi\right\} + A\sin\left\{2\pi\nu\left(\frac{x}{v}+t\right)-\phi\right\}$$
$$= 2A\sin\left(2\pi\nu\frac{x}{v}\right)\cos(2\pi\nu t - \phi) \tag{9.75}$$

最後に $x=L$ で $u=0$ の条件を課すと

$$\sin\left(2\pi\nu\frac{L}{v}\right) = 0$$

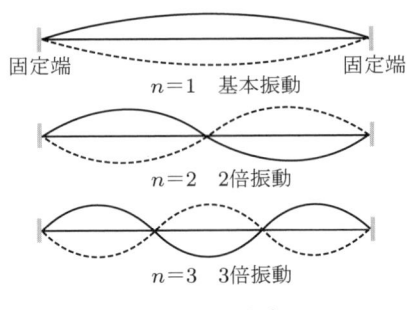

図 9.16 弦の定常波

すなわち，振動数 $\nu$ は

$$\nu_n = n\frac{v}{2L} \quad (n=1, 2, 3, \cdots) \tag{9.76}$$

となる．この $n$ の値ごとに $u=u_n$, $2A=A_n$, $-\phi=\phi_n$ とおきかえると

$$u_n = A_n \sin\left(2\pi\nu_n \frac{x}{v}\right)\cos(2\pi\nu_n t + \phi_n) \tag{9.77}$$

となる．$n=1, 2, 3$ の場合の $u_n$ を図 9.16 に示す．$n=1$ の振動を**基本振動**といい，このときの振動数 $\nu_1=v/(2L)$ を基本振動数という．$n$ が 2 以上の振動数は基本振動数の整数倍になっている．これらの振動を 2 倍振動，3 倍振動あるいはまとめて**倍振動**といっている．弦が空気を振動させると音波になって振動が空気中を伝わっていく．これらの振動数の音をそれぞれ**基本音**（または原音）および**倍音**といっている．また，図 9.16 の波はあたかも立ち止まって振動しているかのように見えるが，正方向に進む波と端で反射して負方向へ進む波を重ね合わせた波形になっている．このような波を**定常波** (stationary wave) といい，変位が時刻にかかわらずつねに 0 であるところを**節** (node)，振幅の最大のところを**腹** (loop) という．

式 (9.77) の $u_n$ をいろいろな $n$ について重ね合わせた振動

$$u = \sum_{n=1}^{\infty} u_n \tag{9.78}$$

も波動の条件を満たしている．弦をはじくと，一般には基本振動だけでなくいろいろな倍振動も含まれている．この振動によって発生する音も，基本音の他にいろいろな倍音を含んでいる．音波を調べて，含まれている振動ごとにその振幅をグラフに表したものを**音のスペクトル**という．楽器で音を出すとき，基本音が同じであっても倍音の含まれ方は楽器の構造により異なるので，波形が異なり**音色**の違いとして聞こえる．楽器に固有な音のスペクトルに合わせて倍音を合成すれば，その楽器の音色と同じ音

**例題 9.4** 一端が閉じて他端が開いている長さ $L$ の管がある．この管の中の空気（これを気柱という）を振動させて生じる正弦波の振動数を求めよ．

**解** 閉じた端は空気が動けないので（固定端），定常波の節になる．また，開いた端は空気が自由に振動できるので（自由端），定常波の腹になる．図 9.17 に管の中の気体の定常波を示す．実際は縦波であるが，図では横波として表示している．

音速を $v$ とすると，この定常波の振動数 $\nu$ は

$$\nu_n = n\frac{v}{4L} \quad (n = 1, 3, 5, \cdots) \tag{9.79}$$

となり，倍音の振動数は基本振動数 $v/(4L)$ の奇数倍のみである． ■

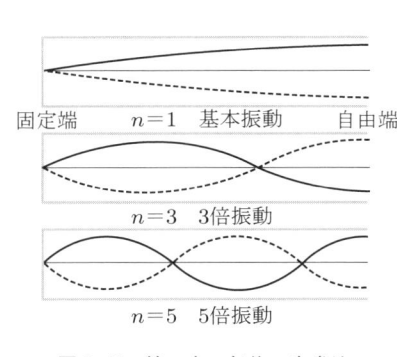

図 9.17 管の中の気体の定常波

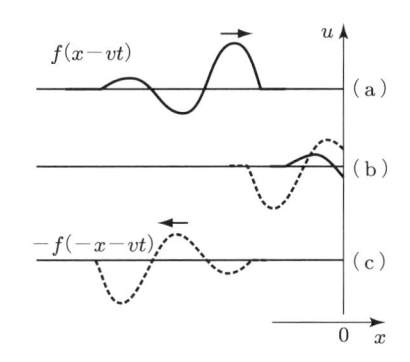

図 9.18 固定端での反射

**例題 9.5** 図 9.18 (a) の波形の波が右端の固定端に向かって進んでいる．固定端で反射して時間が経過した後の波の波形を図示せよ．

**解** 式 (9.74) からわかるように，固定端での反射は $x$ 軸の原点に関して折り返して負（−）の符号をつけたものになる．したがって反射波は図 9.18 (c) のようになる． ■

## 練習問題 9  (解答は p. 247～248)

1. 次の運動が最大振幅 $A$ の単振動と仮定し，それぞれの場合について，振動の周期 $T$，最大速度 $v_{\max}$，振動の全エネルギー $E$ を求めよ．振動体の質量はいずれの場合も $m$ とする．重力加速度は $g$ とし，摩擦や抵抗はないものとする．

    （1）ばね定数が $k_1$, $k_2$ の二つのばねとおもりを図 9.19 (a) と (b) のようにつないで振動させるとき．

図 9.19

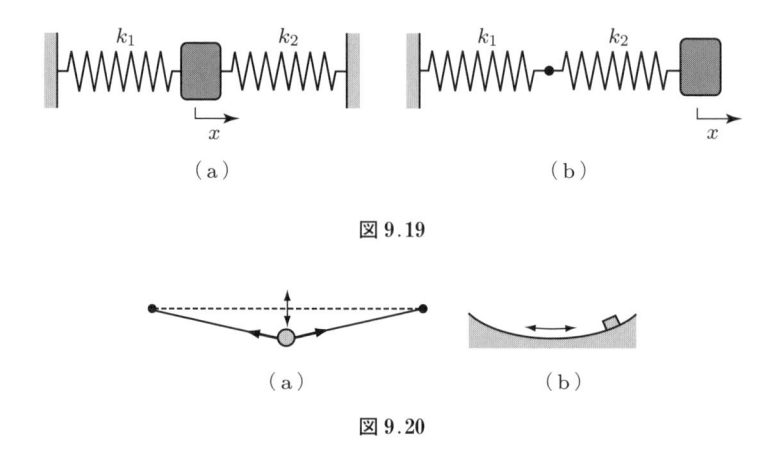

(a)　　　　　　　　　(b)

図 9.20

(2) 真ん中におもりをつけたゴムのひもがある．ゴムの両端を引張った状態でおもりをゴムひもと垂直な方向に振動させるとき．このときのゴムひもの長さを $L$，張力を $F$ とする（図 9.20 (a)）．

(3) 曲率半径 $r$ の凹面になった氷面で物体を滑らせ往復運動させるとき（図 9.20 (b)）．

2. $A\sin\omega t$ で上下振動している台の上に質量 $m$ の物体をのせている．物体が台から受けている抗力の最大値と最小値を求めよ．物体は振幅がいくら以上になると台から離れはじめるか．

3. 二つの振動 $x_1 = c_1\sin\omega t$ と $x_2 = c_2\sin(\omega t + \phi)$ を加えた合成振動は $x_1 + x_2 = c\sin(\omega t + \theta)$ と表せるが，$c$ と $\tan\theta$ はいくらか．

4. $x$ 方向および $y$ 方向にそれぞれ次の組合せで同時に振動しているとき，$xy$ 面でどのような曲線を描くか．$t$ を消去し $x$ と $y$ の関係を式で表し，その曲線をグラフで示せ．このような曲線の図をリサジュー（Lissajous）図という．

　(1) $x = c_1\sin\omega t$, 　$y = c_2\cos\omega t$

　(2) $x = c\cos\omega t$, 　$y = c\cos 2\omega t$

5. 振動数がわずかに異なる二つの振動 $x_1 = c\sin(\omega + \Delta\omega)t$ と $x_2 = c\sin(\omega - \Delta\omega)t$ を重ねて聞くと「うなり」が聞こえる．$x_1 + x_2$ を変形して，そのうなりの振動数がいくらになるかを示せ．

6. 水中の音速を求めよ．水の体積弾性率は $2.2\times10^9$ Pa とする．

7. ヘリウムと酸素の比熱比をそれぞれ 5/3，7/5 とする．それぞれの気体の中の音速の比はいくらか．ただし，ヘリウムと酸素の 1 mol の質量は，それぞれ $4\times10^{-3}$ kg/mol, $32\times10^{-3}$ kg/mol とする．

8. スピーカーから 1 W の出力で音が発生し，等方的に広がっていくものとする．10 m, 100

m のところではそれぞれ何 dB の音になるか．

9. ある出力で音を出し，50 dB の音が聞こえている．出力を 2 倍にすると何 dB になるか．また，70 dB にするには出力を何倍にすればよいか．

10. 片方が閉じた管を使用した管楽器がある．気温が 20 ℃ のとき基本振動が 440 Hz の音を出している．このときの管の長さはいくらか．また，そのとき 440 Hz 以外に混じっている音の振動数はいくらか．気温が 24 ℃ になったとき，振動数は何 Hz になるか．24 ℃ で 440 Hz の音を出すためには管の長さをどれだけ調整しなければならないか．（音速は式 (9.62) を参照）

11.* 3 次元の場合の波動方程式は $\frac{\partial^2 u}{\partial t^2} = v^2 \left( \frac{\partial^2 u}{\partial x^2} + \frac{\partial^2 u}{\partial y^2} + \frac{\partial^2 u}{\partial z^2} \right)$ であるが，3 次元の平面波 $u = C \sin(\boldsymbol{k} \cdot \boldsymbol{r} - \omega t)$，および原点を源とする球面波 $u = C \sin(kr - \omega t)/r$ はこの波動方程式を満たすことを示せ．また，波動の伝播速度 $v$ はそれぞれどのように表せるか．それぞれの振動数と波長も求めよ．ただし，$\boldsymbol{k} \cdot \boldsymbol{r} = k_x x + k_y y + k_z z$ で，波動の進行方向は波数ベクトル $\boldsymbol{k}(k_x, k_y, k_z)$ の向きである．また，$r = \sqrt{x^2 + y^2 + z^2}$ である．

# 第 10 章
# 特殊相対性理論

　これまでは，時間はどの観測者にとっても同じである，と考えてきた．これに基づいて相対運動を扱うガリレイ変換は，高速で運動するものに対しては正しくない．高速の場合にも正しい方法は，アインシュタイン（A. Einstein）が提唱したもので，特殊相対性理論（special theory of relativity. 1905 年）といわれる．

## 10.1　ガリレイ変換と相対論の要請

### （1）　ガリレイ変換（準備）

　2 人の観測者がある物体の位置を観測した結果を比較しよう．2 人の相対的な位置関係が変わらなければ，同じ座標系を使えばよい．しかし，その位置関係が変わる場合は，それぞれの座標系が必要になる．

　物体の位置を表すのに，図 10.1 のように，一方の観測者に固定された座標系 S（系 S）と，これに対して一定な速度 $v$ で運動している他の観測者に固定された座標系 S′（系 S′）を用いる．二つの座標系の座標軸は互いに平行で，しかも，$x$ 軸と $x'$ 軸は一致し，その方向は速度 $v$ の方向である．

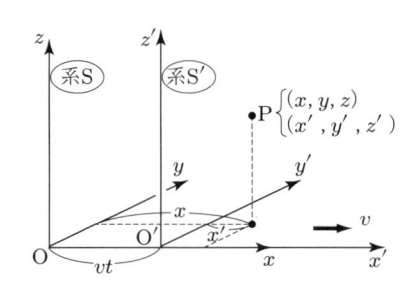

**図 10.1**　点 P の座標（ガリレイ変換）
　　　　系 S′ が系 S に対して，$x$ 方向の正の向きに
　　　　一定な速さ $v$ で動いている場合

　物体の位置 P を，系 S で表した座標を $(x, y, z)$，系 S′ で表した座標を $(x', y', z')$ とする．また，二つの系の原点 O と O′ が一致したときを時間 $t$ の原点（$t=0$）に選ぶと，時間 $t$ における関係は

$$\left.\begin{array}{l} x' = x - vt \\ y' = y \\ z' = z \end{array}\right\} \quad (10.1)$$

である．これを，**ガリレイ変換**（Galilei transformation）という．

これらを時間 $t$ で微分し，$dx/dt = V_x$，$dx'/dt = V_x'$ などと表すと

$$\left.\begin{array}{l} V_x' = V_x - v \\ V_y' = V_y \\ V_z' = V_z \end{array}\right\} \quad (10.2)$$

というガリレイ変換の**速度の合成則**が得られる．これをベクトルで表すと

$$\bm{V'} = \bm{V} - \bm{v} \quad \text{または，} \quad \bm{V} = \bm{V'} + \bm{v} \quad (10.3)$$

である．ここで，$\bm{V'}$ は系 S′ から観測したときの物体 P の速度，$\bm{v}$ は系 S′ の系 S に対する速度，$\bm{V}$ は系 S から観測したときの物体 P の速度である．

### （2） 光速度一定と相対性原理（要請）

特殊相対性理論では，以下のことが要請される．

① 真空中での光の速度は，互いに等速度運動しているどの系から観測しても同じである（**光速度一定**）．

　図 10.2 のようにレーザーから出た単一波長の光は，ビームスプリッターで透過光と反射光に分けられる．分けられた二つの光は，その先に置かれた反射鏡 1, 2 で，ビームスプリッターの方向に反射される．このとき，二つの光はビームスプリッターで重ね合わさり，スクリーンにその干渉像が映し出される．位相が一致しているときは，二つの光は足し合わされ，振幅が大きくなり「明線」をつくるが，位相が反転しているときは，二つの光は打ち消され「暗線」をつくる．

　マイケルソンとモーレーは，1887 年にこの装置と同様の装置を地球の公転方向と同方向から 90° 回転した方向に設置した場合の干渉じまを比較した．地球の公転速度は大きいので，光に対してガリレイ変換が成り立つのであれば，干渉じまにずれが生じるはずであるが，そのずれは全く観測されなかった（**マイケルソン–モーレーの実験**）．

② 互いに等速度運動しているどの系に対しても，物理法則は同じ形で表せる（**相対性原理**）．

　相対原理は，「互いに運動している系を物理法則を用いて区別できない」ことを意味している．つまり，「これらの系はすべて同等」である．

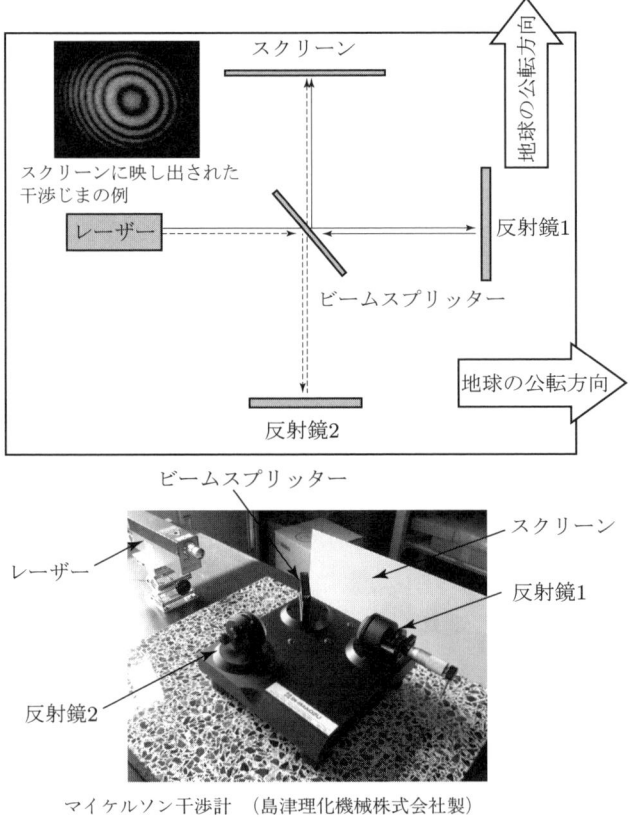

図 10.2 マイケルソン-モーレーの実験と原理

## 10.2 ローレンツ変換

### (1) ローレンツ変換の導入

次に，前節で述べた二つの要請（光速度一定と相対性原理）を認め，ガリレイ変換に代わる変換則を導くことにしよう．ガリレイ変換では，時間は絶対的なものである（つまり，系 S でも系 S′ でも時間の進み方は同じである）と考えていた．それに対し，時間は座標系に依存すると考え，系 S の時間を $t$，系 S′ の時間を $t'$ と表し，O と O′ が一致したときを，時間 $t=t'=0$ に選ぶ．

長さの測定を例として，変換則を求めよう．物体を静止の状態で測った長さ（物体をその系に固定させて測った長さ）を $L_0$，その系に対して一定な速さ $v$ で動いている

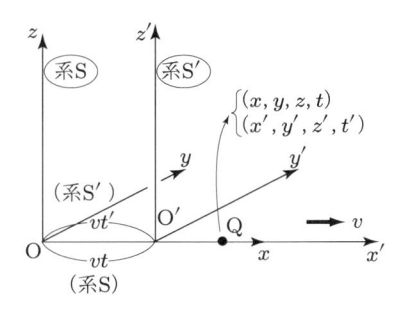

**図 10.3** 点 Q の座標（ローレンツ変換）

状態で測った長さを $L$ とする．$L_0$ と $L$ は比例すると仮定すると

$$L_0 = \gamma L \quad (\gamma：比例定数) \tag{10.4}$$

ここで，「$t=t'=0$ に点 O（この時刻には，点 O' と一致）を出た光（フラッシュ）が，$x$ 軸（$x'$ 軸）上の点 Q に到達した」という事象を考える（図 10.3 参照）．点 Q の位置座標が系 S で $(x,0,0)$，系 S' で $(x',0,0)$ であり，そこにこの光が到達した時刻が系 S で $t$，系 S' で $t'$ であったとすると

$$x = ct \quad (c：真空中の光速度) \tag{10.5}$$
$$x' = ct' \tag{10.6}$$

である．ここで，光速度一定の要請を用いた．次に，O'Q の長さは，系 S' では $x'$，系 S では $x-vt$ である．これを式 (10.4) に代入すると

$$x' = \gamma(x - vt) \tag{10.7}$$

となる．ここで，O' は，系 S' に対しては静止し，系 S に対しては運動していることを用いた．また，OQ の長さは，系 S で $x$，系 S' で $x'+vt'$ であるから

$$x = \gamma(x' + vt') \tag{10.8}$$

である．O は，系 S に対して静止し，系 S' に対して運動している[1]．

式 (10.5)，(10.6)，(10.7) および (10.8) から $\gamma$ を求めると[2]

$$\gamma = \frac{1}{\sqrt{1-(v/c)^2}} \tag{10.9}$$

となる．結局，ガリレイ変換に代わる変換は

---

1) 式 (10.7) と (10.8) は対称的な形になっている．つまり，系 S と系 S' は同等であり，相対性原理の要請を満たしている．これは，式 (10.4) の仮定の結果である．
2) たとえば，式 (10.5) と (10.6) を式 (10.7) へ代入すると，$ct' = \gamma(c-v)t$．同様に，式 (10.8) へ代入すると，$ct = \gamma(c+v)t'$．この二式から，式 (10.9) が得られる．

である.また,その逆変換は

$$x' = \frac{x - vt}{\sqrt{1-(v/c)^2}} \\ y' = y, \quad z' = z \\ t' = \frac{t - vx/c^2}{\sqrt{1-(v/c)^2}} \Biggr\} \quad (10.10)$$

である.また,その逆変換は

$$x = \frac{x' + vt'}{\sqrt{1-(v/c)^2}} \\ y = y', \quad z = z' \\ t = \frac{t' + vx'/c^2}{\sqrt{1-(v/c)^2}} \Biggr\} \quad (10.11)$$

となる.これらを,**ローレンツ変換**(Lorentz transformation)という.

**例題 10.1** 系 S′ の系 S に対する速度 $v$ が光速 $c(=3.0 \times 10^8\,\text{m/s})$ よりもずっと小さい場合,ローレンツ変換はガリレイ変換に帰することを示せ.

**解** $(v/c)^2 \ll 1$ であるから,$\sqrt{1-(v/c)^2} \fallingdotseq 1$.したがって,式 (10.10) の第 1 式は,式 (10.1) の第 1 式と同じ.式 (10.10) の第 4 式は $t' = t$ となる. ∎

## (2) 速度の合成則

**ローレンツ変換における速度の合成則**を求めよう.なお,それぞれの系で,次のように速度を定義することが妥当であろう.

系 S から観測したある物体の速度の $x$ 方向成分: $\quad \dfrac{dx}{dt} = V_x$ (と表す)

系 S′ から観測したある物体の速度の $x'$ 方向成分: $\quad \dfrac{dx'}{dt'} = V_x'$

$V_y$,$V_y'$ なども同様に定義する.式 (10.10) から

$$dx' = \frac{dx - v\,dt}{\sqrt{1-(v/c)^2}} = \frac{V_x - v}{\sqrt{1-(v/c)^2}}\,dt$$

$$dy' = dy, \quad dz' = dz$$

$$dt' = \frac{dt - (v/c^2)\,dx}{\sqrt{1-(v/c)^2}} = \frac{1 - (v/c^2)\,V_x}{\sqrt{1-(v/c)^2}}\,dt$$

となる(ここで,$dx = V_x dt$ を用いた).この(第 1 式)/(第 4 式)から,$V_x'$ が求められる.同様に,$dy'/dt' = V_y'$,$dz'/dt' = V_z'$ も得られ,速度の合成則は

$$\left.\begin{aligned} V_x' &= \frac{V_x - v}{1 - (v/c^2)\,V_x} \\ V_y' &= \frac{V_y\sqrt{1-(v/c)^2}}{1-(v/c^2)\,V_x} \\ V_z' &= \frac{V_z\sqrt{1-(v/c)^2}}{1-(v/c^2)\,V_x} \end{aligned}\right\} \quad (10.12)$$

となる．また，この逆変換は，次のようになる．

$$\left.\begin{aligned} V_x &= \frac{V_x' + v}{1 + (v/c^2)\,V_x'} \\ V_y &= \frac{V_y'\sqrt{1-(v/c)^2}}{1+(v/c^2)\,V_x'} \\ V_z &= \frac{V_z'\sqrt{1-(v/c)^2}}{1+(v/c^2)\,V_x'} \end{aligned}\right\} \quad (10.13)$$

**例題 10.2** 系 S に対し一定な速度 $v$ で動いている系 S' 上の人が，$v$ と同じ方向，向きに進む光の速度を測定したところ，$c$ であった．その光を系 S の人が測定するとどうなるかを，速度の合成則を用いて求めよ．

**解** $v$ および光の方向，向きを $x$ 方向の正の向きとする．式 (10.13) で $V_x' = c$，$V_y' = V_z' = 0$ であるから，第 1 式は，$V_x = \dfrac{c+v}{1+(v/c^2)\,c} = \dfrac{c+v}{1+(v/c)} = c$

また，$V_y = 0$，$V_z = 0$ であるから，$V = \sqrt{V_x^2 + V_y^2 + V_z^2} = c$ ∎

## 10.3 長さと時間間隔

### (1) 長 さ

長さが観測する系に依存する可能性があることは，すでに 10.2 節（1）で考慮した．その結果は，式（10.4）と（10.9）から

$$L = L_0\sqrt{1-(v/c)^2} \quad (10.14)$$

$\begin{cases} L_0 : \text{観測者に対して静止しているときの長さ} \\ L : \text{観測者に対して一定な速さ } v \text{ で長さ方向に動いているときの長さ} \end{cases}$

である．つまり，運動している物体の長さは短く見える．

**例題 10.3** ローレンツ変換の式から，長さを表す式 (10.14) を導け．

**解 長さ**とは，その物体の両端の座標の差である．系 S に対して静止している物体を考える．その両端の座標を $x_1$, $x_2$ とすると，$L_0 = x_2 - x_1$ である．一方，系 S' から測定したその両端の座標を $x_1'$, $x_2'$ とすると，式 (10.11) の第 1 式から

$$x_1 = \frac{x_1' + vt'}{\sqrt{1-(v/c)^2}}, \qquad x_2 = \frac{x_2' + vt'}{\sqrt{1-(v/c)^2}}$$

の関係がある．動いている物体の場合には，両端の座標は，その系での「同時に」測定する必要がある．したがって，この二式の $t'$ が等しい場合にその差をとると，

$$x_2 - x_1 (= L_0) = \frac{x_2' - x_1'}{\sqrt{1-(v/c)^2}} = \frac{L}{\sqrt{1-(v/c)^2}}$$

つまり，$L = L_0 \sqrt{1-(v/c)^2}$ となる[1]．　■

### （2）時間間隔

系 S′ から見て，ある事象（たとえば，フラッシュ）が 2 回，同じ場所 $x'$ で起こった．その事象が起こった時刻は，

・系 S′ の観測者には，時刻 $t_1'$, $t_2'$
・系 S の観測者には，時刻 $t_1$, $t_2$

と観測された．これらの間の関係は，式 (10.11) の第 4 式を用いて

$$t_1 = \frac{t_1' + (v/c^2)x'}{\sqrt{1-(v/c)^2}}, \qquad t_2 = \frac{t_2' + (v/c^2)x'}{\sqrt{1-(v/c)^2}}$$

である．この二つの事象間の**時間間隔**は，

・系 S′ では，$T_0 = t_2' - t_1'$
・系 S では，$T = t_2 - t_1$

である．$t_1$ と $t_2$ の両式の $x'$ は等しいから，この差をとると

$$T = \frac{T_0}{\sqrt{1-(v/c)^2}} \qquad (10.15)$$

が得られる．ここで，

$$\begin{cases} T_0 : \text{その事象を静止していると観測する系での時間間隔} \\ T : \text{その事象を速さ } v \text{ で運動していると観測する系での時間間隔} \end{cases}$$

式 (10.15) は，相対的に運動している二つの系の間では，互いに相手の時計が遅れているように見えることを示している．

---

〈参考〉　　　　　　　　　**光を直接用いた時計**

　周期的な現象は時計として利用できる．2 枚の鏡を平行に置き，光を繰り返し反射させる「光」時計を考える．相対速度 $v$ の系 S と系 S′ に，同一の（相対運動がないとき，長さ $L_0$ が等しい，つまり，時間の進みが等しい）「光」時計がある．「系 S′ の鏡 A を出た

---

[1] 式 (10.11) の代わりに，式 (10.10) の第 1 式から式 (10.14) を導くことはできないことに注意．一方，$x_1'$, $t'$, $x_1$ に対応する $t_1$ と，$x_2'$, $t'$, $x_2$ に対応する $t_2$ は等しくないが，この物体は系 S に対しては静止しているから，両端の座標の測定は，系 S に対しては同時でなくてもよい．

フラッシュ（閃光）が鏡 B に到達した」という事象をそれぞれの系から観測するとしよう．

　系 S′ からは図 10.4(a) が観測される．系 S′ の鏡 A を出た光が鏡 B に到達するのにかかる時間は，$L_0/c$（$=T_0$ とする：系 S′ から見ると，この「光」時計は静止）である．系 S からは図 10.4(b) が見える．これにかかる時間を $T$ とする（系 S から見ると，この「光」時計は運動）．この $T$ の間に，系 S′ の「光」時計は $vT$ だけ動き，光は $cT$ だけ進む．したがって，$(cT)^2 = L_0^2 + (vT)^2$ であるから

$$T = \frac{L_0/c}{\sqrt{1-(v/c)^2}} = \frac{T_0}{\sqrt{1-(v/c)^2}}$$

となり，式 (10.15) が得られる．この例からも，$T > T_0$ が理解できる．

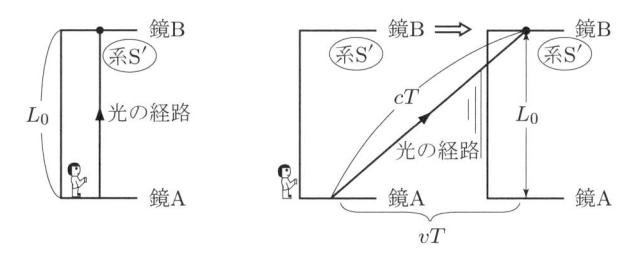

（a）系 S′ から見た場合　　（b）系 S から見た場合

図 10.4　系 S′ の「光」時計をそれぞれの系から見た様子
（光の経路が見えたと仮定している）

## 10.4　相対論的力学

### （1）質　　量

　これまで学んだニュートン力学を，ローレンツ変換の見地から見直すことにしよう．初めに，運動量の保存則との関連で，質量を考える．

　例として，「二つの同じ質量の物体 A と B が，系 S′ の $x'$ 方向に速度 $v$ と $-v$ で運動し，衝突して合体した（図 10.5(b)）」という事象を取り上げる．この系 S′ に対して速度 $-v$ で動く系 S からこれを見ると，図 10.5(a) のようになる．B の速さは 0，C の速さは $v$ である．また，A の速さは，式 (10.13) の第 1 式に $V_x' = v$ を代入して，$V_x = V$ と書くことにすると，次のようになる．

$$V = \frac{v+v}{1+(v/c^2)v} = \frac{2v}{1+(v/c)^2} \tag{10.16}$$

速さによらない非相対論的質量を $M$ と表す．系 S での運動量は，衝突前には $MV = 2Mv/\{1+(v/c)^2\}$，衝突後には $2Mv$ であり，明らかに保存されない．

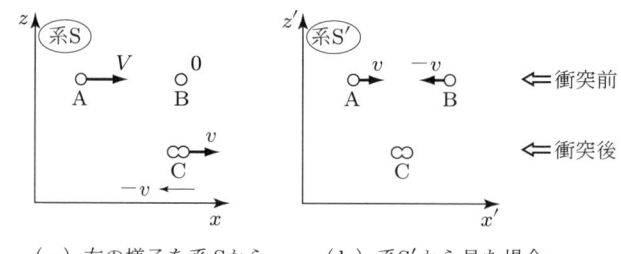

(a) 右の様子を系Sから見た場合　　(b) 系S'から見た場合

**図10.5** 二つの物体A, Bが衝突してくっついた．この事象を，系S'と系Sから見た様子（系Sは，系S'に対して$x$方向の負の向きに，一定な速さ$v$で動いている）

そこで，運動量の保存則が成り立つような**相対論的質量** $m$ を求めよう．そのために，質量に速さ$V$に依存する可能性を与える．速さ$V$の物体の質量を$m$，とくに速さ0のときの質量を$m_0$とすると，系Sにおける運動量の保存則は

$$mV = (m + m_0)v \qquad (10.17)$$

である[1]．式 (10.16) と (10.17) から，$v$を消去して$m$を求めると

$$m = \frac{m_0}{\sqrt{1 - (V/c)^2}} \qquad (10.18)$$

となり，$m > m_0$であることがわかる．$m_0$を**静止質量**（rest mass）という．

### (2) エネルギー

これまで学んだ非相対論的運動方程式は

$$\boldsymbol{F} = M\frac{d\boldsymbol{V}}{dt} = \frac{d(M\boldsymbol{V})}{dt}$$

であった（$M$：非相対論的質量）．この最後の表現で，$M$を相対論的質量$m$でおきかえる．$m$はその物体の速度$\boldsymbol{V}$の関数（つまり，時間$t$の関数）であるから

$$\boldsymbol{F} = \frac{d(m\boldsymbol{V})}{dt} = m\frac{d\boldsymbol{V}}{dt} + \boldsymbol{V}\frac{dm}{dt} \qquad (10.19)$$

である．これが，相対論的な運動方程式である．

次に，運動エネルギーの定義に，式 (10.19) を代入して，質量とエネルギーの関係を求めよう．静止していた物体に力$\boldsymbol{F}$が働き，その間に距離$s$だけ動いて，速さ$V$になったとする．**運動エネルギー** $E_k$は，静止状態からその速さ$V$になるまでにされる仕事であるから

---

[1] 質量の総和は保存されると仮定する（衝突後の全質量は，衝突前の全質量 $m + m_0$ と等しい）.

$$E_k = \int_0^s F_s \, ds \quad (F_s:\text{微小変位 } ds \text{ 方向の力 } \boldsymbol{F} \text{ の成分})$$

これに，式（10.19）の初めの式を代入すると

$$E_k = \int_0^s \frac{d(mV)}{dt} ds = \int_0^{mV} \frac{ds}{dt} d(mV) = \int_0^{mV} V d(mV)$$

$$= \int_0^V V d\left(\frac{m_0 V}{\sqrt{1-(V/c)^2}}\right)$$

ここで，部分積分 $[xy] = \int x \, dy + \int y \, dx$ を用いると

$$E_k = \left[\frac{V \cdot m_0 V}{\sqrt{1-(V/c)^2}}\right]_0^V - \int_0^V \frac{m_0 V}{\sqrt{1-(V/c)^2}} \, dV$$

第2項に，$d\{c^2\sqrt{1-(V/c)^2}\}/dV = -V/\sqrt{1-(V/c)^2}$ を用いると

$$E_k = \frac{m_0 V^2}{\sqrt{1-(V/c)^2}} + m_0 \left[c^2\sqrt{1-(V/c)^2}\right]_0^V = \frac{m_0 c^2}{\sqrt{1-(V/c)^2}} - m_0 c^2$$

$$= mc^2 - m_0 c^2 \tag{10.20}$$

となる．つまり

$$m_0 c^2 + E_k = mc^2 \tag{10.21}$$

である．$mc^2 (=E$ と表す$)$ を**全エネルギー**，$m_0 c^2$ を**静止エネルギー**という．また，質量と全エネルギーの関係は，次のようになる．

$$E = mc^2 = \frac{m_0 c^2}{\sqrt{1-(V/c)^2}} \tag{10.22}$$

**例題 10.4** 速さ $V$ の物体の運動エネルギー $E_k$ は，$V$ が光速 $c$ よりもずっと小さい場合，つまり，$V/c \ll 1$ のとき，$(1/2)m_0 V^2$ になることを示せ．

**解** $x \ll 1$ では $(1-x)^n \fallingdotseq 1-nx$ である．

$$\frac{1}{\sqrt{1-(V/c)^2}} = \left\{1-\left(\frac{V}{c}\right)^2\right\}^{-1/2} \fallingdotseq 1-\left(-\frac{1}{2}\right)\left(\frac{V}{c}\right)^2 = 1+\frac{V^2}{2c^2}$$

したがって，式（10.20）の最後の部分は

$$E_k \fallingdotseq m_0 c^2 \left(1+\frac{V^2}{2c^2}\right) - m_0 c^2 = \frac{1}{2} m_0 V^2$$

となり，非相対論的力学の結果と一致する．　■

**例題 10.5** 式（10.18），（10.22），運動量の定義 $p=mV$ を用いて，

（1）全エネルギー $E$ が次のように表せることを示せ．

$$E = \sqrt{m_0^2 c^4 + p^2 c^2} \tag{10.23}$$

（2）さらに，運動エネルギー $E_k$ を用いて，次のように表せることを示せ．

$$p = \sqrt{2m_0 E_k \left(1 + \frac{E_k}{2m_0 c^2}\right)} \tag{10.24}$$

**解** （1）式 (10.18) から，$V = c\sqrt{1-(m_0/m)^2}$．これを $p=mV$ に代入すると，$m = \sqrt{m_0^2 + (p/c)^2}$．さらに，これを式 (10.22) に代入する．

（2）式 (10.21)，つまり，$E = m_0 c^2 + E_k$ に，（1）の結果を代入する． ■

## 練習問題 10 （解答は p.248〜249）

1. 観測者に対して $0.9c$ の速さで長さ方向に動いている物体の長さは，静止している場合の長さの何パーセントか．

2. 静止状態での寿命が $1.0 \times 10^{-7}$s の粒子がある．この粒子が地面に対して，$0.99c$ の速さで動いているとき，地上から観測される寿命はいくらか．

3. 系 S から観測して，位置 $x_1 = 10^6$m と $x_2 = 2 \times 10^6$m の 2 か所で時刻 $t = 10^{-2}$s において（同時に），フラッシュが観測された．系 S に対して，$x$ 方向の正の向きに速さ $0.8c$ で運動している系 S′ からもこのフラッシュを観測したとき，それぞれのフラッシュが観測される時刻 $t_1'$ および $t_2'$ を求めよ．

4. $x'^2 + y'^2 + z'^2 - c^2 t'^2 = x^2 + y^2 + z^2 - c^2 t^2$ であることを示せ（ローレンツ変換 (10.10) を用いる）．

5. 地面から見て，2 個の電子 A, B がともに速さ $0.6c$ で逆向きに運動している．これらの電子の相対速度を求めよ（たとえば，地面を系 S，電子 B を系 S′ とする）．

6. 静止の状態での長さが 100 m のロケットが飛んでいる．これを地上から測定したところ，98 m であった．このロケットの速さを求めよ．

7. 次のような速さをもつ粒子について，相対論的質量の静止質量に対する比 $m/m_0$ を求めよ（$c = 3.00 \times 10^8$ m/s）．
（1）108 km/h, （2）$0.8c$.

8. 重水素の原子核（質量 2.0141 u）は，陽子（質量 1.0078 u）1 個と中性子（質量 1.0087 u）1 個からなる．この二つの素粒子がそれぞれ単独で存在する状態から，重水素の原子核ができるときの質量欠損が原子核の結合エネルギー（結合力に対応）になっている．1 原子質量単位 (u) $= 1.66054 \times 10^{-27}$ kg を用いて，この結合エネルギーを求めよ（$c = 2.9979 \times 10^8$ m/s）．

9. 静止の状態から 10 MV の電圧で加速された電子（運動エネルギーが 10 MeV の電子）について，次の値を求めよ．ただし，1 eV $= 1.60218 \times 10^{-19}$ J, 電子の静止質量 $9.1094 \times 10^{-31}$ kg, 光速 $2.9979 \times 10^8$ m/s を用いよ．
（1）全エネルギー，（2）質量，（3）運動量，（4）速さ（$p = mV$ を用いて），
（5）速さ（$m = m_0/\sqrt{1-(V/c)^2}$ を用いて）．

# 第11章
# 量子力学とその応用
## （原子と電子物性）

これまで学んできた古典論（classical physics）は，原子や固体の物性に対しては成り立たない面がある．原子分子の振舞いや固体物性を見事に説明できる量子力学（quantum mechanics）は，20世紀初めに完成した．この章では，量子力学，および，それに関連した原子や物質の構造と性質を扱う．

## 11.1 物質の構成

### （1） 原子・分子の存在

ギリシャ時代から**原子**（atom）という概念はあったが，それが科学的な根拠をもったのは最近である．原子や分子を仮定すると，化学反応に関する法則が説明される．X線回折は，物質の不連続性（原子・分子の存在）を直接的に裏づける．

### （a） X線の性質

レントゲンは，高速の電子が金属に衝突したときに未知の放射線が発生することを発見し，**X線**（X-ray）と名づけた（1895年）．X線は波長が $10^{-11} \sim 10^{-8}$ m 程度の電磁波で，非常に透過性が強いが，密度の大きい物質では吸収され，医学や工業で利用されている．X線は，連続的な波長分布をもつ部分（連続X線）と線スペクトル（特性X線）からなる．連続X線は，電子の速度変化（一般的には，電荷の加速度運動）に伴って放出される．特性X線は原子の外殻電子が内殻に移るときに放出され，原子の種類に固有なスペクトル（波長分布）を示す．

### （b） X線回折と原子の配列

結晶は，外見上の形に規則性があり，中にはある特定の方向に割れやすい性質（へき開性）をもつものもあり，原子が規則的に並んでいることを示唆する．ラウエは，波長の短いX線を用いて，この推測を確かめることを提案した（1912年）．これはすぐに，フリードリヒとクニッピングによって実証され，原子の存在だけでなく，原子が規則的に配列していることがわかった．

間隔 $a$ で1列に並んだ原子に，図11.1のような角度 $\theta$ で波長 $\lambda$ のX線が当たった場合を考えよう．原子は点波源の働きをし，原子による散乱波は

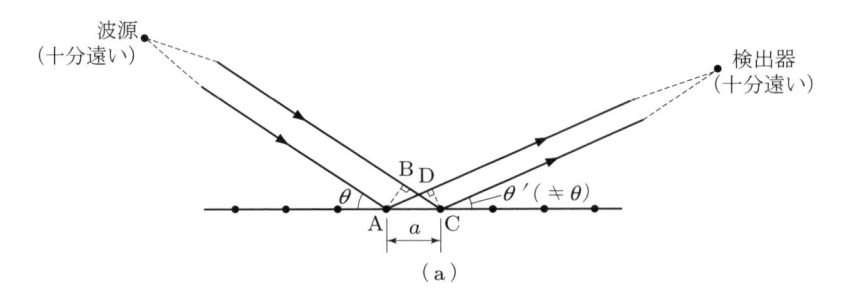

(a) $\theta'(\neq\theta)$ の方向では光路差($=\overline{AD}-\overline{BC}$)がある，つまり，位相差がある．各原子からの散乱波は少しずつ位相がずれるから，その重ね合せは 0 となる．

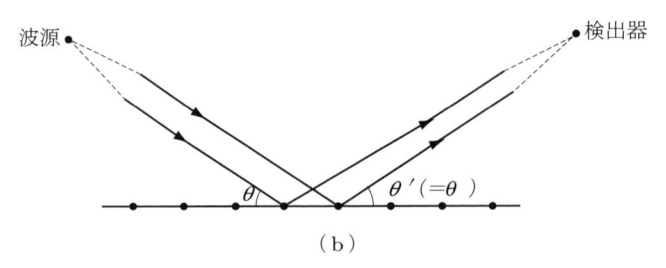

(b) $\theta'=\theta$ の方向では光路が等しいから，各原子からの位相の等しいたくさんの波の重ね合せとなり，強い回折(反射)が生ずる．

**図 11.1** 1 次元原子による回折（斜方向入射の場合）．平面（格子面）の場合も同様

$$\overline{AD}-\overline{BC}=a(\cos\theta'-\cos\theta)=m\lambda \quad (m=0,1,2,\cdots) \quad (11.1)$$

の方向で強め合う（図 11.1(a)）．一方，それ以外の $\theta'(\neq\theta)$ では，多くの原子による散乱波の重ね合せは完全に 0 になり，散乱波はなくなる（図 11.1(a)）．高次（$m=1, 2,\cdots$）の回折は，他の格子面の組（図 11.2 参照）による反射と一致するので $m=0$（すなわち $\theta'=\theta$）に相当する反射だけを考えればよい．つまり，「反射の法則」が成り立つと考えて議論できる（図 11.1(b)）．

反射の法則が成り立つのは平面でも同様である．しかし，実際の結晶では原子は 3 次元的に規則正しく配列していて原子を網の目とする網平面（これを**格子面**という）が同じ間隔で平行に並んでいる．しかも，この「格子面の組」は，いろいろな方向に存在する（図 11.2）．入射 X 線は各平面で「反射」されるが，この各平面からの反射波がさらに重ね合わされることになる．その結果，1，2 次元の場合とは異なり，必ず回折が生ずる（反射する）というわけではなくなる．

格子面間距離が $d$ である「格子面の組」に，格子面と $\theta$ の角度で平行 X 線束が入射

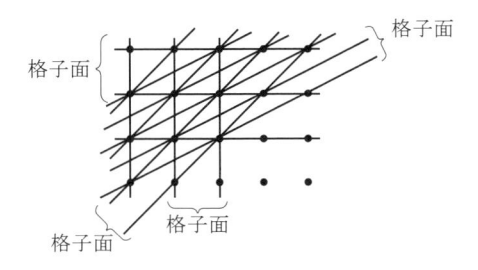

**図 11.2** 格子面の組（2 次元的に示す） 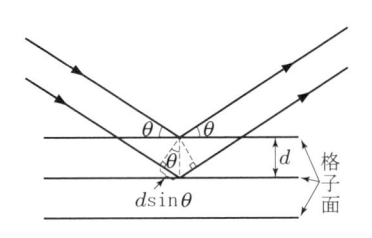 **図 11.3** 格子面の組による回折

した場合を考えよう．隣り合った二つの格子面からの反射波の光路差は，$2d\sin\theta$ である（図 11.3）．これが波長 $\lambda$ の整数倍，つまり，

$$2d\sin\theta = n\lambda \quad (n=1, 2, \cdots) \tag{11.2}$$

であれば，強め合って回折が生ずる．この「格子面の組」の他の格子面からの波も同じ位相であるから，さらに強め合う．一方，これ以外の方向では，隣り合った二つの格子面からの反射波には位相差がある．さらに第 3，第 4，…の格子面からの波も次々に同じだけ位相がずれていくから，すべての格子面からの反射波の重ね合せは 0 になる．式 (11.2) を**ブラッグの条件**という．

たとえば，ダイヤモンドでは図 11.4(a) のように炭素原子が配列している．最近接原子は 4 個である．グラファイトは同じ炭素原子からできているが，図 11.4(b) のように層状になっていて，最近接原子は 3 個である．

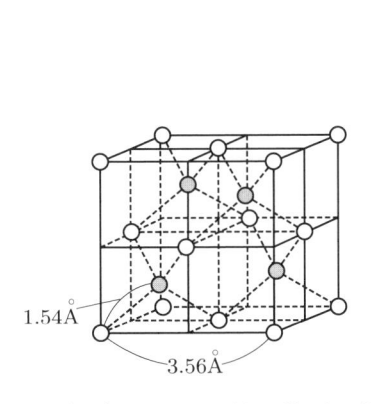

（a）ダイヤモンド（少しずれた 2 組の面心立方格子からなる） 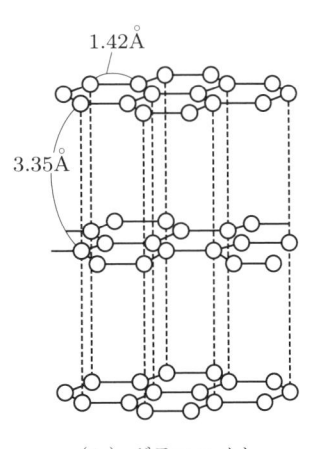　（b）グラファイト

**図 11.4** 結晶構造の例（球は炭素原子を表す．$1\,\text{Å} = 10^{-10}\,\text{m}$）

**例題 11.1** 図 11.4(a) の立方体中には，炭素原子が 8 個ある（たとえば，角(かど)の原子は 1/8 個と数える）．立方体の 1 辺の長さ $3.56\times10^{-10}$ m，ダイヤモンドの密度 $3.51\times10^{3}$ kg/m³ を用いて，炭素原子の質量を求めよ．

**解** 炭素原子 1 個当たりの体積は，$(3.56\times10^{-10}\text{m})^3/8 = 5.64\times10^{-30}$ m³．炭素原子の質量は，$m_C = 5.64\times10^{-30}\text{m}^3 \times 3.51\times10^3\text{kg/m}^3 = 1.99\times10^{-26}$ kg ∎

---

〈参考〉　　　　　　　　　**粉末 X 線回折法**

各「格子面の組」に対して，格子面間距離 $d$ が一つ存在する．回折を起こさせるには，X 線の波長 $\lambda$ と角度 $\theta$ のどちらかを連続的に変化させる必要がある．

粉末 X 線回折法では，結晶粒の小さい多結晶（粉末）を用いる．ここで，ある特定の「格子面の組」を考える．各結晶粒は全くでたらめな方向を向いているから，この特定の「格子面の組」も各結晶粒ごとにいろいろな方向を向いている．これに単色 X 線（波長 $\lambda$ が一定な X 線）を当てると，式 (11.2) を満たす $\theta$ をもつ結晶粒で回折が起こる．実際には，検出器を試料のまわりで 1 周させて（または，フィルムを置いて），すべての「格子面の組」の $\theta$（つまり，$d$）を一度に測定できる．

図 11.5 に粉末 X 線回折写真法，図 11.6 にディフラクトメーター[1]を使用する粉末 X 線回折法を示す．

(a) 金(Au)による X 線のデバイ–シェラー環

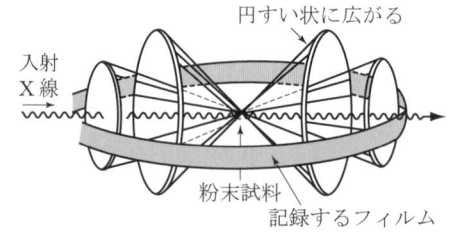

(b) デバイ–シェラーカメラの原理（図(a)のデバイ–シェラー環はこのフィルムを広げたもの）

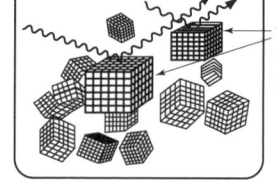

(c) 粉末試料　粉末の中でブラッグの条件を満たす結晶だけが X 線を回折して図(b)のように円すい状に広がる．

**図 11.5**　粉末 X 線回折写真法

---

[1] 計数管で記録する方法もよく用いられる．ゴニオメーター（測角器）と計数管などで構成された X 線回折装置全体をディフラクトメーターという．

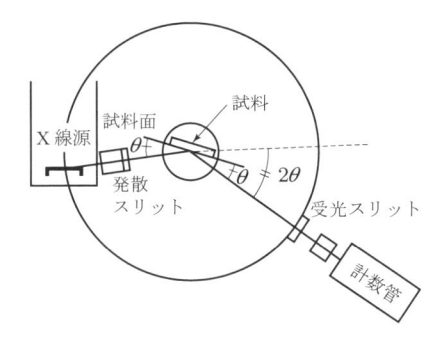

(a) X線回折装置のしくみ
式(11.2)を満たすX線が計数管に入る.

(b) X線回折装置のゴニオメーター
中央の穴の中に試料をセットする.

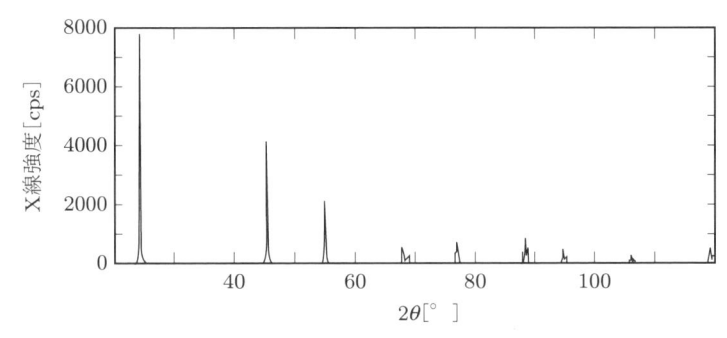

(c) X線回折装置によるX線回折データの例（シリコン(Si)の粉末，縦軸は回折X線の強度）

図 11.6 ディフラクトメーターを使用する粉末 X 線回折法

## （2） 電子とイオン

原子という言葉は，初めは最小単位という意味で使われたが，現在では内部構造があることがわかっている．ここでは，電子やイオンの存在を示す現象を扱う．

### （a） 低圧気体放電

ガラス管中の2枚の電極間に電圧を加え，管内の気体の圧力を下げる．次に，電圧を上げていくと急に電流が増加し，美しい色を呈する（これを**放電**という）[1]．これに磁界や電界を加えると方向が曲げられる．その向きから，これが負の粒子であることがわかる．現在では，この粒子を**電子**（electron）と呼んでいる．

---

1) 電圧が小さくてもわずかな電流が流れるのは，宇宙線が気体分子をイオン化して電子と陽イオンをつくるからである．電圧をあげると，加速された電子が気体分子に衝突するときの運動エネルギーが大きくなる．これがイオン化エネルギー以上になると，さらにイオン化が起こる．生じた電子がまた他の気体分子を次々にイオン化する（電子なだれという）．このような放電は，気体の圧力を下げても起こる．

## (b) 電子の比電荷

電荷 $q$, 速度 $v$ の粒子が真空中で受けるローレンツ力 $F$ は，電界 $E$, 磁界の磁束密度 $B$ のとき，$F = q(E + v \times B)$ である．この荷電粒子の質量を $m$, 加速度を $a$ とすると，$ma = F$ であるから，粒子の運動から $a$ を観測すれば，粒子の電荷と質量の比（**比電荷**）を知ることができる．

トムソン (J. J. Thomson) がこの方法で，いろいろな種類の気体について，気体放電における負の粒子の比電荷を測定したところ，すべて等しい値になった．したがって，電子はすべての原子に共通に含まれていることがわかる（電子の発見，1897 年）．現在知られている値は

$$\frac{e}{m} = 1.7588 \times 10^{11} \, \text{C/kg} \qquad (11.3)$$

この方法は，個々の粒子について直接測定する点で優れていて，後にアストンによって改良され，質量分析と呼ばれている（図 11.7 参照）．

## (c) 電子の電荷と質量

電解質溶液の電気伝導に関するファラデーの電気分解の法則は，電荷に最小の単位（**電気素量**）が存在することを示唆する．液体や気体の電気伝導（電気分解や気体放電）における陽イオンや陰イオンは，原子や分子から電子が離れ，あるいは，その電子が原子や分子に付着したものである．したがって，電気素量は電子の電荷にほかならないであろう．

ミリカンは電気素量の存在を直接的に示した（1909 年）．油滴が空気中を落下する

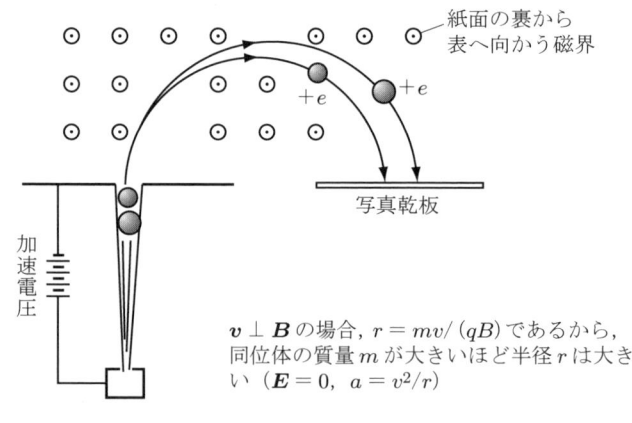

**図 11.7** 質量分析器の原理

$v \perp B$ の場合，$r = mv/(qB)$ であるから，同位体の質量 $m$ が大きいほど半径 $r$ は大きい（$E = 0$, $a = v^2/r$）

と，すぐ一定な速度（終速度）になる[1]．電界が加わっているとき，電荷をもっている油滴の中には，重力とちょうどつり合って静止するものがいくつか存在する．これにX線を当てると，油滴の電荷は変化する．この電荷の変化が，終速度に比例することを利用した[2]．その結果，電荷の変化はある値の小さな整数倍になった．その値（電気素量）は

$$e = 1.6022 \times 10^{-19} \text{C} \tag{11.4}$$

である．電子の電荷は$-e$である．式($11.3$)に式($11.4$)を代入すると，電子の質量が次のように求められる．

$$m = 9.1094 \times 10^{-31} \text{kg} \tag{11.5}$$

### (3) 原子の構造

原子の中で，電子や正の粒子がどのように存在するか，が次のテーマである．

#### (a) 原子番号と原子量

同じ種類の原子でも質量が異なると，陽イオンの比電荷は異なる．たとえば，水素原子の質量は，$m_H = 1.6735 \times 10^{-27}$ kg（電子の約1800倍）であるが，重水素原子の質量は，$m_D = 3.3445 \times 10^{-27}$ kg である．このように，比電荷の測定から一つ一つの原子の質量を求めると，**同位体**（化学的性質は同じで，質量が異なる原子）が存在することがわかる．

各元素について，自然界における存在比という重み付きで平均した原子の質量の比が**原子量**である[3]．元素を原子量の順に並べると，化学的性質が似た元素が周期的に現れる．例外的に原子量の順と周期性が矛盾する部分があるが，その場合は周期性を基準にする．このような順番を**原子番号**という．

#### (b) α線の散乱と原子の構造

原子に$\beta$**線**（高速の電子線）を当てると，ほとんどの電子は通り抜ける．したがって，原子の中の電子の数はそれほど多くはなく，また，電子は原子と比べてずっと小さくて，原子はすき間だらけであると推測される．

ラザフォード（E. Rutherford）のグループは，さらに原子の構造を明らかにするために，$\alpha$**線**（高速のヘリウムイオン（$He^{2+}$）の流れ）を用いた．

---

1) 空気からの粘性抵抗は$-Cv$（$C$：定数）．油滴の運動方程式は$m(dv/dt) = f - Cv$．これを解くと $v = (f/C)\{1 - \exp(-Ct/m)\}$．$m$が小さいと$v_\infty$になるのが早い．$t \to \infty$で終速度$v_\infty = f/C$．
2) $v_\infty = 0$となるのは，外力$f = mg + qE = 0$（$q$：油滴の電荷）のときである．X線で電荷が$\Delta q$変化すると，$f = mg + (q + \Delta q)E = \Delta qE$であり，$v_\infty = f/C = \Delta qE/C$．つまり，$\Delta q$は$v_\infty$に比例する．
3) 炭素の同位体の一つである$^{12}$C（存在比99%）を基準にして，その質量の1/12を単位として表す．

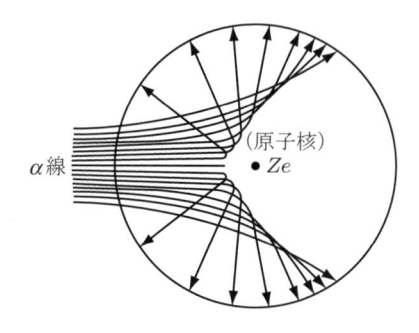

**図 11.8** 原子核による $\alpha$ 粒子の散乱

初めに，薄い金ぱくに $\alpha$ 線を当て，その散乱を測定した．それによると，「$\alpha$ 粒子のほとんどは方向を変えず（平均 $2°\sim3°$ の範囲内），そのエネルギーが少し減少する．同時に，非常に少数ではあるが（8000 個に 1 個ぐらい），大きく散乱される $\alpha$ 粒子がある．」$\alpha$ 粒子の小さな散乱は，電子との衝突の結果である．しかし，この衝突による方向変化が同じ方向に何回も起こったのが大きな散乱である，と仮定して大きな散乱が起こる確率を計算すると，1/8000 よりもずっと小さい．したがって，大きな散乱は正の電荷との衝突の結果である．

次に，正の電荷が広く分布している（したがって，電荷密度が小さい）と仮定して計算した結果を実験の結果と比較した．それによると，観測されるような大きな散乱は起こりえない．一方，正の電荷と質量が，非常に小さい部分に集中し，その電荷が $+Ze$（$Z$：原子番号）であると仮定すると，実験結果と一致する．この粒子を，**原子核**（nucleus）という．

原子核は，$+Ze$ の電荷と原子の質量の大部分をもち，大きさ（径）は $10^{-14}$ m 程度である．原子の径は，$10^{-10}$ m くらいであるから，体積では原子の $1/10^{12}$ しかない．原子は，この原子核と $-e$ の電荷をもつ $Z$ 個の電子からなる．

**（c） 原子スペクトルと定常状態**

原子についての情報は，原子が出す光（電磁波）からも得られる．たとえば，高温の気体が発する光の波長分布（発光スペクトル）は，元素の種類に固有な線スペクトルの分布を示す．このような**原子スペクトル**の波長 $\lambda$ は，簡単な式で表される．たとえば，水素原子では

$$\frac{1}{\lambda} = R\left(\frac{1}{n_1^2} - \frac{1}{n_2^2}\right) \quad \begin{pmatrix} n_1 = 1, 2, \cdots \\ n_2 = n_1+1, n_1+2, \cdots \end{pmatrix} \qquad (11.6)$$

$$R = 1.0974 \times 10^7 \,\mathrm{m}^{-1} \qquad (11.7)$$

である．$R$ を**リュードベリ定数**という．相変化や化学変化が起こっても，原子スペク

トルは変わらない．

原子がこのように安定していることを説明するために，ボーア（N. Bohr）は，**定常状態**という概念を提案した（1913年）[1]．たとえば，水素原子のエネルギーは，次のような不連続な状態（定常状態という）に限られる（$h$：プランク定数）．

$$E_n = -\frac{hcR}{n^2} \quad (n=1, 2, \cdots) \tag{11.8}$$

その結果，$n=1$ の**基底状態**にある限り安定であり，電磁波を放出することはない．このような定常状態が存在し，電子はそれ以外のエネルギーをもつことができないことは，フランク-ヘルツの実験によって確かめられた[2]．

---

〈参考〉　　　　　　　**ボーアの量子条件**

ボーアは，惑星モデルに古典論を適用して，式（11.8）が成り立つための条件を求めた．古典論ではエネルギーが不連続になることはない．この理論はエネルギーが不連続であると仮定した過渡的な理論であり，量子力学への橋渡しとして役立った．水素原子に対して半径 $r$ の円運動を仮定すると，運動方程式は

$$\frac{e^2}{(4\pi\varepsilon_0)r^2} = m\frac{v^2}{r} \tag{11.9}$$

ここで，$m$ は電子の質量，$e$ は電子の電気量である．エネルギーは，運動エネルギーと電気力による位置エネルギーの和であるから

$$E = \frac{1}{2}mv^2 - \frac{e^2}{(4\pi\varepsilon_0)r} = -\frac{me^4}{2(4\pi\varepsilon_0)^2 m^2 v^2 r^2} \tag{11.10}$$

である（最後で式（11.9）を用いた）．ここで，円運動の角運動量 $L=mvr$ が

$$2\pi L = nh \quad (n=1, 2, \cdots)(h：プランク定数) \tag{11.11}$$

のような不連続な値しかとれないと仮定すると，式（11.10）は

$$E = -\frac{2\pi^2 me^4}{(4\pi\varepsilon_0)^2 h^2 n^2} \tag{11.12}$$

となる．これは，$n$ との関係が式（11.8）と同じである．

---

**例題 11.2**　水素原子の基底状態（$n=1$）に対応する円軌道の半径を求めよ．

**解**　式（11.9）と式（11.11）から $v$ を消去し，$n=1$ とすると，$r_1 = \varepsilon_0 h^2/(\pi me^2)$（これを**ボーア半径**という）．（式（11.14）を用いると，$r_1 = 0.53 \times 10^{-10}$ m．）　■

---

[1] 原子核の周りを電子が運動するという惑星モデルは，古典論で考えると，安定ではない．古典論では，電子が加速度運動をすると電磁波を放出してエネルギーを失い，原子核に落ち込んでしまう．
[2] 電子が水銀原子に衝突する現象で，水銀原子がエネルギーを吸収できるのは，電子がもつ運動エネルギーが，水銀原子の定常状態間の差のエネルギーより大きい場合だけである．

## 11.2 粒子性と波動性

前節で，原子の安定性とそのエネルギーの不連続性は，古典論で説明できなかった．この節では，古典論が成り立たない他の例とそれに対するモデルを考える．

### （1） 現象とモデル
わかりやすくするために，現象とそれに対するモデルを区別する．

#### （a） 現　象
**粒子性**とは「それ以上分割できない最小の単位をもつ」ことである．たとえば，電子の比電荷や電気素量は電子の粒子性を示している．

**波動性**とは「回折や干渉などの現象を示す」ことである．たとえば，光やX線などの電磁波が波動性をもつことは，すでに知っていることであろう．

#### （b） モデル
マクスウェルの方程式が表す電磁波のモデルは「空間に連続的に分布している電磁界」である．このモデルは波動性を正確に説明する．

一方，「ニュートン力学に従う粒子」というモデルは，空間に局在する巨視的な物体の運動を正確に表すことができる．

### （2） 光の粒子性
#### （a） 光電効果
波長の短い光や紫外線が金属に当たると，電子が飛び出す．この現象を**光電効果**という．光電効果には次のような性質がある．

① 照射光の振動数 $\nu$（ニュー）がある値 $\nu_0$ より大きい場合だけ，電子が飛び出す．

② 振動数は一定で照射光を強くすると，飛び出す電子（**光電子**という）の数が増すが，その電子の運動エネルギーの最大値 $(E_k)_{max}$ は変わらない．

③ 金属表面に光が当たってから光電子が飛び出すまでの時間的な遅れは，平均的には光が弱いほど長いが，すぐに飛び出すこともある．

#### （b） 光子の仮説
このような実験結果は，「光が，空間に連続的に分布している」というモデルでは説明できない．たとえば，振動数が $\nu_0$ 以下でもエネルギーが蓄積すれば電子が飛び出し，光が強ければ，$(E_k)_{max}$ が大きくなっても不思議ではない．また，光が弱ければエネルギー密度が小さく，電子が飛び出すにはエネルギーが蓄積されるまで余分に時間がかかるはずである．しかし実際には，光が弱くても，光が当たってすぐ電子が飛び

出す場合がある．

アインシュタインは，これに対し，次のような光子の仮説を提案した（1905年）．

「**振動数 $\nu$ の光は，分割できないエネルギー $h\nu$ をもつ（粒子性を示す）粒子の集まりである（$h$：プランク定数）**」[1]

この粒子を**光子**（photon）という．この光子を吸収して飛び出す光電子の $(E_k)_{max}$ は，次のように表される．

$$(E_k)_{max} = h\nu - W \tag{11.13}$$

ここで，$W$ は**仕事関数**と呼ばれ，光電子が物質から外へ飛び出すのに必要な最低限のエネルギーである．$(E_k)_{max} > 0$ であるから，$h\nu < W$ ならば電子が飛び出さない．また，光子が当たればすぐ，電子が飛び出すのも当然である．

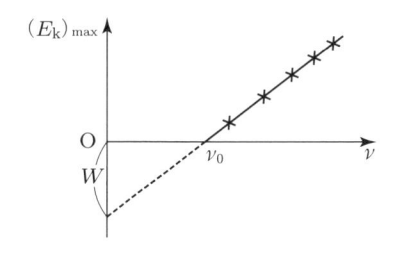

**図11.9** 光電効果における振動数 $\nu$ と運動エネルギーの最大値 $(E_k)_{max}$ との関係

照射光の振動数 $\nu$ と $(E_k)_{max}$ の関係を，単色光を用いて測定すると，図11.9のようになり，式 (11.13) が成り立っていることが裏づけられる（1916年，ミリカン）．この直線の傾きから，**プランク定数** $h$ が得られる．

$$h = 6.626 \times 10^{-34} \text{ J·s} \tag{11.14}$$

真空中では光子の速度 $V = c$ である．式 (10.22) で $m_0 \neq 0$ とすると，$E$ は $\infty$ となってしまうから，光子の静止質量 $m_0 = 0$ である．

また，第10章の式 (10.23) に $m_0 = 0$ を代入すると，$E = pc$ である．したがって，光子の運動量は，$p = h\nu/c = h/\lambda$ である．以上をまとめると

$$E = h\nu \left( = \frac{hc}{\lambda} \right) \tag{11.15}$$

$$p = \frac{h}{\lambda} \tag{11.16}$$

---

[1] この基礎はプランクが与えた（1900年）．黒体放射（物体がその温度に応じた振動数分布の電磁波を出す現象）では，エネルギーの吸収または放出が $h\nu$ を単位として起こる，と仮定した．

**例題 11.3** 光電効果で，光電子の運動エネルギーの最大値 $(E_k)_{max}$ を知るには，図 11.10(a) の回路（$V>0$ の場合を示す）で，$V$-$I$ 特性を測定する．最大値 $(E_k)_{max}$ をもって飛び出した光電子を引き戻すかどうかの限界の負の電圧（電流 $I=0$ となる電圧）を $V_0$ とする．（1）電圧 $V$ が大きいところで，電流 $I$ が飽和するのはなぜか．（2）電圧 $V_0$ と最大値 $(E_k)_{max}$ はどんな関係にあるか．

**解** （1）電圧が大きくなると，空間に飛び出した光電子が全部，陽極に集められる．電圧を上げても，電流はそれ以上増えない．（2） $(E_k)_{max} = e|V_0|$ ■

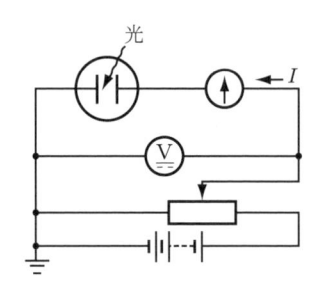

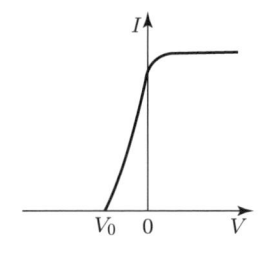

(a) 光電管と測定回路　　(b) 電圧 $V$ と電流 $I$ の関係

**図 11.10** 光電子の $(E_k)_{max}$ の測定

**例題 11.4** 式 (11.8) で，$n=n_2$ の状態から $n=n_1$ の状態への遷移が起こると，その差のエネルギー $E_{n_2} - E_{n_1} (= h\nu) = hc/\lambda$ をもつ光子が放出（または吸収）される．このことから，原子スペクトルの式 (11.6) を導け．

**解** $E_{n_1} = -hcR/n_1^2$，$E_{n_2} = -hcR/n_2^2$ を上の式へ代入する． ■

### (c) コンプトン効果

図 11.11 は，波長 $7.1 \times 10^{-11}$ m の X 線をグラファイトに照射した結果である．このように入射波と異なる波長の散乱波が生ずる**コンプトン散乱**も，電磁波の粒子性の現れである．入射波と散乱波の波長をそれぞれ，$\lambda_0$ と $\lambda$，電子の静止質量を $m_0$，衝突後

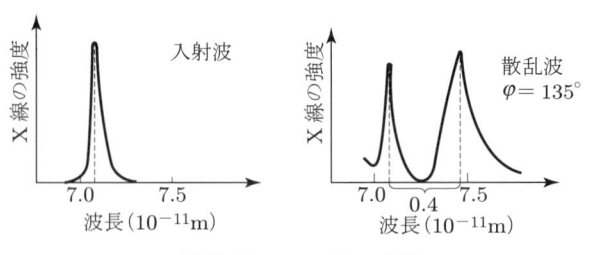

**図 11.11** コンプトン効果

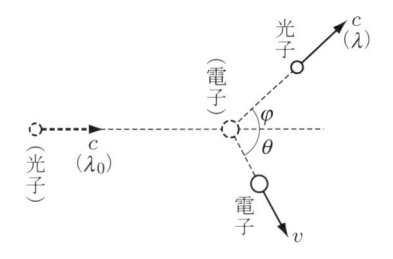

**図 11.12** コンプトン効果の説明図

の電子の速さを $v$ とする．式 (10.22) と (11.15) を用いると，エネルギーの保存則は次のようになる．

$$h\frac{c}{\lambda_0} + m_0 c^2 = h\frac{c}{\lambda} + \frac{m_0 c^2}{\sqrt{1-(v/c)^2}} \qquad (11.17)$$

また，衝突後の光子（X 線量子）と電子の方向を，図 11.12 のように $\varphi$ と $\theta$ で表す．運動量保存則の各方向成分は，式 (10.18) と (11.16) を用いて

$$\left.\begin{array}{l} \dfrac{h}{\lambda_0} = \dfrac{h}{\lambda}\cos\varphi + \dfrac{m_0 v}{\sqrt{1-(v/c)^2}}\cos\theta \\[6pt] 0 = \dfrac{h}{\lambda}\sin\varphi - \dfrac{m_0 v}{\sqrt{1-(v/c)^2}}\sin\theta \end{array}\right\} \qquad (11.18)$$

となる（電子の運動量は $mv$ である）．以上の 3 式から $v$ と $\theta$ を消去すると

$$\lambda = \lambda_0 + \frac{h}{m_0 c}(1-\cos\varphi)$$

となる．$h/(m_0 c) = 0.24 \times 10^{-11}$ m であり，$\varphi = 135°$ のとき，$\lambda = \lambda_0 + 0.4 \times 10^{-11}$ m である．このようにして，図 11.11 の第 2 の極大が導かれる．

**（3） 電子の波動性**

**（a） 物質波の仮説**

ド・ブロイ（L. de Broglie）は，電磁波と同様に，物質粒子も波動性と粒子性を併せもつのではないかと推測した（1924 年）．

運動量 $p$ の粒子には，式 (11.16) で表される波長 $\lambda$（振動数 $\nu$）の波が付随する，と仮定する．$x$ 方向の平面波は，$\psi_1 = \psi_0 \cos\{2\pi(x/\lambda - \nu t)\}$．これは空間に無限に続く波であるから，粒子を表すには適さない．そこで，この波と波長が $\Delta\lambda$，振動数が $\Delta\nu$ 異なる波 $\psi_2 = \psi_0 \cos[2\pi\{x/(\lambda+\Delta\lambda) - (\nu+\Delta\nu)t\}]$ を考える（$\Delta\lambda$ と $\Delta\nu$ は微小）．この二つの波を重ね合わせた波 $\Psi(=\psi_1+\psi_2)$ は

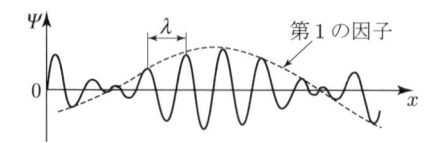

**208** 第11章 量子力学とその応用（原子と電子物性）

**図 11.13** 二つの波の重ね合せ

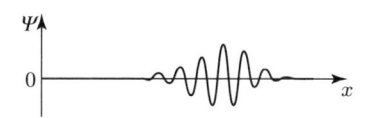

**図 11.14** 数多くの波の重ね合せ

$$\Psi \fallingdotseq 2\psi_0 \cos\left[2\pi\left\{\frac{x}{(-2\lambda^2/\varDelta\lambda)}-\left(\frac{\varDelta\nu}{2}\right)t\right\}\right]\cos\left\{2\pi\left(\frac{x}{\lambda}-\nu t\right)\right\} \quad (11.19)$$

となる．（ただし，$\lambda+\varDelta\lambda \fallingdotseq \lambda$，$\nu+\varDelta\nu \fallingdotseq \nu$ を用いた．）この波は，図 11.13 のように，右辺の第 2 の因子の波（波長 $\lambda$，振動数 $\nu$）が，第 1 の因子の波（波長 $2\lambda^2/\varDelta\lambda$，振動数 $\varDelta\nu/2$）によって振幅変調されたものである．波長と振動数が少しずつ異なる数多くの波についてこのような重ね合せを行うと，図 11.14 のような**波束**が得られる．この波は空間に局在しているので，実際の粒子を表せる．

### （b） 電子回折

電子が波動性をもつならば，X 線と同様に，式 (11.2) で表される回折を示すであろう．デヴィッソンとガーマーは，ニッケル（Ni）の単結晶でこれを確かめた（1927年）．図 11.15 (a) のように，$V=54$ (V)（$E_k=eV=54$ eV，$1$ eV $=1.6\times10^{-19}$ J）の加速電圧で電子線を Ni 単結晶のある格子面に対して $\theta=65°$ の角度で入射させた．このとき，検出器が電子線の入射方向となす角度 $\alpha$ が $50°$ のとき，電子の散乱強度の極大が観測された（図(b)）．このことから電子線も X 線と同様に格子面に対して「反射の法則」を満たす方向に強く回折されることがわかる．式 (11.16) を用いると，電子の波長 $\lambda$ は

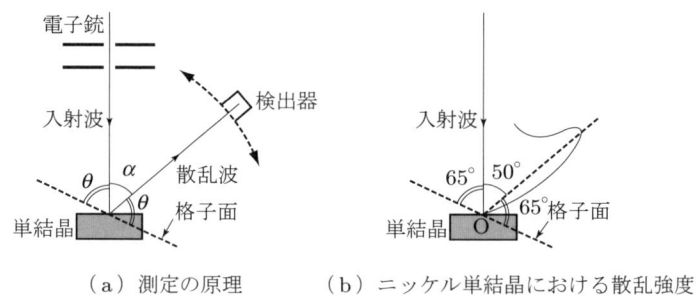

（a）測定の原理　　（b）ニッケル単結晶における散乱強度
　　　　　　　　　　　　（$V=54$ V の場合）
　　　　　　　　　　　　角度 $\alpha$ における強度が点Oから曲線
　　　　　　　　　　　　までの距離で表されている

**図 11.15** 電子線回折の測定

$$\lambda = \frac{h}{p} \fallingdotseq \frac{h}{\sqrt{2m_0 E_k}} = 1.7 \times 10^{-10} \text{m} \qquad (11.20)$$

となる（式（10.24）で $E_k \ll 2m_0 c^2$ のとき，$p \fallingdotseq \sqrt{2m_0 E_k}$）.

一方，X線回折で，この格子面間距離 $d$ を測定すると，$d = 9.1 \times 10^{-11}$ m（練習問題11の1.）．これと $\theta = 65°$，$n = 1$ を式（11.2）に代入すると，$\lambda = 1.7 \times 10^{-10}$ m となり，式（11.20）と一致し，電子の波動性と，$\lambda = h/p$ が裏づけられる[1]．

## 11.3　量子力学の原理

### （1）　波動性と不確定性原理

一つの実体が二重性（粒子性と波動性）をもつという事実を古典論では説明できない．ここでは，それに代わるモデルを探す．

### （a）　波動性とニュートン力学

「空間に連続的に分布している電磁界」というモデルは，光の粒子性と矛盾する．一方，「ニュートン力学に従う粒子」というモデルは，波動性を説明できるであろうか．ニュートン力学では，粒子の位置や速度を同時に正確に記述できることを前提にしている．それがわかれば，未来の位置や速度を予測できる（つまり，因果性がある）．実際，巨視的な物体ではその予測どおりになるが，微視的な粒子ではどうであろうか．

波動性の例として，単スリットによる回折を考える．実験を行うと，スクリーン上に図 11.16 の右のグラフのような粒子数の分布が得られる．この分布を得るには，多くの粒子が必要である．しかし，この分布は個々の粒子の振舞いの結果であり，粒子

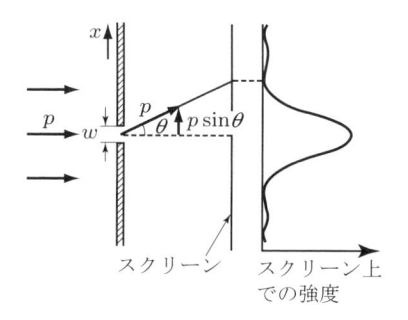

図 11.16　単スリットによる回折

---

[1] 電磁波も物質粒子も，ともに，**二重性**（波動性と粒子性）をもつことがわかった．その結果，これらを波動性と粒子性で区別することはできない．11.2節（2）（b）で述べたように，電磁波では $m_0 = 0$ である．一方，物質粒子では $m_0 \neq 0$ であるから，この「静止質量 $m_0$」で区別する．

間の相互作用によるものではない[1]. したがって，粒子に $x$ 方向（図参照）の成分をもつ力は働いていない．それにもかかわらず，$x$ 方向の運動量変化が生じている事実は，ニュートンの運動の法則に反する．つまり，「ニュートン力学に従う粒子」というモデルは，波動性と矛盾する．

### （b） 不確定性原理

ハイゼンベルグ（W. Heisenberg）は，不確定さという概念を導入した．スリットを通過した粒子の位置の $x$ 方向成分には，スリットの所で，スリット幅 $w$ だけの不確定さがある（これを $\varDelta x$ と表す．$\varDelta x = w$）．また，スリットを通過した結果，この粒子の方向に $2\theta$ 程度の角度の不確定さが生じた．これは運動量 $p$ の $x$ 方向成分の不確定さ $\varDelta p_x = 2p\sin\theta \fallingdotseq p\sin 2\theta$ に相当する．波長 $\lambda$ の光や電子の回折における広がりの角度 $2\theta$（中心の極大に対応）は，実験によると

$$\sin 2\theta \fallingdotseq \lambda/w \qquad (11.21)$$

である．また，波長 $\lambda$ と運動量 $p$ との間には，$\lambda = h/p$ の関係があるから，結局

$$\varDelta x \cdot \varDelta p_x \fallingdotseq wp\sin 2\theta \fallingdotseq \lambda p = h$$

である．不確定さの間のこの関係

$$\varDelta x \cdot \varDelta p_x \fallingdotseq h \qquad (11.22)$$

を**不確定性原理**（uncertainty principle）という（1927 年）．

不確定性原理は，全体的に考える必要がある．スクリーン上の分布（粒子の運動量）と，スリットでの位置を切り離すことはできない．もし，その位置をもっとよく知ろうとすれば，必ずスクリーン上の分布が変わってしまう．たとえば，スリットの上半分をふさげば，粒子は下半分を通る（$\varDelta x$ は半分になる）が，広がりの角度 $2\theta$ は 2 倍になり，$\varDelta p_x$ も 2 倍になる．したがって，式（11.22）は変わらない．また，$\varDelta x = 0$ にすることもできるが，$\varDelta p_x = \infty$ になってしまう．つまり，位置と運動量を「同時に」正確に知ることはできない．このことは，ニュートン力学が前提にしていた個々の粒子についての因果性が成立しないことを意味する（しかし，統計的因果性は期待できる）．

このように，粒子性と波動性が同時に重要になるのは，粒子がせまい領域（たとえば，せまいスリット，あるいは，原子の中）に限定された場合である．また，その二重性を説明できるのは，「ニュートン力学ではなく不確定性原理に従う（つまり，波動

---

[1] 粒子線の強度を非常に小さくすれば，スリットからスクリーンまでの間に存在する粒子数を平均1個以下にすることができる．それでも十分に時間をかけ，スリットを通る光の総量が同じになれば，スクリーン上に見られる回折（粒子数の分布）は全く同じになる（1909 年，テイラー）．

性をもった) 粒子」というモデルである．式 (11.22) で表される不確定さをもつのは粒子そのものの性質であり，測定精度が不十分なためではない．それは，微視的粒子について何かを観測しようとすれば，その**観測**が微視的粒子 (観測されるもの) に影響を与えることを避けられないためである[1]．

### （2） 定常状態のシュレーディンガー方程式

運動量 $p$ で運動している質量 $m$ の自由粒子がもつエネルギー $E$ は

$$E = \frac{p^2}{2m} \qquad (11.23)$$

である．アインシュタインの関係式 $E=h\nu$, $p=h/\lambda$ を式 (11.23) に代入すると

$$h\nu = \frac{1}{2m}\left(\frac{h}{\lambda}\right)^2 \qquad (11.24)$$

となる．ここで，波数 $k$ と角振動数 $\omega$ を使って，式 (11.24) を書き直すと

$$\hbar\omega = \frac{\hbar^2 k^2}{2m} \qquad (11.25)$$

となる．ただし，$k=2\pi/\lambda$, $\omega=2\pi\nu$, $\hbar=h/(2\pi)$ である．

一定速度で $x$ 軸方向に運動している自由粒子の波は正弦波であり

$$\psi = \sin(kx-\omega t) \qquad (11.26)$$

とすることができる[2]．式 (11.26) の正弦波を複素数に拡張して書き直すと

$$\psi = e^{i(kx-\omega t)} \qquad (11.27)$$

となる．これが，どういう微分方程式を満たせば，波数 $k$ と角振動数 $\omega$ が式 (11.25) を満たすか調べてみよう．

式 (11.27) を時間 $t$ で 1 階微分して，両辺に $i\hbar$ をかけると

$$i\hbar\frac{\partial \psi}{\partial t} = \hbar\omega e^{i(kx-\omega t)} = \hbar\omega\psi \qquad (11.28)$$

となる．また，式 (11.27) を位置 $x$ で 2 階微分して，両辺に $-\dfrac{\hbar^2}{2m}$ をかけると

$$-\frac{\hbar^2}{2m}\frac{\partial^2 \psi}{\partial x^2} = \frac{\hbar^2 k^2}{2m} e^{i(kx-\omega t)} = \frac{\hbar^2 k^2}{2m}\psi \qquad (11.29)$$

となる．式 (11.28), (11.29) より，式 (11.26) が次の微分方程式を満たせば，波数 $k$ と角振動数 $\omega$ は，式 (11.25) を満たすことがわかる．

---

[1] どのような観測 (測定) をするかが不確定さを決める．測定とは無関係に，物理量が決まった値をもつと考えるのは正しくない．「粒子の位置が $a$」とは，「位置を測定したところ，$a$ であった」ということを意味する．

[2] ただし，振幅を 1, 初期位相を 0 とする．

$$ i\hbar \frac{\partial \psi}{\partial t} = -\frac{\hbar^2}{2m} \frac{\partial^2 \psi}{\partial x^2} \qquad (11.30) $$

これが自由粒子の波の満たすべき式である．これを**自由粒子のシュレーディンガー方程式**といい，$\psi$ を**波動関数**という．

　自由粒子は，ポテンシャルエネルギー（位置エネルギー）をもたないため，その全エネルギーは式(11.23)のような運動エネルギーのみで表される．一般的には運動エネルギーとポテンシャルエネルギー $V$ の和が全エネルギーであるから，全エネルギー $E$ は

$$ E = \frac{p^2}{2m} + V \qquad (11.31) $$

で表される．式 (11.23) から式 (11.30) を導いたのと同様にして，粒子がポテンシャルエネルギー $V$ をもつ式 (11.31) から次の式が導かれる．

$$ i\hbar \frac{\partial \psi}{\partial t} = -\frac{\hbar^2}{2m} \frac{\partial^2 \psi}{\partial x^2} + V\psi = \left(-\frac{\hbar^2}{2m} \frac{\partial^2}{\partial x^2} + V\right)\psi \qquad (11.32) $$

これが，ポテンシャルエネルギーをもつときのシュレーディンガー方程式である．

　ところで，式(11.32)にあるポテンシャルエネルギー $V$ は，位置 $x$ と時間 $t$ の関数 $V(x,t)$ として表されるが，位置だけに依存する場合，すなわち $V = V(x)$ のとき，シュレーディンガー方程式は

$$ i\hbar \frac{\partial \psi}{\partial t} = \left(-\frac{\hbar^2}{2m} \frac{\partial^2}{\partial x^2} + V(x)\right)\psi \qquad (11.33) $$

となる．この解の波動関数 $\psi$ が，位置 $x$ のみの関数 $\varphi$ と時間 $t$ のみの関数 $\phi$ の積

$$ \psi(x,t) = \varphi(x)\phi(t) \qquad (11.34) $$

であるとして，式(11.33) に代入する．

$$ 左辺 = i\hbar \frac{\partial}{\partial t} \varphi(x)\phi(t) = i\hbar \varphi(x) \frac{\mathrm{d}\phi(t)}{\mathrm{d}t} $$

$$ 右辺 = \left(-\frac{\hbar^2}{2m} \frac{\partial^2}{\partial x^2} + V(x)\right)\varphi(x)\phi(t) = \phi(t)\left(-\frac{\hbar^2}{2m} \frac{\mathrm{d}^2 \varphi(x)}{\mathrm{d}x^2} + V(x)\varphi(x)\right) $$

となる．まとめると次式が得られる．

$$ i\hbar \varphi(x) \frac{\mathrm{d}\phi(t)}{\mathrm{d}t} = \phi(t)\left(-\frac{\hbar^2}{2m} \frac{\mathrm{d}\varphi(x)}{\mathrm{d}x} + V(x)\varphi(x)\right) $$

両辺を $\varphi(x)\phi(t)$ で割ると

$$ i\hbar \frac{1}{\phi(t)} \frac{\mathrm{d}\phi(t)}{\mathrm{d}t} = \frac{1}{\varphi(x)}\left(-\frac{\hbar^2}{2m} \frac{\mathrm{d}^2}{\mathrm{d}x^2} + V(x)\right)\varphi(x) \qquad (11.35) $$

式 (11.35) の左辺は時間 $t$ のみの関数であり，右辺は位置 $x$ のみの関数である．

これらが等しいためには，両辺が定数でなくてはならない．その定数を $E$ とすると

$$i\hbar \frac{1}{\phi(t)} \frac{\mathrm{d}\phi(t)}{\mathrm{d}t} = E \quad \text{すなわち，} \quad i\hbar \frac{\mathrm{d}\phi(t)}{\mathrm{d}t} = E\phi(t) \tag{11.36}$$

となる．また

$$\frac{1}{\varphi(x)}\left(-\frac{\hbar^2}{2m}\frac{\mathrm{d}^2}{\mathrm{d}x^2} + V(x)\right)\varphi(x) = E$$

すなわち

$$\left(-\frac{\hbar^2}{2m}\frac{\mathrm{d}^2}{\mathrm{d}x^2} + V(x)\right)\varphi(x) = E\varphi(x) \tag{11.37}$$

となる．

式 (11.36) の解は，$\phi(t) = Ce^{-i\frac{E}{\hbar}t}$ である．ただし，$C$ は任意定数である．解の中に含まれる $\hbar$ は，J·s の単位をもつ．また $t$ は，時間であり s の単位をもつことから，$E$ は，J の単位をもつことになる．これより，$E$ は，エネルギーを表している．一方，式 (11.37) は，時間を含んでいないので，**定常状態のシュレーディンガー方程式**と呼ばれている．

式 (11.37) の左辺の $-\frac{\hbar^2}{2m}\frac{\mathrm{d}^2}{\mathrm{d}x^2} + V(x)$ が波動関数 $\varphi(x)$ に作用すると，エネルギー $E$ と波動関数 $\varphi(x)$ の積が得られることから，$-\frac{\hbar^2}{2m}\frac{\mathrm{d}^2}{\mathrm{d}x^2} + V(x)$ はエネルギーを導く演算子 $\hat{H}$（**ハミルトニアン**）[1] である．

$$\hat{H} \equiv -\frac{\hbar^2}{2m}\frac{\mathrm{d}^2}{\mathrm{d}x^2} + V(x)$$

と定義され，式 (11.37) は

$$\hat{H}\varphi(x) = E\varphi(x) \tag{11.38}$$

とも書ける[2]．

ここでは，1 次元について考えてきたが，3 次元に拡張するとハミルトニアンは

$$\hat{H} \equiv -\frac{\hbar^2}{2m}\left(\frac{\partial^2}{\partial x^2} + \frac{\partial^2}{\partial y^2} + \frac{\partial^2}{\partial z^2}\right) + V(x, y, z)$$

となり

$$\hat{H}\varphi(x, y, z) = E\varphi(x, y, z) \tag{11.39}$$

となる．

---

[1] 本章では演算子の記号として $H$ や $p_x$ の上に ˆ (caret) をつけて表す．
[2] 関数に演算子を作用させると定数と元の関数の積になる方程式を**固有値方程式**という．演算子を作用させた結果，生成した定数を**固有値**といい，このときの関数を**固有関数**という．式 (11.38) の場合，$E$ が固有値で，$\varphi(x)$ が固有関数になる．

## (3) 1次元の箱の中に閉じ込められた粒子

本節では，定常状態のシュレーディンガー方程式の計算例を示す．ここでは，長さ $L$ の1次元の箱（図11.17）の中に閉じ込められた粒子（質量 $m$）のとりうるエネルギーについて考える．

粒子は，$0 \leq x \leq L$ の範囲で，ポテンシャルエネルギーをもたずに存在する．この粒子の波動関数を $\varphi(x)$ とすると，$0 \leq x \leq L$ の領域でシュレーディンガー方程式は，式 (11.37) より

$$-\frac{\hbar^2}{2m}\frac{\mathrm{d}^2\varphi(x)}{\mathrm{d}x^2} = E\varphi(x)$$

となる．式を変形すると

$$\frac{\mathrm{d}^2\varphi(x)}{\mathrm{d}x^2} = -\frac{2mE}{\hbar^2}\varphi(x) \qquad (11.40)$$

となる．$k = \sqrt{2mE}/\hbar$ とおけば，式 (11.40) は

$$\frac{\mathrm{d}^2\varphi(x)}{\mathrm{d}x^2} = -k^2\varphi(x)$$

となる．これは，単振動の運動方程式と同様に解く[1]ことができる．

この方程式の一般解は

$$\varphi(x) = C_1 \sin(kx) + C_2 \cos(kx) \qquad (11.41)$$

であるが，定数 $C_1$, $C_2$ は，境界条件により決めることができる．第1の境界条件 $\varphi(0) = 0$ より，$C_2 = 0$ となる．よって，

$$\varphi(x) = C_1 \sin(kx) \qquad (11.42)$$

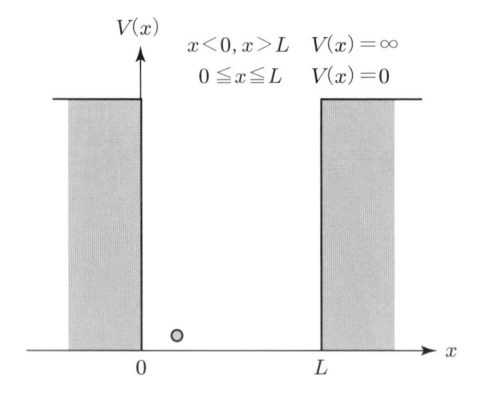

図11.17　1次元の箱の中に閉じ込められた粒子のポテンシャルエネルギー

---

1) 第9章の9.1節 (1) 調和振動を参照．

となる．さらに，第2の境界条件 $\varphi(L)=0$ より，$C_1\sin(kL)=0$ が得られる．これを解くと

$$kL = \frac{\sqrt{2mE}}{\hbar}L = n\pi \quad (n=1,2,3,\cdots) \tag{11.43}$$

となる．これより，閉じこめられた粒子のとりうるエネルギーが次のように求まる．

$$E_n = \frac{\pi^2\hbar^2}{2mL^2}n^2 \quad (n=1,2,3,\cdots) \tag{11.44}$$

また，波動関数は，式 (11.42) に式 (11.43) を代入して

$$\varphi_n(x) = C_1\sin\left(\frac{n\pi}{L}x\right) \quad (n=1,2,3,\cdots) \tag{11.45}$$

となる．式 (11.44)，(11.45) の $n$ は，**量子数**と呼ばれる．また，$n=1$ のときの状態を**基底状態**という．

### （4） 波動関数の解釈

波動関数 $\varphi_n(x)$ 自身は，実験で得られるいかなる物理量も表していない．しかし，波動関数（の大きさ）の2乗は，粒子がある位置に存在する確率を表している．すなわち $|\varphi_n|^2$ は粒子の存在確率を表している**確率密度関数** $P$ であり

$$P(x) = |\varphi_n(x)|^2 \tag{11.46}$$

と表せる．なお，確率密度関数 $P$ は，微小体積 $dV$ 中に存在する確率を $dV$ で割ったものである．

前節の例と同じように長さ $L$ の1次元の箱を例にとって，粒子が存在する様子について古典論（粒子性）と量子論（粒子の波動性）の両面から考えていく．

### （a） 古典論

図 11.18 のように $0 \leq x \leq L$ の領域で「粒子が見つかる確率」は，1 である．この領域を2等分すると，いずれかの領域に粒子が存在するので，「粒子が見つかる確率」は，1/2 である．

さらに4等分したとき，同様に考えれば，「粒子が見つかる確率」は，1/4 である．8等分したとき，「粒子が見つかる確率」は，1/8 である．

このように，粒子が存在する領域を $n$ 等分していくと，「粒子が見つかる確率」は，$1/n$ になることがわかる．ここで，$n$ 等分したときの一つ当たりの領域の長さ $L/n$ を微小領域 $dx$ とおくと，この微小領域 $dx$ で「粒子が見つかる確率」は $dx$ に比例する．比例定数を $C$ とすると，この微小領域 $dx$ で「粒子が見つかる確率」は $C\,dx$ である．$0 \leq x \leq L$ の領域で「粒子が見つかる確率」は 1 であるから，すべての微小区間

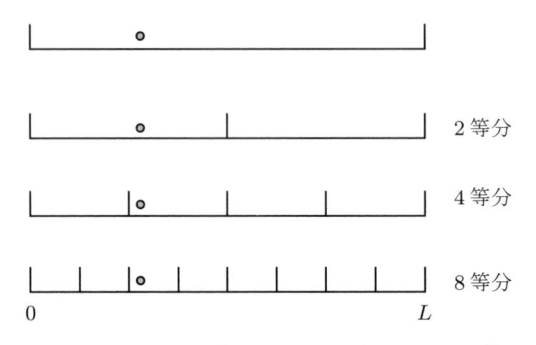

の「粒子が見つかる確率」を足せば，その確率は1となる．すなわち

$$\int_0^L C\,\mathrm{d}x = 1 \qquad (11.47)$$

である．式（11.47）より，$C=1/L$ となり

$$\int_0^L \frac{1}{L}\,\mathrm{d}x = 1 \qquad (11.48)$$

と書ける．確率密度関数 $P(x)$ は，$\int P(x)\mathrm{d}x=1$ であるから，式（11.48）中の $1/L$ は，確率密度関数を表している．すなわち，$P(x)=1/L$ であり，この場合は定数関数である．これを図 11.19 に示す．$0 \leq x \leq L$ のいずれの位置でも「粒子が見つかる確率」は，$1/L$ であることがわかる．

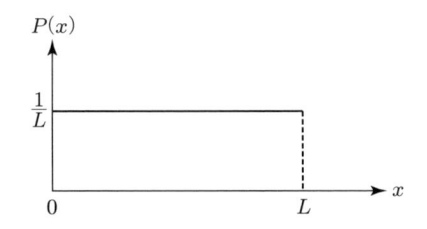

**図 11.19** 1次元の箱の中に閉じこめられた粒子の確率密度関数

### （b）量子論

波動関数 $\varphi_n(x)$ の絶対値の2乗が粒子の存在確率を表すことから，確率密度関数は，$P(x)=|\varphi_n(x)|^2$ で与えられる．粒子が存在する領域は，$0 \leq x \leq L$ であるので，$\int_0^L |\varphi_n(x)|^2 \mathrm{d}x = 1$ である．波動関数は，式（11.45）で与えられているので，上式は，$\int_0^L C_1^2 \sin^2\left(\frac{n\pi}{L}x\right)\mathrm{d}x = 1$ と書き直せる．これより定数 $C_1$ を求めると，$C_1 = \sqrt{2/L}$

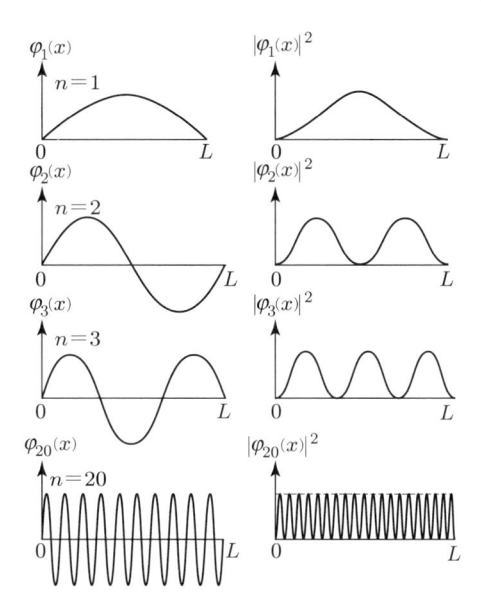

**図 11.20** 1次元の箱の中に閉じ込められた粒子の
波動関数と確率密度関数

となり，波動関数は

$$\varphi_n(x) = \sqrt{\frac{2}{L}}\sin\left(\frac{n\pi}{L}x\right) \tag{11.49}$$

となる．よって，粒子の存在する確率を表す確率密度関数 $P(x)$ は

$$P(x) = \frac{2}{L}\sin^2\left(\frac{n\pi}{L}x\right) \quad (n=1,2,3,\cdots) \tag{11.50}$$

である．

いくつかの結果を図 11.20 に示す．この図から明らかなように，古典論で得られた結果とは異なる．$n=1$ では，1次元の箱の中央 $L/2$ の位置でもっとも粒子が見つかりやすく，$n\geq 2$ では，波動関数の節の部分では，粒子は存在できないなどの特徴がある．$n$ を大きくしていくと，山と谷が多く含まれる．山の部分は，確率が $2/L$ である．実際には，分解能があることを考慮して，微小部について平均すると古典論になる．

### （5） 位置の期待値

位置 $x$ に対する確率密度関数 $P(x)$ が与えられたので，その位置を多数回観測したときの平均値 $\langle x \rangle$ を求めてみる．$\langle x \rangle$ は**期待値**とも呼ばれ

$$\langle x \rangle = \frac{\int_0^L x |\varphi_n(x)|^2 \mathrm{d}x}{\int_0^L |\varphi_n(x)|^2 \mathrm{d}x} \quad (11.51)$$

である．分母は規格化されているので 1 となり，実際は，分子のみを計算すればよい．

例として $n=1$ の状態, $\varphi_1(x) = \sqrt{\frac{2}{L}} \sin\left(\frac{\pi}{L} x\right)$ について求める．

$$\langle x \rangle = \int_0^L x |\varphi_1(x)|^2 \mathrm{d}x = \frac{2}{L} \int_0^L x \sin^2\left(\frac{\pi}{L} x\right) \mathrm{d}x = \frac{L}{2} \quad (11.52)$$

この状態で観測された粒子の位置の期待値は，$L/2$ である．また，$n=2$ の状態について位置の期待値を求めると $L/2$ になる．

---

**〈参考〉　　　　　位置のゆらぎ**

$n=1$ と $n=2$ における期待値は同じでも，確率密度関数が異なることから，期待値からのずれの 2 乗平均（**ゆらぎ**）[1]

$$(\Delta x)^2 = \langle x^2 \rangle - \langle x \rangle^2$$

が異なる．$n=1$ について求めると

$$(\Delta x)^2 = \left(\frac{1}{12} - \frac{1}{2\pi^2}\right) L^2$$

であり，$n=2$ では

$$(\Delta x)^2 = \left(\frac{1}{12} - \frac{1}{8\pi^2}\right) L^2$$

となる．古典論で考えられた粒子の確率密度関数は

$$P(x) = \frac{1}{L}$$

であり，その期待値 $\langle x \rangle$ は，明らかに $L/2$ であり，そのゆらぎ $(\Delta x)^2$ は

$$(\Delta x)^2 = \frac{1}{L} \int_0^L \left(x - \frac{L}{2}\right)^2 \mathrm{d}x = \frac{L^2}{12}$$

である．量子論から求めた確率密度関数は，波動関数 $\varphi_n(x)$ に対して

$$P(x) = |\varphi_n(x)|^2$$

であり，その期待値 $\langle x \rangle$ は，$L/2$ であり，そのゆらぎは

$$(\Delta x)^2 = \left(\frac{1}{12} - \frac{1}{2n^2\pi^2}\right) L^2$$

となる．$n$ を $\infty$ に近づけたとき，このゆらぎは

$$\lim_{n \to \infty} (\Delta x)^2 = \frac{L^2}{12}$$

となり，古典論から求められた結果と一致することがわかる．

---

[1] 統計では分散と呼ばれるものである．
$(\Delta x)^2 = \langle (x - \langle x \rangle)^2 \rangle = \langle x^2 - 2x\langle x \rangle \rangle + \langle x \rangle^2 = \langle x^2 \rangle - 2\langle x \rangle \langle x \rangle + \langle x \rangle^2 = \langle x^2 \rangle - \langle x \rangle^2$ より求まる．

> 〈参考〉　　　　　　**運動量の演算子と運動量の期待値**
>
> 　自由粒子の波動関数の式 (11.27) は，$\psi = e^{\frac{i}{\hbar}(px-Et)}$ と書き直せる[1]．この波動関数に $\dfrac{\hbar}{i}\dfrac{d}{dx}$ を作用させると
>
> $$\frac{\hbar}{i}\frac{d\psi}{dx} = \frac{\hbar}{i}\frac{d}{dx}e^{\frac{i}{\hbar}(px-Et)} = pe^{\frac{i}{\hbar}(px-Et)} = p\psi$$
>
> となる．式 (11.38) のように，ハミルトニアンという演算子を波動関数に作用させると，エネルギーが導き出された．同じように，$\dfrac{\hbar}{i}\dfrac{d}{dx}$ を波動関数に作用させると，運動量の $x$ 成分 $p_x$ が導き出される．このことから，$\dfrac{\hbar}{i}\dfrac{d}{dx}$ を運動量の $x$ 方向成分の演算子 $\hat{p}_x$ といい，$\hat{p}_x = \dfrac{\hbar}{i}\dfrac{d}{dx}$ である．運動量の平均値 $\langle p_x \rangle$ は，運動量演算子 $\hat{p}_x$ と波動関数 $\varphi(x)$ を用いて
>
> $$\langle p_x \rangle = \frac{\int \varphi^*(x)\dfrac{\hbar}{i}\dfrac{d}{dx}\varphi(x)dx}{\int |\varphi(x)|^2 dx}$$
>
> で計算できる．これまでに扱ってきた 1 次元の箱の中に閉じ込められた粒子を例として $\varphi_1(x)$ について計算[2]すると，$\langle p_x \rangle = 0$ となる．これは，この状態で観測される運動量が $\dfrac{\pi}{L}\hbar$ と $-\dfrac{\pi}{L}\hbar$ の二つがあり，それぞれが $\dfrac{1}{2}$ の確率で観測されるために
>
> $$\langle p_x \rangle = \frac{1}{2}\left\{\left(\frac{\pi}{L}\hbar\right) + \left(-\frac{\pi}{L}\hbar\right)\right\} = 0$$
>
> が結果としてでてくる．

## 11.4　原子と周期律

### (1)　水素原子

2 個の粒子からなる水素原子に前節の量子力学の原理を適用すると，厳密な解が得られ，原子スペクトルなどの実験結果と一致することがわかる．

### (a)　エネルギーと主量子数

水素原子は，原子核 (電荷 $+e$，質量 $M$ の陽子) と 1 個の電子 (電荷 $-e$，質量 $m$) からなる．電子は中心力場にあり，原子核からの距離 $r$ におけるポテンシャル $V(r)$ は

$$V(r) = -\frac{e^2}{(4\pi\varepsilon_0)r} \tag{11.53}$$

---

[1]　運動量 $p = \hbar k$，エネルギー $E = \hbar\omega$ を用いた．
[2]　この場合，波動関数を複素数に拡張して，計算すると物理的意味がわかりやすい．

である．波動関数を $u(x, y, z)$ として，式 (11.53) を式 (11.39) に代入し移項すると，水素原子に対する定常状態のシュレーディンガー方程式は，次のように書ける[1]．

$$\left\{\frac{\hbar^2}{2m}\left(\frac{\partial^2}{\partial x^2}+\frac{\partial^2}{\partial y^2}+\frac{\partial^2}{\partial z^2}\right)+\left(E+\frac{e^2}{4\pi\varepsilon_0 r}\right)\right\} u(x, y, z) = 0 \quad (11.54)$$

ここでは，原子核からの距離 $r$ だけで決まる解 $u(r)$ を求める．$r^2 = x^2 + y^2 + z^2$ から，$\partial r/\partial x = x/r$．これを用いると，$\partial u/\partial x = (\partial u/\partial r)(\partial r/\partial x) = (x/r)(\partial u/\partial r)$．

$$\frac{\partial^2 u}{\partial x^2} = \frac{\partial}{\partial x}\left(\frac{x}{r}\frac{\partial u}{\partial r}\right) = \frac{\partial x}{\partial x}\frac{1}{r}\frac{\partial u}{\partial r} + x\left\{\frac{\partial}{\partial x}\left(\frac{1}{r}\right)\right\}\frac{\partial u}{\partial r} + \frac{x}{r}\frac{\partial}{\partial x}\left(\frac{\partial u}{\partial r}\right)$$

$$= \frac{1}{r}\frac{\partial u}{\partial r} + x\left\{\frac{\partial r}{\partial x}\frac{\partial}{\partial r}\left(\frac{1}{r}\right)\right\}\frac{\partial u}{\partial r} + \frac{x}{r}\left\{\frac{\partial r}{\partial x}\frac{\partial}{\partial r}\left(\frac{\partial u}{\partial r}\right)\right\}$$

$$= \frac{1}{r}\frac{\partial u}{\partial r} - \frac{x^2}{r^3}\frac{\partial u}{\partial r} + \frac{x^2}{r^2}\frac{\partial^2 u}{\partial r^2}$$

である．$\partial^2 u/\partial y^2$ と $\partial^2 u/\partial z^2$ についても同様であるから，これらを加えると

$$\left(\frac{\partial^2}{\partial x^2} + \frac{\partial^2}{\partial y^2} + \frac{\partial^2}{\partial z^2}\right)u = \frac{3}{r}\frac{\partial u}{\partial r} - \frac{(x^2+y^2+z^2)}{r^3}\frac{\partial u}{\partial r} + \frac{(x^2+y^2+z^2)}{r^2}\frac{\partial^2 u}{\partial r^2}$$

$$= \frac{2}{r}\frac{\partial u}{\partial r} + \frac{\partial^2 u}{\partial r^2}$$

となる．したがって，式 (11.54) は，次のようになる．

$$\left\{\frac{\hbar^2}{2m}\left(\frac{\partial^2}{\partial r^2} + \frac{2}{r}\frac{\partial}{\partial r}\right) + \left(E + \frac{e^2}{4\pi\varepsilon_0 r}\right)\right\} u(r) = 0 \quad (11.55)$$

この式には，次のような解とエネルギーがある（$A$, $C$ は定数）．

$$u(r) = Ae^{-Cr} \quad (11.56)$$

$$E = -\frac{me^4}{2(4\pi\varepsilon_0)^2\hbar^2} \quad (11.57)$$

**例題 11.5** 式 (11.56) が式 (11.55) の解であることを示せ．

**解** 式 (11.56) を微分すると，$\partial u/\partial r = -CAe^{-Cr}$, $\partial^2 u/\partial r^2 = C^2 Ae^{-Cr}$．これを式 (11.55) へ代入すると，$[\{C^2\hbar^2/(2m) + E\} + \{(-C\hbar^2/m) + e^2/(4\pi\varepsilon_0)\}(1/r)]u(r) = 0$．これがすべての $r$ に対し成り立つ条件は，{ } の中がともに 0 である．$C$ と $E$ が適当な値をとれば，これは可能であるから，式 (11.56) は解である．その $E$ の値は式 (11.57) である．∎

---

[1] 陽子は動かないと仮定した．厳密には，$u$ は電子だけでなく，陽子にも依存する．この式の $m$ を $mM/(M+m)(=\mu)$ でおきかえれば，厳密になる．$m \ll M$ であるから，$\mu \fallingdotseq m$ と近似できる．$\mu$ を換算質量という．

## 11.4 原子と周期律

〈参考〉 **球面極座標による扱い**

　式 (11.54) をもっと一般的に解く方法の概略を示す．このような中心力場では，直交座標 $(x, y, z)$ よりも，図 11.21 のような球面極座標 $(r, \theta, \varphi)$ を用いるほうが便利である．それらの間の関係（座標変換）は

$$x = r\sin\theta\cos\varphi, \quad y = r\sin\theta\sin\varphi, \quad z = r\cos\theta \qquad (11.58)$$

である．その逆変換は，

$$r^2 = x^2 + y^2 + z^2, \quad \cos\theta = z/\sqrt{x^2+y^2+z^2}, \quad \tan\varphi = y/x \qquad (11.59)$$

である．式 (11.59) の第 1 式を $x$ で偏微分し，式 (11.58) の第 1 式を用いると

$$\frac{\partial r}{\partial x} = \frac{x}{r} = \sin\theta\cos\varphi$$

となる．同様にして，次のような関係が得られる．

$$\frac{\partial r}{\partial x} = \sin\theta\cos\varphi, \qquad \frac{\partial r}{\partial y} = \sin\theta\sin\varphi, \qquad \frac{\partial r}{\partial z} = \cos\theta$$

$$\frac{\partial \theta}{\partial x} = \frac{\cos\theta\cos\varphi}{r}, \qquad \frac{\partial \theta}{\partial y} = \frac{\cos\theta\sin\varphi}{r}, \qquad \frac{\partial \theta}{\partial z} = -\frac{\sin\theta}{r}$$

$$\frac{\partial \varphi}{\partial x} = -\frac{\sin\varphi}{r\sin\theta}, \qquad \frac{\partial \varphi}{\partial y} = \frac{\cos\varphi}{r\sin\theta}, \qquad \frac{\partial \varphi}{\partial z} = 0$$

さらに

$$\frac{\partial}{\partial x} = \frac{\partial r}{\partial x}\frac{\partial}{\partial r} + \frac{\partial \theta}{\partial x}\frac{\partial}{\partial \theta} + \frac{\partial \varphi}{\partial x}\frac{\partial}{\partial \varphi}$$

$$= \sin\theta\cos\varphi\frac{\partial}{\partial r} + \frac{\cos\theta\cos\varphi}{r}\frac{\partial}{\partial \theta} - \frac{\sin\varphi}{r\sin\theta}\frac{\partial}{\partial \varphi}$$

$$\frac{\partial}{\partial y} = \sin\theta\sin\varphi\frac{\partial}{\partial r} + \frac{\cos\theta\sin\varphi}{r}\frac{\partial}{\partial \theta} + \frac{\cos\varphi}{r\sin\theta}\frac{\partial}{\partial \varphi}$$

$$\frac{\partial}{\partial z} = \cos\theta\frac{\partial}{\partial r} - \frac{\sin\theta}{r}\frac{\partial}{\partial \theta}$$

これらを式 (11.54) に代入すると，球面極座標による表現が得られる．

$$\left[-\frac{\hbar^2}{2m}\left\{\frac{1}{r^2}\frac{\partial}{\partial r}\left(r^2\frac{\partial}{\partial r}\right) + \frac{1}{r^2\sin\theta}\frac{\partial}{\partial \theta}\left(\sin\theta\frac{\partial}{\partial \theta}\right) + \frac{1}{r^2\sin^2\theta}\frac{\partial^2}{\partial \varphi^2}\right\} - \frac{e^2}{4\pi\varepsilon_0 r}\right]u(r, \theta, \varphi)$$
$$= Eu(r, \theta, \varphi) \qquad (11.60)$$

ここで，波動関数 $u(r, \theta, \varphi)$ が，次のような積で表せると仮定する．

$$u(r, \theta, \varphi) = R(r)\Theta(\theta)\Phi(\varphi) \quad （以後は，$= R\Theta\Phi$ と表す）$$

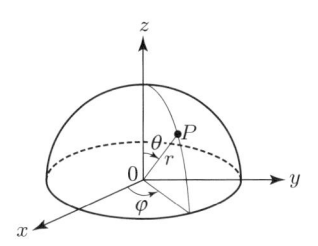

**図 11.21** 球面極座標 $(r, \theta, \varphi)$

$R(r)$ は $r$ だけの関数, $\Theta(\theta)$ は $\theta$ だけの関数, $\Phi(\varphi)$ は $\varphi$ だけの関数である.これを式 (11.60) へ代入し,各因子が満たすべき式を求めると,次のようになる.

$$\frac{1}{r^2}\frac{d}{dr}\left(r^2\frac{dR}{dr}\right)+\left\{\frac{2m}{\hbar^2}\left(E+\frac{e^2}{4\pi\varepsilon_0 r}\right)-\frac{l(l+1)}{r^2}\right\}R=0 \quad (11.61)$$

$$\frac{1}{\sin\theta}\frac{d}{d\theta}\left(\sin\theta\frac{d\Theta}{d\theta}\right)+\left\{l(l+1)-\frac{m_l^2}{\sin^2\theta}\right\}\Theta=0 \quad (11.62)$$

$$\frac{d^2\Phi}{d\varphi^2}+m_l^2\Phi=0 \quad (11.63)$$

式 (11.61),(11.62) および (11.63) を解けば,$R$,$\Theta$ および $\Phi$,したがって,$u(r,\theta,\varphi)$ が求められる.

エネルギーは,一般的には次のようになる.波動関数の因子 $R(r)$ は有限であり,この条件のもとに式 (11.61) が解けるのは,エネルギーの固有値 $E$ が次のような値をとる場合である(結果だけを示す).

$$E_n=-\frac{me^4}{2(4\pi\varepsilon_0)^2\hbar^2}\frac{1}{n^2} \quad (n=1,2,\cdots) \quad (11.64)$$

式 (11.57) の $E$ は,この式の $n=1$ の場合に相当する.エネルギーに関連するこの定数 $n$ を**主量子数**という.なお,式 (11.64) は,11.1 節 (3) (c) で扱ったボーアの理論の式 (11.12) と同じであり,実測と一致する.

**(b) 磁気量子数と軌道量子数**

次は,式 (11.63) である.波動関数は複素数でもよいから,今度は複素数の解

$$\Phi(\varphi)=Ke^{im_l\varphi} \quad (11.65)$$

を考える.ここで,$\Phi(\varphi+2\pi)=\Phi(\varphi)$ が必要である(図 11.21 参照).式 (11.65) を代入すると,$e^{2\pi im_l}=\cos(2\pi m_l)+i\sin(2\pi m_l)=1$.したがって,$m_l$(これを**磁気量子数**という)は次のような値に制限される.

$$m_l=0,\pm 1,\pm 2,\cdots \quad (11.66)$$

さらに,式 (11.62) の $\Theta(\theta)$ が有限であるためには

$$l=0,1,2,\cdots \quad (n>l\geq|m_l|) \quad (11.67)$$

が必要である(結果を示すにとどめる).この $l$ を**軌道量子数**という.

**(c) 軌道角運動量**

軌道量子数 $l$ と磁気量子数 $m_l$ が何を意味するかを考える.粒子の軌道運動にともなう角運動量 $\boldsymbol{L}(=\boldsymbol{r}\times\boldsymbol{p})$ を,後に述べるスピン角運動量と区別して,**軌道角運動量**という.その各方向の成分は

$$L_x=yp_z-zp_y, \quad L_y=zp_x-xp_z, \quad L_z=xp_y-yp_x$$

である．これらに対応する演算子[1]は

$$\left.\begin{array}{l}\hat{L}_x=-i\hbar\left(y\dfrac{\partial}{\partial z}-z\dfrac{\partial}{\partial y}\right)=i\hbar\left(\sin\varphi\dfrac{\partial}{\partial\theta}+\cot\theta\cos\varphi\dfrac{\partial}{\partial\varphi}\right)\\[6pt] \hat{L}_y=-i\hbar\left(z\dfrac{\partial}{\partial x}-x\dfrac{\partial}{\partial z}\right)=i\hbar\left(\cos\varphi\dfrac{\partial}{\partial\theta}+\cot\theta\sin\varphi\dfrac{\partial}{\partial\varphi}\right)\\[6pt] \hat{L}_z=-i\hbar\left(x\dfrac{\partial}{\partial y}-y\dfrac{\partial}{\partial x}\right)=-i\hbar\dfrac{\partial}{\partial\varphi}\end{array}\right\} \quad (11.68)$$

この $z$ 方向成分の演算子 $\hat{L}_z$ を，式 (11.65) の $\varPhi(\varphi)$ に作用させると

$$\hat{L}_z\varPhi(\varphi)=-i\hbar\dfrac{\mathrm{d}}{\mathrm{d}\varphi}\varPhi(\varphi)=m_l\hbar\varPhi(\varphi) \quad (11.69)$$

となり，$\hat{L}_z$ の固有値は $m_l\hbar$ である．つまり，磁気量子数（軌道磁気量子数ともいう）$m_l$ は，軌道角運動量の $z$ 方向成分に関連した量子数である．

次に，演算子 $\hat{L}^2=\hat{L}_x^2+\hat{L}_y^2+\hat{L}_z^2$ を $\varTheta(\theta)\varPhi(\varphi)$ に作用させると

$$\hat{L}^2\varTheta(\theta)\varPhi(\varphi)=-\hbar^2\left\{\dfrac{1}{\sin\theta}\dfrac{\partial}{\partial\theta}\left(\sin\theta\dfrac{\partial}{\partial\varphi}\right)+\dfrac{1}{\sin^2\theta}\dfrac{\partial^2}{\partial\varphi^2}\right\}\varTheta(\theta)\varPhi(\varphi)$$
$$=l(l+1)\hbar^2\varTheta(\theta)\varPhi(\varphi) \quad (11.70)$$

となり（結果だけを示す），$\hat{L}^2$ の固有値は $l(l+1)\hbar^2$ である．つまり，軌道量子数 $l$ は，軌道角運動量の大きさに関連した量子数である．

**例題 11.6**　軌道量子数 $l=1$ の場合について，軌道角運動量の大きさ $L$ とその $z$ 方向成分を求め，軌道角運動量 $\boldsymbol{L}$ を図示せよ．

**解**　$\boldsymbol{L}$ の大きさ $L=\sqrt{l(l+1)}\hbar=\sqrt{2}\hbar$．$L_z=m_l\hbar=+\hbar,\ 0,\ -\hbar$．つまり，$\boldsymbol{L}$ の方向は，3 方向に限られる（**方向の量子化**）．$\boldsymbol{L}$ は図 11.22 のようになる．　∎

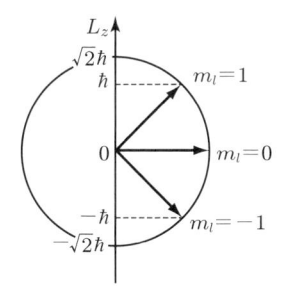

図 11.22　軌道角運動量（ベクトル）（$l=1$ の場合）

---

[1]　位置の各方向成分の演算子は $\hat{x}=x,\ \hat{y}=y,\ \hat{z}=z$ である．運動量の各方向成分の演算子は $\hat{p}_x=-i\hbar\dfrac{\partial}{\partial x},\ \hat{p}_y=-i\hbar\dfrac{\partial}{\partial y},\ \hat{p}_z=-i\hbar\dfrac{\partial}{\partial z}$ である．

## (d) ゼーマン効果

角運動量は，磁界との相互作用という形で観測にかかる．外部磁界の方向が上記の$z$方向（一般に，基準の方向）を与える．まず，軌道角運動量$L$と電子の軌道運動にともなう磁気エネルギーの関係を求める．

質量$m$，電荷$-e$の電子が半径$r$の円運動（速さ$v$）をすると，$I=-ev/(2\pi r)$の電流が流れ，これにともなう磁気モーメントは

$$\mu_l = \mu_0 I \pi r^2 = -\frac{e}{2m}\mu_0 rp = -\frac{e}{2m}\mu_0 L$$

である（$\mu_0$は真空の透磁率）．円運動に限らず，一般に**磁気モーメント**は[1]

$$\boldsymbol{\mu}_l = -\frac{e}{2m}\mu_0 \boldsymbol{L} \tag{11.71}$$

と表せる．この磁気モーメントは磁界$\boldsymbol{H}$中で力のモーメント[2]を受け，その大きさは，$\mu_l H \sin\theta$である（$\theta$は$\boldsymbol{\mu}_l$と$\boldsymbol{H}$の間の角）．したがって，**磁気的な位置エネルギー**$V_l$は$\theta=\pi/2$を基準にとると

$$V_l = \int_{\pi/2}^{\theta} \mu_l H \sin\theta\, d\theta = -\mu_l H \cos\theta = -\boldsymbol{\mu}_l\cdot\boldsymbol{H} = \frac{e}{2m}\boldsymbol{L}\cdot\boldsymbol{B} = \frac{e}{2m}BL_z$$

である．

量子力学では，この$L_z$を対応する演算子$\hat{L}_z$でおきかえればよい．つまり，磁界中での電子の軌道運動にともなう磁気エネルギーの演算子は

$$\hat{V}_l = \frac{e}{2m}B\hat{L}_z \tag{11.72}$$

である．磁界があるときのエネルギーの固有値方程式は，式(11.69)から

$$(\hat{H}_0+\hat{V}_l)u = \hat{H}_0 u + \frac{e}{2m}B\hat{L}_z u = E_0 u + \frac{e}{2m}B m_l \hbar u \tag{11.73}$$

となる（$\hat{H}_0$と$E_0$は，磁界がないときのエネルギーの演算子と固有値）．つまり，軌道角運動量に関する磁気エネルギーの固有値は，$eBm_l\hbar/(2m)$である．このように，磁界中での水素原子のエネルギー準位は，$n$だけでなく，$m_l$にも依存して分裂することが予想される．これを，**正常ゼーマン効果**という．

## (e) スピン角運動量

上記の予想によると，磁界中の水素原子では，$n=1$の準位はそのままで（$\because m_l=0$），$n=2$の準位は3本に分かれ（$\because m_l=-1, 0, 1$），その間隔は，$eB\hbar/(2m)$であろう．

---

[1] ここでは，$E$-$H$対応で表す．$E$-$B$対応では，$\mu_l(=I\pi r^2)=-\{e/(2m)\}L$，$V_l=-\boldsymbol{\mu}_l\cdot\boldsymbol{B}$である．
[2] 第7章の7.2節(2)の式(7.43)を参照．

しかし，実際は，確かに分裂は起こるが，その分かれ方が違っている．たとえば，$n=1$ の準位は磁界で2本に分裂し，その間隔は，$eB\hbar/m$ である．また，$n=2$ の準位も，磁界でもっと多数の準位に分かれる．これらの事実を説明するには，「電子は，軌道角運動量とは独立な固有の角運動量をもち，その $z$ 方向成分の固有値の数はつねに2個である」と仮定すればよい（1925年，ウーレンベック-ハウトスミットの提唱）．これを**スピン角運動量**という．

次に，スピン角運動量を軌道角運動量と同じ形式で表す．表11.1のように，スピン角運動量の演算子を $\hat{S}$，$m_l$ に対応する**スピン磁気量子数**を $m_s$ と表す．軌道量子数 $l$ の軌道角運動量ベクトルは，$2l+1$ 個の方向に量子化している（∵ $m_l=0, \pm 1, \pm 2, \cdots, \pm l$）．一方，スピンの方は2個であるから，$2s+1=2$，つまり，$s=1/2$ である．したがって，スピン角運動量の大きさは，$\sqrt{s(s+1)}\hbar=(\sqrt{3}/2)\hbar$ である．

**表11.1** 角運動量の対応関係（軌道角運動量とスピン角運動量）

| | 角運動量の演算子 | 大きさの2乗の演算子 | 大きさに関する量子数 | 大きさの2乗の固有値 | $z$方向成分の演算子 | $z$方向成分に関する量子数 | $z$方向成分の固有値 | $z$方向成分の固有値の数 |
|---|---|---|---|---|---|---|---|---|
| 軌道角運動量 | $\hat{L}$ | $\hat{L}^2$ | $l$ | $l(l+1)\hbar^2$ | $\hat{L}_z$ | $m_l$ | $m_l\hbar$ | $2l+1$ |
| スピン角運動量 | $\hat{S}$ | $\hat{S}^2$ | $s$ | $s(s+1)\hbar^2$ | $\hat{S}_z$ | $m_s$ | $m_s\hbar$ | $2s+1$ |

次に，$m_s$ の値を求める．磁気回転効果の実験によると，磁気回転比 $\mu_s/S = -(e/m)\mu_0$ である．したがって，スピンに関する磁気エネルギーの演算子は

$$\hat{V}_s = \frac{e}{m} B \hat{S}_z \qquad (11.74)$$

であり，固有値は，$(e/m)Bm_s\hbar$ となる．$n=1$ の準位は磁界によって2本に分かれ，その間隔は $eB\hbar/m$ であるから，$(e/m)B\varDelta m_s\hbar = eB\hbar/m$．したがって，$\varDelta m_s = 1$ である．磁気モーメントの $z$ 方向成分は対称的なので（**シュテルン-ゲルラッハの実験**），$m_s$ の二つの値は，$+1/2$ と $-1/2$ である．

#### （f） 水素原子の波動関数

以上をまとめると，水素原子の定常状態の波動関数（エネルギーの固有関数）は，四つの自由度（位置座標に関して三つ，スピンに関して一つ）に対応する四つの量子数 $n$，$l$，$m_l$，$m_s$ で決まる．位置座標に依存する部分 $u$ の各因子の量子数との関係は，次のようになる．

$$u_{nlm_l}(r, \theta, \varphi) = R_{nl}(r)\,\Theta_{lm_l}(\theta)\,\Phi_{m_l}(\varphi) \tag{11.75}$$

$$\left.\begin{array}{l} n = 1, 2, 3, \cdots \\ l = 0, 1, 2, \cdots, n-1 \\ m_l = -l, -(l-1), \cdots, -1, 0, 1, \cdots, l-1, l \\ m_s = -1/2, +1/2 \end{array}\right\} \tag{11.76}$$

式 (11.64) で表されるエネルギー $E_n$ をもつ状態の数は，$\sum_{l=0}^{n-1} 2(2l+1) = 2n^2$ 個である ($2n^2$ 重に**縮退**しているという)．$l = 0, 1, 2, 3, \cdots$ の状態をそれぞれ，s, p, d, f, …状態という．$n$ と $l$ で表される状態を，表 11.2 のように表す習慣がある．

**表 11.2** 状態の表し方

|     | $l=0$ | $l=1$ | $l=2$ | $l=3$ | … |
|---|---|---|---|---|---|
| $n=1$ | 1s | | | | |
| $n=2$ | 2s | 2p | | | |
| $n=3$ | 3s | 3p | 3d | | |
| $n=4$ | 4s | 4p | 4d | 4f | |
| ⋮ | | | | | |

次に，水素原子の定常状態の波動関数 $u_{nlm_l}$ の例を示す ($a = 4\pi\varepsilon_0\hbar^2/(me^2)$)．

$$u_{1,0,0} = \frac{1}{\sqrt{\pi}} \frac{1}{a^{3/2}} e^{-r/a} \qquad (1\mathrm{s})$$

$$u_{2,0,0} = \frac{1}{4\sqrt{2\pi}} \frac{1}{a^{3/2}} \left(2 - \frac{r}{a}\right) e^{-r/(2a)} \qquad (2\mathrm{s})$$

$$\left.\begin{array}{l} u_{2,1,0} = \dfrac{1}{4\sqrt{2\pi}} \dfrac{1}{a^{3/2}} \dfrac{r}{a} e^{-r/(2a)} \cos\theta \\[2mm] u_{2,1,1} = \dfrac{1}{8\sqrt{\pi}} \dfrac{1}{a^{3/2}} \dfrac{r}{a} e^{-r/(2a)} \sin\theta\, e^{i\varphi} \\[2mm] u_{2,1,-1} = \dfrac{1}{8\sqrt{\pi}} \dfrac{1}{a^{3/2}} \dfrac{r}{a} e^{-r/(2a)} \sin\theta\, e^{-i\varphi} \end{array}\right\} (2\mathrm{p}) \tag{11.77}$$

$u_{1,0,0}$ は式 (11.56) である．

原子中で，原子核からの距離 $r \sim r + dr$ の間に電子を見出す確率は，$r^2 \{R(r)\}^2$ に比例する ($\because \mathrm{d}x\mathrm{d}y\mathrm{d}z = r^2 \sin\theta\, \mathrm{d}r\mathrm{d}\theta\mathrm{d}\varphi$)．この例を図 11.23 に示す．1s ($n=1$) では，$r = a$ で確率は最大になる．これは，11.1 節 (3)(c) の例題 11.2 における**ボーア半径**である．一方，$r$ の平均値は $1.5a$ である．

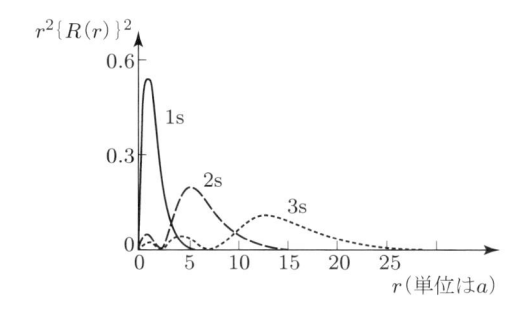

**図 11.23** 原子核からの距離 $r$ の場所に電子を見出す確率密度（水素原子）
（$r$ は，ボーア半径 $a$ を単位として表されている．$a=5.29\times10^{-11}$ m）

## （2） 多電子原子と周期律
### （a） 排他原理

同種の粒子の集まりでは，「同種の粒子は区別できない」という量子力学の特徴を考慮する必要がある．同種であるから，粒子固有の性質や物理量では区別できない．たとえば，軌道によっても区別できない[1]．

このことと波動関数の関係を知るために，同種の粒子 1, 2 からなる系（その波動関数を $\psi(1,2)$ と表す）を考えよう．それらの粒子を各点に見出す確率でも区別できないから，$\psi^*(2,1)\psi(2,1) = \psi^*(1,2)\psi(1,2)$ である．したがって，$\psi(2,1) = e^{i\delta}\psi(1,2)$．この入れ換えをもう一度行うと，$\psi(1,2) = e^{i\delta}\psi(2,1)$．結局，$(e^{i\delta})^2=1$．つまり，$e^{i\delta}=+1$ または $-1$ である．したがって，

$$\begin{cases} \psi(2,1) = \psi(1,2) & :\text{対称} \quad (11.78) \\ \psi(2,1) = -\psi(1,2) & :\text{反対称} \quad (11.79) \end{cases}$$

となる．光子は対称であり，電子や陽子は反対称であることがわかっている．

次に，反対称な電子の場合を簡単化して考えることにしよう．座標が 1 種類であり（実際は，位置とスピンの 2 種類である），また，系の波動関数 $\psi(1,2)$ が個々の電子の波動関数 $\psi(1)$ と $\psi(2)$ の積で表せると仮定する．電子 1 が状態 a にあり，電子 2 が状態 b にあることを $\psi_a(1)\psi_b(2)$ の形で表す．$\psi_a(2)\psi_b(1)$ もこれと同等であるが，いずれも反対称ではない．さらに，これらの 1 次結合も同等であるが，その中で反対称であるのは

$$\psi(1,2) = \frac{1}{\sqrt{2}}\{\psi_a(1)\psi_b(2) - \psi_a(2)\psi_b(1)\} \quad (11.80)$$

---

[1] ニュートン力学では，軌道がはっきり決まると考えているから，同種の粒子も区別できる．

である．電子数が多い場合も，同様にして反対称な波動関数を表せる．

式 (11.80) でa＝bとすると，$\phi(1,2)=0$．つまり，電子は，どこにもないことになってしまうので，「系のどの二つの電子も同じ状態(四つの量子数のすべてが等しい状態)を占めることはできない」．これを**パウリの排他原理**という (1925年)．

**(b) 原子の電子配置**

粒子が3個(原子中の電子が2個)以上になると，電子間の相互作用が加わるため厳密な解は得られず，近似的に考える必要がある．ここでは，簡単な近似と排他原理に基づき，原子の電子配置を説明する．

多電子原子の最もエネルギーの低い，つまり，最も安定な配置(基底状態という)では，1s状態 ($n=1, l=0, m_l=0$) をスピン磁気量子数 $m_s$ の異なる2個の電子が占める．他の電子は，$n=2$ の状態(全部で $2\times 2^2=8$ 個の状態がある)．$n=3$ の状態(全部で $2\times 3^2=18$ 個の状態がある)，…を占めることになる．

たとえば，原子番号 $Z=11$ (電子数11) の Na 原子では，1sに2個，2sに2個，2p($n=2, l=1, m_l=-1, 0, 1$) に6個，3sに1個である．この**電子配置**を $1s^2 2s^2 2p^6 3s$ と表す．一般に，$l$ の準位は $2(2l+1)$ 個まで電子が入りうる．

電子間の相互作用の影響で重要なことは，「$n$ が等しくても $l$ が異なる状態はエネルギーが異なる」ことである．図11.24は，Na原子のエネルギー準位を示す ($n=1$ と $n=2$ の準位は省略)．たとえば，$n=3$ の場合，3s($l=0$)，3p($l=1$)，3d($l=2$) の順にエネルギーは高い．これは，内殻の10個の電子の影響が，状態によって異なるためである．3d準位は，図のように，水素の $n=3$ の準位とほとんど同じであるから，この電子は水素と同じ式 (11.53) で表されるポテンシャル中にある．つまり，3d電子が受ける力は，Na の原子核の電荷 $+11e$ からのクーロン力ではなく，内殻の10個の電子の電荷 $-10e$ によって遮へい(シールド)された力 $-e^2/\{(4\pi\varepsilon_0)r^2\}$ を受けてい

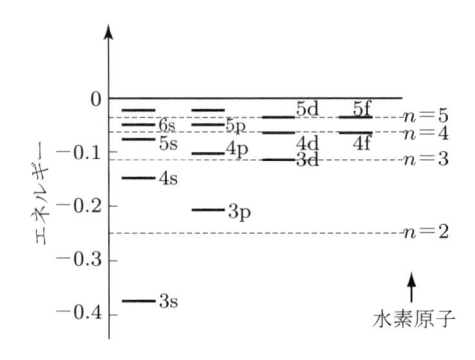

**図11.24** ナトリウム原子のエネルギー準位 (1s, 2s, 2p は省略．エネルギーは，$hcR=2.18\times 10^{-18}$ J を単位として示す．式 (11.8) 参照)

る．これに対して，3p，3s となるにしたがい遮へいされる程度が減少して原子核からのより強い引力を受け，順にエネルギーは低くなる．

以上をまとめると，$l$ が小さい（電子の軌道角運動量が小さい）状態にあるほど，内側（原子核の近く）に存在する確率が大きくなり，そのエネルギーは低くなる．各準位を，エネルギーの低いほうから順に並べると，次のようになる．

$$1s, 2s, 2p, 3s, 3p, \underline{4s, 3d}, 4p, \underline{5s, 4d}, 5p, \underline{6s, 4f, 5d}, 6p, \underline{7s, 5f, 6d}$$

なお，下線の部分は，ほとんど同じくらいのエネルギーで複雑な事情にある．基底状態における各原子（元素）の電子配置は，原子番号（電子の数）$Z$ が一つずつ増すにしたがい，低い準位から順に一つずつ電子を詰めたものである．

### （c）周期律

表 11.3 に，このようにして得られる各元素の電子配置を示す．1s に 2 個入った $1s^2$ は He$(Z=2)$ である．1s 準位は満たされ，その上の 2s 準位とのエネルギーの差はかなり大きく，1s 電子を取り出すには大きなエネルギーを必要とする．$1s^2 2s^2 2p^6$ の Ne

**表 11.3**　元素の周期表と基底状態における電子配置（原子番号，元素記号，電子配置の順．右肩の数字はその状態を占める電子数を表す．低いほうの電子配置は省略してある）

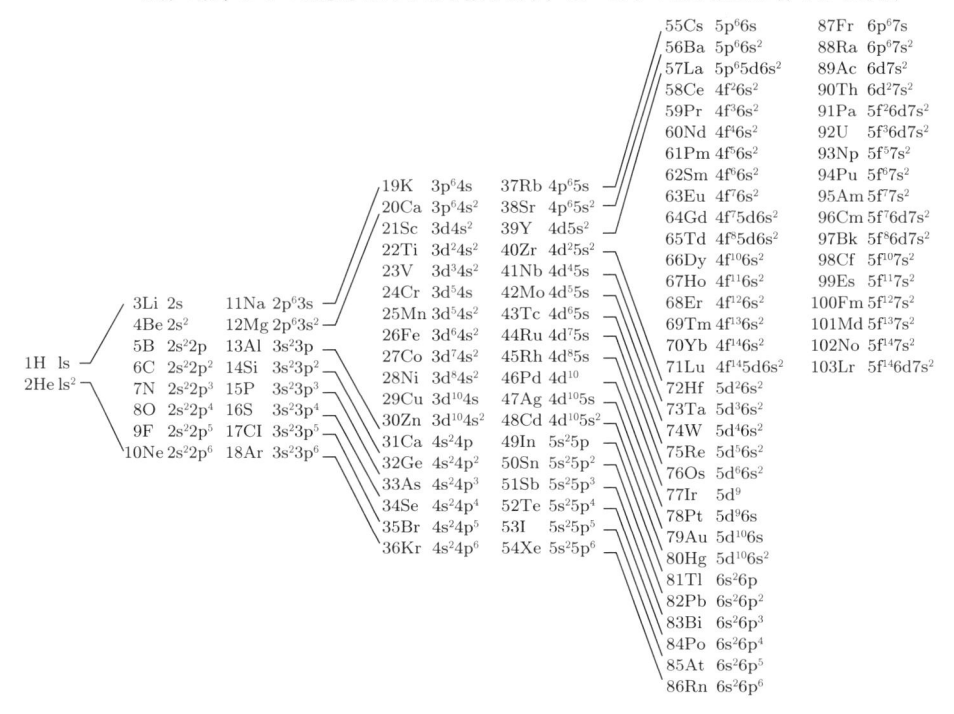

| | | | | | |
|---|---|---|---|---|---|
| 1H  1s | | | | 55Cs  $5p^6 6s$ | 87Fr  $6p^6 7s$ |
| 2He  $1s^2$ | | | | 56Ba  $5p^6 6s^2$ | 88Ra  $6p^6 7s^2$ |
| 3Li  $2s$ | | | | 57La  $5p^6 5d 6s^2$ | 89Ac  $6d 7s^2$ |
| 4Be  $2s^2$ | | | | 58Ce  $4f^2 6s^2$ | 90Th  $6d^2 7s^2$ |
| 5B  $2s^2 2p$ | 11Na  $2p^6 3s$ | | | 59Pr  $4f^3 6s^2$ | 91Pa  $5f^2 6d 7s^2$ |
| 6C  $2s^2 2p^2$ | 12Mg  $2p^6 3s^2$ | | | 60Nd  $4f^4 6s^2$ | 92U  $5f^3 6d 7s^2$ |
| 7N  $2s^2 2p^3$ | 13Al  $3s^2 3p$ | 19K  $3p^6 4s$ | 37Rb  $4p^6 5s$ | 61Pm  $4f^5 6s^2$ | 93Np  $5f^5 7s^2$ |
| 8O  $2s^2 2p^4$ | 14Si  $3s^2 3p^2$ | 20Ca  $3p^6 4s^2$ | 38Sr  $4p^6 5s^2$ | 62Sm  $4f^6 6s^2$ | 94Pu  $5f^6 7s^2$ |
| 9F  $2s^2 2p^5$ | 15P  $3s^2 3p^3$ | 21Sc  $3d 4s^2$ | 39Y  $4d 5s^2$ | 63Eu  $4f^7 6s^2$ | 95Am  $5f^7 7s^2$ |
| 10Ne  $2s^2 2p^6$ | 16S  $3s^2 3p^4$ | 22Ti  $3d^2 4s^2$ | 40Zr  $4d^2 5s^2$ | 64Gd  $4f^7 5d 6s^2$ | 96Cm  $5f^7 6d 7s^2$ |
| | 17Cl  $3s^2 3p^5$ | 23V  $3d^3 4s^2$ | 41Nb  $4d^4 5s$ | 65Td  $4f^8 5d 6s^2$ | 97Bk  $5f^8 6d 7s^2$ |
| | 18Ar  $3s^2 3p^6$ | 24Cr  $3d^5 4s$ | 42Mo  $4d^5 5s$ | 66Dy  $4f^{10} 6s^2$ | 98Cf  $5f^{10} 7s^2$ |
| | | 25Mn  $3d^5 4s^2$ | 43Tc  $4d^6 5s$ | 67Ho  $4f^{11} 6s^2$ | 99Es  $5f^{11} 7s^2$ |
| | | 26Fe  $3d^6 4s^2$ | 44Ru  $4d^7 5s$ | 68Er  $4f^{12} 6s^2$ | 100Fm  $5f^{12} 7s^2$ |
| | | 27Co  $3d^7 4s^2$ | 45Rh  $4d^8 5s$ | 69Tm  $4f^{13} 6s^2$ | 101Md  $5f^{13} 7s^2$ |
| | | 28Ni  $3d^8 4s^2$ | 46Pd  $4d^{10}$ | 70Yb  $4f^{14} 6s^2$ | 102No  $5f^{14} 7s^2$ |
| | | 29Cu  $3d^{10} 4s$ | 47Ag  $4d^{10} 5s$ | 71Lu  $4f^{14} 5d 6s^2$ | 103Lr  $5f^{14} 6d 7s^2$ |
| | | 30Zn  $3d^{10} 4s^2$ | 48Cd  $4d^{10} 5s^2$ | 72Hf  $5d^2 6s^2$ | |
| | | 31Ga  $4s^2 4p$ | 49In  $5s^2 5p$ | 73Ta  $5d^3 6s^2$ | |
| | | 32Ge  $4s^2 4p^2$ | 50Sn  $5s^2 5p^2$ | 74W  $5d^4 6s^2$ | |
| | | 33As  $4s^2 4p^3$ | 51Sb  $5s^2 5p^3$ | 75Re  $5d^5 6s^2$ | |
| | | 34Se  $4s^2 4p^4$ | 52Te  $5s^2 5p^4$ | 76Os  $5d^6 6s^2$ | |
| | | 35Br  $4s^2 4p^5$ | 53I  $5s^2 5p^5$ | 77Ir  $5d^9$ | |
| | | 36Kr  $4s^2 4p^6$ | 54Xe  $5s^2 5p^6$ | 78Pt  $5d^9 6s$ | |
| | | | | 79Au  $5d^{10} 6s$ | |
| | | | | 80Hg  $5d^{10} 6s^2$ | |
| | | | | 81Tl  $6s^2 6p$ | |
| | | | | 82Pb  $6s^2 6p^2$ | |
| | | | | 83Bi  $6s^2 6p^3$ | |
| | | | | 84Po  $6s^2 6p^4$ | |
| | | | | 85At  $6s^2 6p^5$ | |
| | | | | 86Rn  $6s^2 6p^6$ | |

($Z=10$) や Ar ($Z=18$), Kr ($Z=36$), … も同様で, 非常に安定していて他の原子と化学反応をしにくい (不活性).

このような不活性な電子配置に, さらに電子が 1 個加わった元素 (Li, Na, …) は, 水素 H に似た性質を示す. この最も外側の 1 個の電子 (**価電子**という) は, 容易に取り去られ, +1 価にイオン化しやすい (アルカリ金属). 逆に, F, Cl, … は, 電子を 1 個取り込み, −1 価にイオン化しやすい (ハロゲン).

原子番号 $Z$ の順に元素を並べると, このように, 似た性質をもつ元素が周期的に現れる. これを**周期律**という (11.1 節 (3) (a) 参照).

## 11.5 材料の電子物性

たくさんの原子からなる物質 (材料) の電気伝導の違いを中心に考えよう.

### (1) 原子の集まりとエネルギー準位の分裂

### (a) 水素分子の場合

2 個の水素原子が近づいて, **水素分子** (2 個の原子核と 2 個の電子からなる) ができる場合を考える. 2 個の水素原子核が近づくと, 図 11.25 のように, 電子に対する静電ポテンシャルが原子核間で減少し, 原子核の近くだけでなく, ここにも電子が存在する可能性が生ずる.

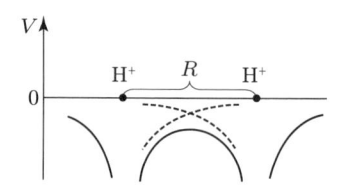

**図 11.25** 近接した水素原子核間の静電ポテンシャル $V$ (原子核 H$^+$ を結ぶ線上における値). 個々の原子核におけるポテンシャル (点線) の和が実線

---

〈参考〉　**孤立した原子を出発点とする場合の水素分子**

2 電子系の波動関数を, 位置座標に依存する因子 $u(1,2)$ とスピン座標に依存する因子 $v(1,2)$ の積 $\psi$ で, $\psi(1,2) = u(1,2)v(1,2)$ と表す. 排他原理によると, 系の波動関数 $\psi(1,2)$ は反対称, つまり, $\psi(2,1) = -\psi(1,2)$ である.

その結果, 次の 2 通りの場合がある. 一方は, スピン $v$ が対称で, $u$ が反対称な場合である (対称と反対称の積は反対称). もう一方は, スピン $v$ が反対称で, $u$ が対称な場合である.

$u(1,2)$ として, 水素原子の 1s 波動関数の積の 1 次結合 (たとえば, 反対称なほうは式 (11.80) のような形) を用いて, エネルギーを計算し, 原子核間の距離 $R$ の関数として表

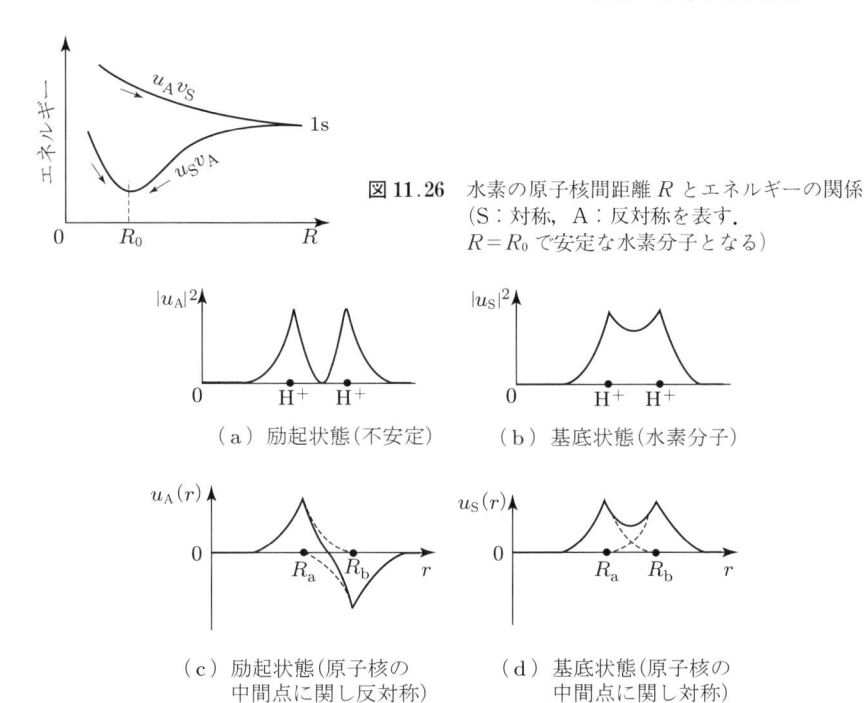

**図 11.26**　水素の原子核間距離 $R$ とエネルギーの関係（S：対称，A：反対称を表す．$R=R_0$ で安定な水素分子となる）

（a）励起状態（不安定）　　　（b）基底状態（水素分子）

（c）励起状態（原子核の中間点に関し反対称）　　　（d）基底状態（原子核の中間点に関し対称）

**図 11.27**　(a)(b)：水素分子とその励起状態における電子の確率密度 $|u|^2(=u^*u)$ の模式図（原子核を結ぶ線上における値）
(c)(d)：それに対応する1電子波動関数の模式図（$R_a$ と $R_b$ は原子核の位置）

すと，図 11.26 のようになる[1]．$R$ が大きいと，各電子は独立に各原子の1s状態にある．$R$ が減少し電子間に相互作用が働くと（電子の波動関数が重なると），エネルギー準位が分裂する．

エネルギーの高い励起状態では，$R$ が小さいほどエネルギーが高いので，いつも反発力が働き不安定である．一方，エネルギーが低い基底状態では $R=R_0$ が平衡状態であり（$R>R_0$ では引力，$R<R_0$ では反発力が働く），これが水素分子に相当する．

励起状態は位置の波動関数 $u$ が反対称（スピン $v$ は対称）な場合に，基底状態は $u$ が対称（スピン $v$ は反対称）な場合に対応する．その電子密度は，図 11.27(a)(b) のようになる．水素分子を表す (b) では，原子間に電子が存在する確率がかなり大きく，スピンが反平行であることが電子を近づけることに寄与し，分子の強い結合を生じている（これは排他原理の結果である）．このような結合を**共有結合**（あるいは電子対結合）という．

---

[1] この場合のシュレーディンガー方程式のポテンシャル $V$ は，電子間，原子核間および電子と原子核間のクーロン力に対応する項からなる．主な効果（エネルギー準位の分裂）は電子間の項から生じ，スピンとクーロン力が大きな影響を与える．

次に，一つの電子に注目し，他の電子と原子核 $H_2^+$ によるポテンシャル中でのエネルギーを考える[1]．水素原子の 1s 波動関数の 1 次結合を用いてエネルギーを計算し，$R$ の関数として表すと，$R$ の大きいほうを除けば定性的には，図 11.26 と同様になる．対応する 1 電子波動関数の空間的な分布は，図 11.27(c)(d) のようになる．水素分子でもこれと似た結果になり，基底状態は，図 11.27(d) の波動関数にスピンが反平行な電子を 2 個入れた状態である．

水素原子の 1s 準位は，2 個の状態があり 2 個の電子を収容できるが，実際には 1 個しかない．水素分子では，この 1s 準位が 2 本に分かれ，それぞれが 2 個の電子を収容できる．水素分子には電子は 2 個しかないから，定常状態では基底状態に 2 個とも存在する（上の準位へ励起されると分子は解離する）．

**（b） 固体の場合**

図 11.28 に，多数の Na 原子からなる固体ナトリウムのエネルギーを示す．$R$ が減少し，最も外側の 3s 電子の波動関数が重なり始めると，3s 準位が分裂する．その結果，この価電子は個々の原子にではなく物質全体に属する．

物質が $N$ 個の原子を含むならば，準位は $N$ 本に分かれる．通常，$N$ は非常に大きいから，準位はほとんど連続であり，これを**エネルギー帯**（energy band）という．前節の（2）（b）でみたように，Na 原子の 3s 準位には状態は 2 個あるが，電子は 1 個しかない．したがって，固体 Na の 3s 準位は，全部で $2N$ 個の電子を収容でき，3s 電子は全部で $N$ 個であるから，エネルギー帯には途中までしか電子が存在しない（固体 Na では，すぐ上の 3p 準位も重なっている）．

このような物質に電界を加えると，電子のエネルギーが少し増し，すぐ上の空いている準位に移る．つまり，電子の運動エネルギーが増加し，電流が流れる．このよう

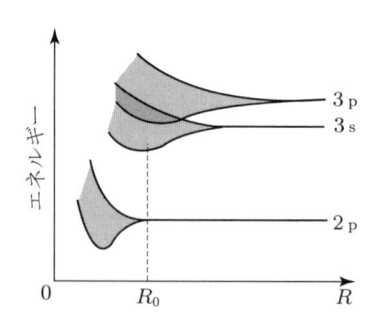

**図 11.28** 固体ナトリウムにおける原子間距離 $R$ とエネルギーの関係（だいたいの傾向を示す）

---

[1] 前節 11.4（2）（b）でもこのような考え方を用いた．このように，ほかの電子の効果を，空間に平均化したポテンシャルで近似する方法を **1 電子近似**という．これ以後は，この考え方で進める．

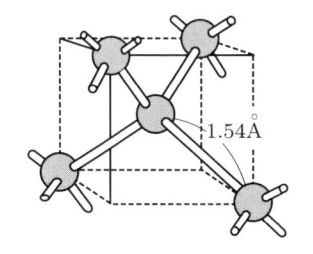

**図 11.29** ダイヤモンド構造の共有結合（図 11.4(a) の立方体の 1/8 を示す．各結合は等距離であり，また，各結合間の角度も等しい）

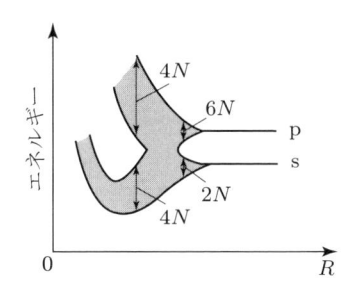

**図 11.30** シリコン，ダイヤモンドなどのエネルギー帯

にして，固体ナトリウムが導体であることが理解できる．

ダイヤモンドやシリコンは図 11.4(a)（p.197）のような結晶構造（ダイヤモンド構造）で，最近接原子は等価な 4 個である．炭素やシリコンの原子は，最外殻に s 電子 2 個と p 電子 2 個をもつから，各原子はこの 4 個ずつの価電子を出し合い，隣り合った原子との間に，水素分子と同様に安定な共有結合をつくる[1]（図 11.29）．

図 11.30 は，ダイヤモンドや固体シリコンのエネルギーを模式的に示したものである．孤立状態の原子が近づくと，s と p の準位は分裂してエネルギー帯を生ずる．さらに $R$ が小さくなると，エネルギー帯は重なり，間に**エネルギーギャップ**（energy gap，禁止帯）を挟んだ二つのエネルギー帯に分かれる．

原子数を $N$ とすると，初めの s 準位には $2N$ 個，p 準位には $6N$ 個の状態がある．しかし，二つに分かれたエネルギー帯はそれぞれ，$4N$ 個ずつの状態からなる．一方，各原子は 4 個の外殻電子をもつから，$4N$ 個の電子が下のエネルギー帯をちょうど満たすことになる．ダイヤモンドではエネルギーギャップは大きく，電界を加えても電子は上の準位へ移れず，絶縁体である．シリコンのエネルギーギャップはもっと小さいので，後に述べる理由で半導体になる．

### (2) 自由電子とエネルギー帯

今度は，物質中の電子が自由である場合を出発点とする．波動性のため，電子の結晶中での運動は，X 線と同様な扱いが必要になる．簡単化するために，格子面に垂直に進む 1 次元の波を考えよう．ブラッグの条件の式（11.2）で $\theta = \pi/2$ であるから，$\lambda_f = 2d/n$（$n = 1, 2, \cdots$）のとき回折が起こる（$d$ は格子面間距離）．そのとき，電子波

---

[1] この四つの結合は同等である．電子は元の s や p の状態にはなく，**混成軌道**になっている．

は自由には伝播（進行）できない.

これを波数 $k(=2\pi/\lambda)$ で表すと, $k_\mathrm{f}=n\pi/d$. 一方, $\lambda=h/p$ であるから, $k=(2\pi/h)p$ とも表せる. 運動量 $p$ はベクトルであるから, $k$ もこれに比例したベクトルと考えることにする. つまり, $\boldsymbol{k}=(2\pi/h)\boldsymbol{p}$ と表し, この $\boldsymbol{k}$ を波数ベクトルという. $\boldsymbol{k}$ の方向と向きは電子の運動の方向と向きである.

1次元では, 向きだけが問題で, $k$ が負（$n$ が負）になる場合があるから

$$k_\mathrm{f}=n\frac{\pi}{d} \quad (n=\pm 1, \pm 2, \cdots) \tag{11.81}$$

と表す. これ以外の波数 $k$ をもつ電子波は, 結晶中を伝播する（進行波）.

「完全に」自由な電子では, 定常状態のシュレーディンガー方程式 (11.37) で $V=0$ であるから, $\{\hbar^2/(2m)(\mathrm{d}^2/\mathrm{d}x^2)+E\}\varphi(x)=0$. 複素数の解は, 式 (11.27) の形で $e^{ikx}$ である[1] ($k=\sqrt{2mE}/\hbar$). **自由電子**のエネルギーは

$$E=\frac{\hbar^2}{2m}k^2 \tag{11.82}$$

となる. 一方, 正と負の向きに進む進行波が干渉して定常波をつくる場合がある（回折）. これらの進行波を $e^{i|k|x}$, $e^{-i|k|x}$ と表し, これを等しい割合で混合した次の二つの1次結合で, $k=k_\mathrm{f}$ とした場合に定常波となる.

$$\begin{cases} \psi_1(x)=e^{i|k_\mathrm{f}|x}+e^{-i|k_\mathrm{f}|x}\propto\cos\left(n\frac{\pi}{d}\right)x & (11.83) \\ \psi_2(x)=e^{i|k_\mathrm{f}|x}-e^{-i|k_\mathrm{f}|x}\propto i\sin\left(n\frac{\pi}{d}\right)x & (11.84) \end{cases}$$

この二つの定常波の確率密度 $\psi^*(x)\psi(x)(=|\psi|^2)$ を, $n=1$ の場合について図示する（図 11.31）. 電荷分布はこの存在確率に比例し, $\psi_1$ と $\psi_2$ で異なるから, 対応するエネルギーも異なる. つまり, $\psi_2$ では, 静電ポテンシャルの大きい原子（正イオン）間で存在確率が大きいから, エネルギーがより高くなっている. そのため, 波数 $k_\mathrm{f}$ では, エネルギーの異なる二つの状態が存在する（図 11.32）. このように波数 $k_\mathrm{f}$ のところでエネルギーギャップが生じ, $k_\mathrm{f}$ の近くでは, 自由電子の場合（破線で示されている）からずれている. つまり, 波数 $k$ が $k_\mathrm{f}$ に近い電子は, いくらか回折されるため完全には自由でなく, 「ほとんど自由」というべき状態にある（ただし, エネルギー帯が満員の場合は電子は動けない）.

---

[1] これは, 進行波を表す関数 $e^{-i(\omega t-kx)}$ の位置座標因子である. $e^{-i(\omega t-|k|x)}$, $e^{-i(\omega t+|k|x)}$ はそれぞれ, 正と負の向きに進む波を表す. その位置座標因子は, $e^{i|k|x}$, $e^{-i|k|x}$ である.

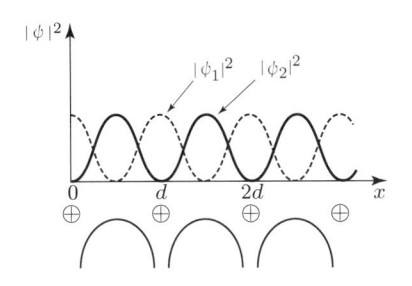

**図11.31** 定常波の確率密度 ($n=1$の場合) 参考に，下に正イオンによる静電ポテンシャルを示す

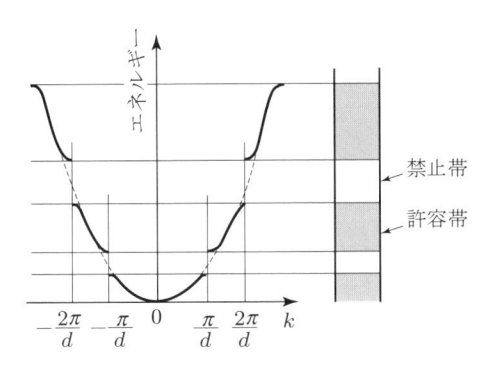

**図11.32** 結晶中の電子の波数 $k$ とエネルギー（破線は自由電子の場合）

## （3） 状態の数と占有確率

どのようなエネルギーの電子がどれだけの数だけ存在するかを知るために，許される状態の数と，その状態を電子が占める確率（分布関数）を求める．

### （a） 状態密度

自由電子の場合について，量子状態の数を求めよう．一辺の長さ $L$ の 1 次元の箱の中に閉じこめられた電子のとりうるエネルギーは，p.215 の式 (11.44)，つまり，$E_n=\{h^2/(8mL^2)\}n^2$ であった（$n=1, 2, \cdots$）．3 次元の箱では

$$E_{n_x n_y n_z}=\frac{h^2}{8mL^2}(n_x^2+n_y^2+n_z^2) \quad (n_x, n_y, n_z=1, 2, \cdots) \qquad (11.85)$$

である（$n_x, n_y, n_z$ は，位置座標の三つの自由度に対応する量子数）．

$n_x, n_y, n_z$ を直交座標軸とする空間（量子数空間という）を考えると，図 11.33 の各格子点は，とりうる状態 2 個に対応する（各点には，スピンの異なる 2 個の電子が入りうる）．$n_x, n_y, n_z$ が正の領域で量子数空間の体積 1 に格子点が 1 個あるから，1/8 の球（半径 $R$）内の状態の数は，$2\times(1/8)\times(4\pi R^3/3)$ となる．また，$n_x^2+n_y^2+n_z^2=R^2$ であり，式 (11.85) は，$E=\{h^2/(8mL^2)\}R^2$ と表せる．これを用いると，量子数空間の 1/8 の球（半径 $R$）内の状態の数は，$(1/4)(4\pi/3)(8mL^2E/h^2)^{3/2}$ となる．この状態の数（エネルギーが $E$ 以下である状態の数）を，実際の空間の単位体積当たりで表すと

$$N_E=\frac{8\pi}{3}\left(\frac{2m}{h^2}\right)^{3/2}E^{3/2} \qquad (11.86)$$

となる．したがって，実際の空間の単位体積当たり，単位エネルギー当たりの状態の

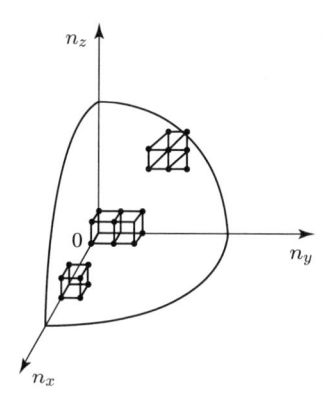

**図 11.33** 自由電子の量子状態（量子数空間）. 1/8 の球（半径 $R$）を示す

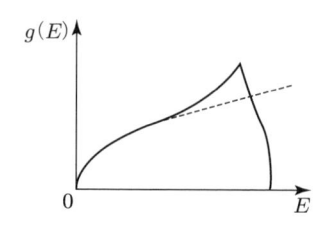

**図 11.34** 状態密度 $g(E)$ のエネルギー $E$ 依存性（破線は自由電子の場合）

数（これを**状態密度**という）は，次のようになる．

$$g(E) = \frac{dN_E}{dE} = 4\pi \left(\frac{2m}{h^2}\right)^{3/2} \sqrt{E} \qquad (11.87)$$

この自由電子の状態密度を図示すると，図 11.34 の破線のようになる．実際の物質では，エネルギー帯の上方でこれからずれている（図に実線で示す）．

**（b） フェルミ-ディラックの分布関数**

このような状態を実際に電子が占める確率（**分布関数**）は，次のようにエネルギーと温度に依存する．

$$f(E) = \frac{1}{e^{(E-E_F)/(kT)} + 1} \qquad (k = 1.38 \times 10^{-23} \text{J/K}) \qquad (11.88)$$

電子（区別できず，また，排他原理に従う粒子）に対するこの確率を，**フェルミ-ディラック分布**という[1]．定数 $E_F$ は，この確率が 1/2 になるエネルギー

$$f(E_F) = \frac{1}{2} \qquad (11.89)$$

である．この $E_F$ を**フェルミ準位**（Fermi level）という．なお，$E - E_F \gg kT$ の場合，

---

1） 区別できず，また，排他原理に従わない粒子は，**ボーズ-アインシュタイン分布**にしたがう．また，区別できる粒子（たとえば，気体分子）は，マクスウェル-ボルツマン分布（古典論）にしたがう．

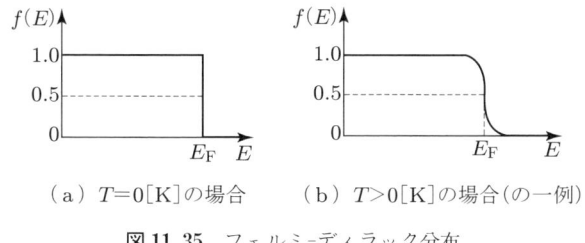

（a）$T=0$[K]の場合　　（b）$T>0$[K]の場合（の一例）

**図11.35**　フェルミ–ディラック分布

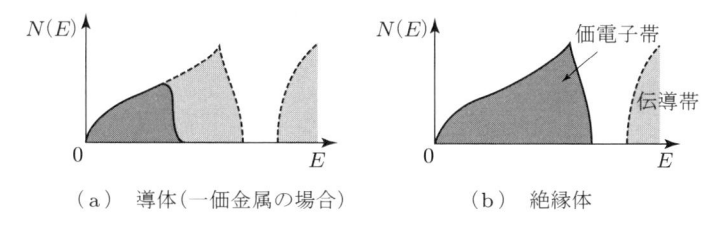

（a）　導体（一価金属の場合）　　（b）　絶縁体

**図11.36**　導体と絶縁体における電子のエネルギー分布（電子密度）$N(E)$（$T>0$ [K] の場合．濃い灰色の部分が電子で満たされている）

この分布は，次のように近似できる（**マクスウェル–ボルツマン分布**）．

$$f(E) \fallingdotseq e^{-(E-E_F)/(kT)} \tag{11.90}$$

絶対温度 0 度では，式 (11.88) は図 11.35(a) のようになる．つまり，$E>E_F$ では，$f(E)=0$，$E<E_F$ では，$f(E)=1$．これは，$E_F$ より高いエネルギー準位は全部空で，$E_F$ より低い準位は全部電子で占められていることを意味する．$T>0$ [K] では，図 11.35(b) のようになる．

#### （4）　導体・絶縁体・半導体

単位体積，単位エネルギー当たり，電子によって占められている状態の数（電子のエネルギー分布）は $N(E)=g(E)f(E)$ である．したがって，エネルギーが $E$ と $E+dE$ の間の電子数（単位体積当たり）は

$$N(E)dE = g(E)f(E)dE \tag{11.91}$$

である．たとえば，ナトリウム（一価金属）では，3s のエネルギー帯の $N(E)$ は半分まで電子で満たされているから，自由電子の場合とほとんど同じになる（図 11.36(a)）．このような物質は，この節の (1)(b) で述べたように，**導体** (conductor) である．

**例題 11.7** 0 [K] の一価金属のフェルミ準位（この場合は，金属内電子の最大エネルギー）$E_F$ を求めよ．なお，単位体積当たりの自由電子数を $n$ とする．

**解** $E < E_F$ では $f(E) = 1$ であるから

$$n = \int_0^{E_F} N(E) dE = \int_0^{E_F} g(E) dE = (8\pi/3)(2m/h^2)^{3/2} E_F^{3/2}$$

したがって，$E_F = \{h^2/(2m)\}\{3n/(8\pi)\}^{2/3}$ である．たとえば，ナトリウムでは $n = 2.5 \times 10^{28}$ 個/m³ であり，$E_F = 5.0 \times 10^{-19}$ J $= 3.1$ eV．∎

外殻の電子のエネルギー帯が全部電子で満たされていて（**価電子帯**，あるいは，充満帯という），その上の空いているエネルギー帯（**伝導帯**という）との間のエネルギーギャップ（禁止帯幅）が大きい場合（ダイヤモンドでは 6 eV くらい），室温でも上の伝導帯では，$f(E) \fallingdotseq 0$ であり，ここには電子は存在しない（図 11.36(b)）．いいかえれば，価電子帯の電子は，原子の振動のエネルギーを受けとって伝導帯へ移る確率が非常に小さい．このような物質を**絶縁体**（insulator）という．

これに対し，シリコンのエネルギーギャップは 1.1 eV（ゲルマニウムは 0.7 eV）と小さい．そのため，伝導帯に電子が存在する確率 $f(E)$ が，室温でいくらかある．このような物質を**半導体**（semiconductor）という．図 11.36(b) を簡単化して，図 11.37(a) のように表す．伝導帯の電子は**自由電子**（free electron）に近い振舞いをし，価電子帯には電子の不足が生ずる．これを**正孔**（positive hole）という．正孔は，電荷が正であることを除くと，だいたい，自由電子に近い振舞いをする．電荷を運ぶ粒子をキャリアという．

純粋で，しかも，原子が完全に規則的に並んでいると，室温でも，キャリアは少なく電気伝導度は小さい（**真性半導体**という）．しかし，適当な不純物が加わると，電気伝導度はかなり大きくなる．たとえば，5価のりん（P）原子が入ると，四つの共有結合を形成して電子が1個余る．この電子は正のイオンとの結合が弱いから，小さいエ

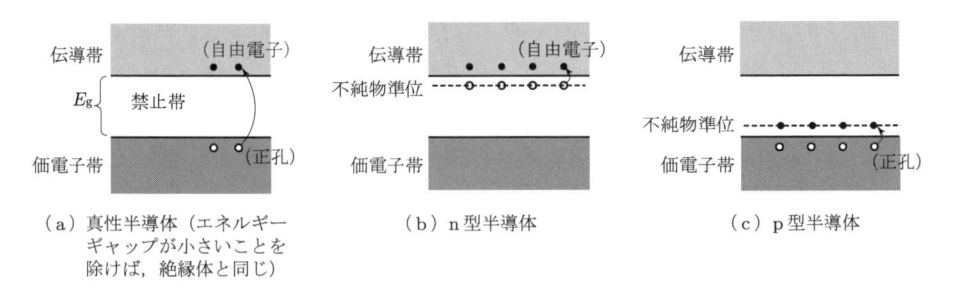

(a) 真性半導体（エネルギーギャップが小さいことを除けば，絶縁体と同じ）

(b) n 型半導体

(c) p 型半導体

**図 11.37** 半導体のエネルギー帯（縦方向がエネルギー）．$E_g$：エネルギーギャップ

図11.38（a）n型半導体　　（b）p型半導体

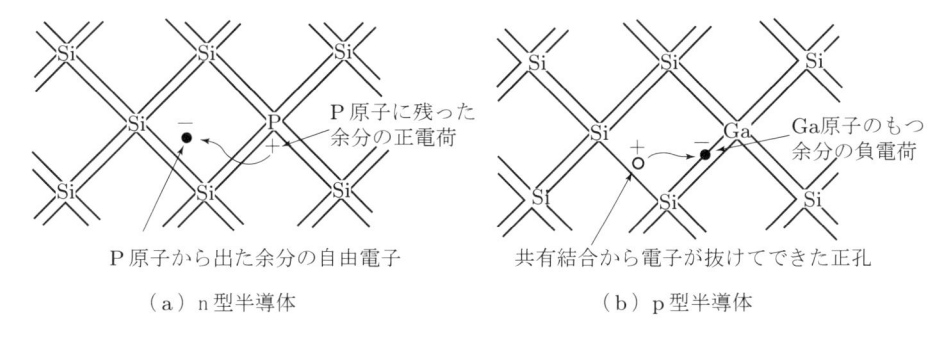

図 11.38　不純物半導体

ネルギーで自由になれる．つまり，伝導帯のすぐ下に，不純物準位があり（図 11.37(b)），その電子はかなりの確率で伝導帯に励起され自由電子となる．これを図 11.38(a) に模式的に示す．このような半導体は，キャリアが負 (negative) なので，**n 型半導体**という．

一方，不純物が 3 価のガリウム (Ga) 原子の場合は，電子が一つ不足した共有結合が生ずる．他の共有結合の電子が，原子の振動から小さいエネルギーをもらって，ここに移ることができる．移った後には正 (positive) のキャリア（正孔）が生ずる（図 11.37(c)）．これを図 11.38(b) に模式的に示す．これを **p 型半導体**という．

半導体では，このようにキャリアが 2 種類あり，それらが動きやすい．このことが，ダイオードやトランジスタなどの優れた働きの原因になっている．

## 練習問題　11　　（解答は p.249～250）

1. 波長 $1.54 \times 10^{-10}$ m の X 線を Ni 結晶に当てると，$\theta = 57.8°$ で 1 次の（$n=1$ に対応する）回折が起こる．この回折に関する格子面間距離を求めよ．

2. $\alpha$ 粒子を金の原子核に正面衝突させた場合，クーロンの法則から予想される結果になる．$\alpha$ 粒子が金の原子核に最も近づいたときの距離 $r_0$ を求めよ．そのとき，$\alpha$ 粒子が初めにもっていた運動エネルギー $(1/2)mv^2$ が全部，位置エネルギー $2Ze^2/\{(4\pi\varepsilon_0)r_0\}$ に変わる．初めの速さ $v = 1.6 \times 10^7$ m/s，金の原子番号 $Z = 79$，$\alpha$ 粒子の質量 $6.7 \times 10^{-27}$ kg，$e = 1.6 \times 10^{-19}$ C，$1/(4\pi\varepsilon_0) = 9.0 \times 10^9$ Nm$^2$/C$^2$ である．

3. 人間の眼は，十分暗やみに慣れた状態では，$10^{-18}$ J 程度の光のエネルギーを検出できる．これは，波長 600 nm の光子何個分に相当するか．

4. 金属ナトリウムでは，540 nm より短い波長の光でだけ光電効果が起こる．金属ナトリウ

ムの仕事関数を求めよ．

5. 波長 $7.09\times 10^{-11}$ m の X 線をグラファイトに照射したとき，入射方向との角度 $\varphi$ が $60°$ のコンプトン散乱について，（1）散乱波の波長を求めよ．（2）これによって跳ね飛ばされる電子（反跳電子）の運動エネルギーを求めよ．

6. $1.0\times 10^{8}$ m/s の速さで運動している電子について，（1）運動量を求めよ（$v/c \ll 1$ ではないので，相対論的効果を考慮せよ）．（2）波長を求めよ．

7. 電圧 $V$[V] で加速された電子の波長 $\lambda$ は，$\lambda = (1.23/\sqrt{V})$[nm] であることを示せ．ただし $V$[V] $\ll 10^{6}$[V] とする．

8. 波動関数 $\varphi_1(x)$ と $\varphi_2(x)$ がともにシュレーディンガー方程式 $\hat{H}\varphi(x)=E\varphi(x)$ の解であるとき，これらの1次結合 $\varphi_c(x)=a_1\varphi_1(x)+a_2\varphi_2(x)$ もシュレーディンガー方程式の解であることを示せ．（$a_1, a_2$ は定数）

9. 一辺の長さが $L$ の立方体の箱の中（ポテンシャル $V=0$，ただし壁のポテンシャル $V=\infty$）に閉じ込められた粒子の波動関数は，$\varphi(x,y,z)=C\sin(k_x x)\sin(k_y y)\sin(k_z z)$ である．3次元に対応したシュレーディンガー方程式（11.39）を用いて，エネルギー $E$ を求めよ．ただし，$C, k_x, k_y, k_z$ は定数である．

10. 長さが $L$ の1次元の箱の中に閉じ込められた粒子について次のことを確かめよ．

    （1）量子数 $n=1$ の粒子の波動関数 $\varphi_1(x)=\sqrt{\dfrac{2}{L}}\sin\left(\dfrac{\pi}{L}x\right)$ について，$\int_0^L |\varphi_1(x)|^2 dx = 1$ であること．

    （2）量子数 $n$ の粒子の波動関数 $\varphi_n(x)=\sqrt{\dfrac{2}{L}}\sin\left(\dfrac{n\pi}{L}x\right)$ において，位置 $x$ の期待値が $\langle x \rangle = \dfrac{L}{2}$ であることと，そのゆらぎが $(\Delta x)^2 = \left(\dfrac{1}{12}-\dfrac{1}{2n^2\pi^2}\right)L^2$ であること．

11. 水素原子の波動関数の式（11.77）の第2式 $u_{2,0,0}$ が，シュレーディンガー方程式（11.55）の解であることを示せ（$a=4\pi\varepsilon_0\hbar^2/(me^2)$）．

12. 水素原子の1s電子（波動関数が式（11.77）の第1式 $u_{1,0,0}$ で表される電子）で，電子を見出す確率が $r=a$ で最大になることを示せ．

13. スピン角運動量ベクトル $S$ を図示せよ（例題 11.6 を参照）．

14. ゲルマニウム（Ge）原子（$Z=32$）の電子配置を低いほうから全部書け．

15. エネルギーギャップ内に状態がない真性半導体では，フェルミ準位はギャップの中央にある．エネルギーギャップが 1.1 eV のシリコン（真性半導体）で，

    （1）伝導帯の最低エネルギーを $E$ とすると，$E-E_F$ は何 eV か．

    （2）この状態を電子が占める確率は，300 K（$kT=0.026$ eV）でどれだけか．

    （3）この状態を電子が占める確率が1000倍になる温度を求めよ．

16. 加速電圧 $V$ で電子を加速すると，運動エネルギーは $eV$ になる．これが全部，光子（X線量子）のエネルギー $h\nu$ になった場合に，連続 X 線の振動数が最大値 $\nu_{\max}$ になる（波長は最小値 $\lambda_{\min}$ になる）．つまり，$eV=h\nu_{\max}=hc/\lambda_{\min}$ である．

(1) 電子の加速電圧が $V[\mathrm{kV}]$ のとき，$\lambda_\mathrm{min}=(1.24/V)[\mathrm{nm}]$ となることを示せ．

(2) 運動エネルギーが $10\,\mathrm{keV}$ である電子がターゲットに当たったとき，放出される連続X線の波長の最小値はいくらか．

17. ボーアの理論で，式 (11.8) と式 (11.12) から，$R=2\pi^2 me^4/\{(4\pi\varepsilon_0)^2 h^3 c\}$ であることを示せ．また，この $R$ の値を計算し，実験から得られた式 (11.7) の値と一致することを示せ．

18. 光度 $1\,\mathrm{cd}$（カンデラ）の光源は，$0.01\,\mathrm{W}$（ワット）に相当する．この光源（波長 $6\times10^{-7}\,\mathrm{m}$ の単色光源とする）は，$1\,\mathrm{s}$ 当たり何個の光子を放出するか．

19*. 波長 $10^{-10}\,\mathrm{m}$ の光子（X線量子）の位置と波長を同時に測定することを考えよう．波長 $\lambda$ を有効数字 $8$ けたの精度で測定したとき（波長の不確定さを $\varDelta\lambda$ とすると，$\varDelta\lambda/\lambda=10^{-8}$），光子の位置の不確定さを求めよ（$p=h/\lambda$ を $\lambda$ で微分する）．

20. 式 (11.65) で $m_l=0$ の場合，$\varPhi(\varphi)=K_1\varphi+K_2$ の形の解も可能である．

(1) $\varPhi(\varphi+2\pi)=\varPhi(\varphi)$ という条件から，$K_1=0$ であることを示せ．

(2) $\varPhi(\varphi)=K_2$ という解は，式 (11.65) という解に含まれていることを示せ．

21. アンチモン (Sb) 原子の電子配置を参考にして，シリコンにアンチモンを少量加えた場合の伝導型が，n 型になるか p 型になるかを考えよ．

# 付　　　録

## 重要物理定数表

| 名　　称 | 数　　値 | 単　位 |
|---|---|---|
| 万有引力定数 | $G = 6.6726 \times 10^{-11}$ | N·m²/kg² |
| 重力加速度（標準） | $g = 9.806$ | m/s² |
| 標準気圧 | $1.01325 \times 10^5$ | Pa |
| 氷点の絶対温度 | $T_0 = 273.15$ | K |
| モル気体定数 | $R = 8.3145$ | J/(mol·K) |
| 理想気体（0°C, 1気圧）のモル体積 | $V_0 = 2.24141 \times 10^{-2}$ | m³/mol |
| アボガドロ定数（モル分子数） | $N_A = 6.02214 \times 10^{23}$ | 1/mol |
| 熱の仕事当量 | $J = 4.1855$ | J/cal |
| ボルツマン定数 | $k = 1.38066 \times 10^{-23}$ | J/K |
| シュテファン-ボルツマン定数 | $\sigma = 5.6705 \times 10^{-8}$ | W/(m²·K⁴) |
| 真空中の光速 | $c = 2.997925 \times 10^8$ | m/s |
| ファラデー定数 | $F = 9.64853 \times 10^4$ | C/mol |
| 電子の電荷（電気素量） | $e = 1.602177 \times 10^{-19}$ | C |
| 電子の静止質量 | $m_e = 9.10939 \times 10^{-31}$ | kg |
| 電子の比電荷 | $e/m_e = 1.7588196 \times 10^{11}$ | C/kg |
| 陽子の質量 | $m_p = 1.67262 \times 10^{-27}$ | kg |
| 中性子の質量 | $m_n = 1.67493 \times 10^{-27}$ | kg |
| 水素原子の質量 | $m_H = 1.67353 \times 10^{-27}$ | kg |
| MKSA系の真空の誘電率 | $\varepsilon_0 = 8.854188 \times 10^{-12}$ | F/m |
| 〃　　〃　　透磁率 | $\mu_0 = 1.25663706 \times 10^{-6} (= 4\pi \times 10^{-7})$ | H/m |
| プランク定数 | $h = 6.6261 \times 10^{-34}$ | J·s |
| 原子質量単位 | $1\,u = 1.66054 \times 10^{-27}$ | kg |
| 電子ボルト | $1\,eV = 1.60218 \times 10^{-19}$ | J |

# 練習問題解答

**練習問題 1** (p. 31)

1. (1) $v_x = -gt$, $a_x = -g$

   (2) $v_x = -A\dfrac{2\pi}{T}\sin\left(\dfrac{2\pi}{T}t\right)$

   $a_x = -A\left(\dfrac{2\pi}{T}\right)^2\cos\left(\dfrac{2\pi}{T}t\right)$

   (3) $v_x = -r\dfrac{2\pi}{T}\sin\left(\dfrac{2\pi}{T}t\right)$

   $v_y = r\dfrac{2\pi}{T}\cos\left(\dfrac{2\pi}{T}t\right)$

   $v = \sqrt{v_x{}^2 + v_y{}^2} = r\cdot\dfrac{2\pi}{T}$

   $a_x = -r\left(\dfrac{2\pi}{T}\right)^2\cos\left(\dfrac{2\pi}{T}t\right)$

   $a_y = -r\left(\dfrac{2\pi}{T}\right)^2\sin\left(\dfrac{2\pi}{T}t\right)$

   $a = \sqrt{a_x{}^2 + a_y{}^2} = r\left(\dfrac{2\pi}{T}\right)^2$

   (4) $v_x = -a\dfrac{c}{m}\exp\left(-\dfrac{c}{m}t\right)$

   $a_x = a\left(\dfrac{c}{m}\right)^2\exp\left(-\dfrac{c}{m}t\right)$

2. (1) $v_x = -gt$, $v_y = 0$

   $x = -\dfrac{g}{2}t^2$, $y = 0$

   (2) $v_x = A\cdot\dfrac{T}{2\pi}\sin\left(\dfrac{2\pi}{T}t\right)$

   $x = A\left(\dfrac{T}{2\pi}\right)^2\left\{1-\cos\left(\dfrac{2\pi}{T}t\right)\right\}$

3. (1) $\dfrac{v_0\sin\theta}{g}$, $\dfrac{1}{2}\dfrac{(v_0\sin\theta)^2}{g}$

   (2) $\dfrac{2v_0{}^2}{g}\sin\theta\cos\theta$

   (3) $45°$

4. $a_A = a_B = \dfrac{F_0}{m_A + m_B}$

   $T = \dfrac{m_B}{m_A + m_B}F_0$

5. $a_A = \dfrac{(m_B - m_A)g}{m_A + m_B}$,

   $a_B = \dfrac{(m_A - m_B)g}{m_A + m_B}$, $T = \dfrac{2m_A m_B g}{m_A + m_B}$

6. $v = (g\sin\theta - \mu'g\cos\theta)t$

   $x = \dfrac{1}{2}(g\sin\theta - \mu'g\cos\theta)t^2$

7. $m(g+a)$,

   体重計の目盛は $m\left(\dfrac{g+a}{g}\right)$

8. $C_1$ にそって, $-\mu'mg(x_0+y_0)$

   $C_2$ にそって, $-\mu'mg\sqrt{x_0{}^2+y_0{}^2}$

9. 両方とも $\dfrac{k}{2}(x_0{}^2+y_0{}^2)$

10. $\sqrt{v_0{}^2+2gh}$

11. 最初の位置から $\dfrac{v_0{}^2}{2g}$

12. $\sqrt{v_0{}^2+2GM\left(\dfrac{1}{R}-\dfrac{1}{r}\right)}$

13. $\sqrt{\dfrac{k}{m}}\cdot x_0$

14. $x_0 = \dfrac{mg}{k}$

    $v_{\max} = \sqrt{\dfrac{k}{m}x_1{}^2}$

15. (1) $v(\theta) = \sqrt{2gR(1-\cos\theta)}$

    (2) $N(\theta) = mg(3\cos\theta - 2)$

    (3) $\theta_0 = \cos^{-1}\dfrac{2}{3}$

16. (1) $F_x = -kx$, $F_y = -ky$

(2) $F_x = \dfrac{q_1 q_2}{4\pi\varepsilon_0 r^2} \dfrac{x}{r}$

$F_y = \dfrac{q_1 q_2}{4\pi\varepsilon_0 r^2} \dfrac{y}{r}$

$F_z = \dfrac{q_1 q_2}{4\pi\varepsilon_0 r^2} \dfrac{z}{r}$

(3) $F_x = C\left(\dfrac{1}{r^2} + \dfrac{\kappa}{r}\right)e^{-\kappa r} \cdot \dfrac{x}{r}$

$F_y = C\left(\dfrac{1}{r^2} + \dfrac{\kappa}{r}\right)e^{-\kappa r} \cdot \dfrac{y}{r}$

$F_z = C\left(\dfrac{1}{r^2} + \dfrac{\kappa}{r}\right)e^{-\kappa r} \cdot \dfrac{z}{r}$

17. $V = \dfrac{1}{r}$

## 練習問題 2 (p.42)

1. 重心の周りの重力のモーメントの和 $N$ を計算する。重力加速度ベクトルを $g$ とすると, $r'_i = r_i - R$ として

$$N = \sum_{i=1}^{N}(r'_i \times m_i g) = \left(\sum_{i=1}^{N} m_i r'_i\right) \times g = 0$$

となる。

2. $v_x' = \dfrac{m_1 v_1}{m_1 + m_2}$, $v_y' = \dfrac{m_2 v_2}{m_1 + m_2}$

3. (1) 二つの質点の運動方程式は次のようになる。

$$m_1 \dfrac{d^2 x_1}{dt^2} = -k(x_1 - x_2 - l) \quad \text{①}$$

$$m_2 \dfrac{d^2 x_2}{dt^2} = k(x_1 - x_2 - l) \quad \text{②}$$

①+② より

$$(m_1 + m_2)\dfrac{d^2 X}{dt^2} = 0$$

(2) ①/$m_1$ − ②/$m_2$ より次式が得られる。

$$\dfrac{d^2 x}{dt^2} = -k(x-l)\left(\dfrac{1}{m_1} + \dfrac{1}{m_2}\right)$$

4. $v(r) = v_0 \cdot \dfrac{l}{r}$

## 練習問題 3 (p.52)

1. (1) $\dfrac{MR^2}{4}$  (2) $\dfrac{M}{3}(a^2 + b^2)$

(3) $\dfrac{M}{2}R^2$  (4) $\dfrac{2}{5}MR^2$

2. (1) $a_A = \dfrac{(m_B - m_A)g}{m_A + m_B + \dfrac{I}{R^2}}$

$a_B = \dfrac{(m_A - m_B)g}{m_A + m_B + \dfrac{I}{R^2}}$

(2) $T_A = \dfrac{\left(2 m_A m_B + \dfrac{I m_A}{R^2}\right)g}{m_A + m_B + \dfrac{I}{R^2}}$

$T_B = \dfrac{\left(2 m_A m_B + \dfrac{I m_B}{R^2}\right)g}{m_A + m_B + \dfrac{I}{R^2}}$

(3) $\omega = \dfrac{(m_B - m_A)g}{m_A + m_B + \dfrac{I}{R^2}} \cdot \dfrac{1}{R} \cdot t$

3. (1) $M \dfrac{dv}{dt} = T + F$

$I \dfrac{d\omega}{dt} = TR - FR$

(2) $F = \dfrac{\left(M - \dfrac{I}{R^2}\right)T}{M + \dfrac{I}{R^2}}$

(3) $v = \dfrac{2T}{M + \dfrac{I}{R^2}} t$

4. (1) $v_G = \dfrac{F}{M}\Delta t$

$\omega = \dfrac{F}{\left(\dfrac{Ml^2}{12}\right)}\left(\dfrac{l}{2} - x\right)\Delta t$

(2) $v_B = v_G - \dfrac{l}{2}\omega$

$= \left(\dfrac{6x}{l} - 2\right)\dfrac{F\Delta t}{M}$

(3) $x = \dfrac{l}{3}$

5. $v_G = \dfrac{Mg\sin\theta}{M+\dfrac{I}{R^2}} \cdot t$

   $\omega = \dfrac{Mg\sin\theta}{MR+\dfrac{I}{R}} \cdot t$

**練習問題 4** (p. 61)

1. $3.1\,\text{mm}$
2. $\Delta l = \dfrac{Mgl}{\pi r^2}\left(\dfrac{1}{E_1}+\dfrac{1}{E_2}\right)$
3. 伸びが $x$ のときの棒を引く力の大きさを $F$ とすると，$F/S = Ex/l$．
   棒をさらに $\Delta x$ だけ伸ばすのに力がする仕事は $F\Delta x$ だから，
   $$W = \dfrac{ES}{l}\int_0^{\Delta l} x\,\mathrm{d}x = \dfrac{ES}{2l}(\Delta l)^2$$
   $$u = \dfrac{W}{Sl} = \dfrac{1}{2}E\left(-\dfrac{\Delta l}{l}\right)^2$$
4. トリチェリーの定理より $3.1\,\text{m/s}$
5. 水面の高さが $x$ のときの水の流速は $v = \sqrt{2gx}$．微小時間 $\mathrm{d}t$ の間の水の流出量は，$\pi r^2 v\,\mathrm{d}t$ である．このときの水面の降下を，$-\mathrm{d}x$ とすると
   $$\pi r^2 v\,\mathrm{d}t = -\pi R^2\,\mathrm{d}x$$
   $t=0$ のとき $x=h$ だから，水が全部なくなるまでの時間 $t_1$ は
   $$t_1 = -\dfrac{R^2}{r^2\sqrt{2g}}\int_h^0 x^{-\frac{1}{2}}\,\mathrm{d}x$$
   $$= \left(\dfrac{R}{r}\right)^2\sqrt{\dfrac{2h}{g}}$$
   となる．

**練習問題 5** (p. 81)

1. $i_C = 24.4°$
2. $\lambda = 547\,\text{nm}$
3. 反射光が暗くなる条件
   $$d = \left(m+\dfrac{1}{2}\right)\times 0.254\,\mu\text{m}$$
   $m=0$ のとき，$d = 0.127\,\mu\text{m}$，このときは暗くなる可視光は $700\,\text{nm}$ の 1 本
   $m=1$ のとき，$d = 0.380\,\mu\text{m}$，このときは $700\,\text{nm}$ と $420\,\text{nm}$ の 2 本
   $m=2$ のとき，$d = 0.634\,\mu\text{m}$，このときは $700\,\text{nm}$，$500\,\text{nm}$，$389\,\text{nm}$ の 3 本
   よって，膜厚は，$0.127\,\mu\text{m}$ である．
4. $11.0° < \theta_1 < 22.6°$，$22.3° < \theta_2 < 50.4°$
5. $N = 982$ 本
6. 光が臨界角 $i_c$ でコアとクラッドの境界面に入射するとき，端面への光の入射角を $\phi_c$ とすると
   $$n_0\sin\phi_c = \sqrt{n_1^2 - n_2^2}$$
   $n_0\sin\phi_c$ を光ファイバーの開口数といって，$NA$ と書く．
   $NA = 0.176$，$i_c = 83.5°$，$\phi_c = 10.1°$
   よって
   $$0 < \phi < 10.1°$$
7. $l = 10\,\text{cm}$，$\Delta = nl - l = m\lambda$ から，$n = 1.000136$
8. 図 5.16 より $n = \dfrac{\sin i}{\sin r} = \dfrac{\sin i'}{\sin r'}$
   $r + r' = \alpha$，$\delta = (i - r) + (i' - r')$
   $$\dfrac{\mathrm{d}\delta}{\mathrm{d}i} = 1 - \dfrac{\cos r'}{\cos r}\dfrac{\cos i}{\cos i'} = 0$$
   これから，$i = i'$，$r = r'$ のとき $\delta$ が最小
   $$n = \dfrac{\sin\{(\delta_0 + \alpha)/2\}}{\sin(\alpha/2)}$$

**練習問題 6** (p. 111)

1. 臨界点では $\dfrac{\mathrm{d}P}{\mathrm{d}V} = 0$，$\dfrac{\mathrm{d}^2 P}{\mathrm{d}V^2} = 0$ になっている条件を用いる．
2. $C_v = Rf/2$，$C_p = C_v + R = R(f+2)/2$ より，$\gamma = 1 + 2/f$
3. 酸素：$7.0\times 10^{-8}\,\text{m}$，ヘリウム：$1.7\times 10^{-7}\,\text{m}$，圧力は，酸素：$7.3\times 10^{-3}\,\text{Pa}$，

ヘリウム：$1.7\times10^{-2}\,\mathrm{Pa}$

4. $\mathrm{d}N=-\dfrac{cN\mathrm{d}t}{V}$ より，積分して

$$\int\dfrac{\mathrm{d}N}{N}=-\dfrac{c}{V}\int\mathrm{d}t$$

$$N=N_0 e^{-\frac{ct}{V}},\ 4\text{分}36\text{秒}$$

5. 仕事：$\displaystyle\int_V^{V/2}(-P)\mathrm{d}V$

$$=\int_V^{V/2}\left(-\dfrac{nRT}{V}\right)\mathrm{d}V$$

$$=nRT\ln 2,\ \text{圧力}:2P$$

6. 仕事は $\displaystyle\int_V^{V/2}P\mathrm{d}V=\int_V^{V/2}\dfrac{C}{V^\gamma}\mathrm{d}V$

$$=-\dfrac{PV}{\gamma-1}(2^{\gamma-1}-1)\ \text{より，仕事の比は}$$

$\dfrac{3}{5}\left(\dfrac{2^{2/3}-1}{2^{2/5}-1}\right)=1.10$，圧力は $2^\gamma P$ になるので，圧力比は $2^{4/15}=1.20$．温度は $2^{\gamma-1}T$ になるので，温度比は $2^{4/15}=1.20$

7. 61%

8. $W=1000\times\dfrac{15}{293}=51\,\mathrm{W}$

9. オットー・サイクル：断熱変化であるので，$T_\mathrm{A}=T_\mathrm{D}r^{\gamma-1},\ T_\mathrm{B}=T_\mathrm{C}r^{\gamma-1}$，$\therefore\ Q_1=nC_\mathrm{v}(T_\mathrm{B}-T_\mathrm{A})=nC_\mathrm{v}(T_\mathrm{C}-T_\mathrm{D})r^{\gamma-1}$,
$Q_2=nC_\mathrm{v}(T_\mathrm{C}-T_\mathrm{D})$,

$$\therefore\ \eta=\dfrac{Q_1-Q_2}{Q_1}=\dfrac{r^{\gamma-1}-1}{r^{\gamma-1}}$$

$$=1-\dfrac{1}{r^{\gamma-1}}$$

ディーゼル・サイクル：

$$Q_1=nC_\mathrm{p}(T_\mathrm{B}-T_\mathrm{A})$$

$$=\dfrac{nC_\mathrm{p}}{nR}P_\mathrm{A}(V_\mathrm{B}-V_\mathrm{A})$$

$$=\dfrac{C_\mathrm{p}}{R}P_\mathrm{A}V_\mathrm{D}\left(\dfrac{1}{r_\mathrm{e}}-\dfrac{1}{r_\mathrm{c}}\right)$$

$$Q_2=nC_\mathrm{v}(T_\mathrm{C}-T_\mathrm{D})$$

$$=\dfrac{nC_\mathrm{v}}{nR}V_\mathrm{D}(P_\mathrm{C}-P_\mathrm{D})$$

$$=\dfrac{C_\mathrm{v}}{R}V_\mathrm{D}P_\mathrm{A}\left(\dfrac{1}{r_\mathrm{e}^\gamma}-\dfrac{1}{r_\mathrm{c}^\gamma}\right)$$

したがって，

$$\eta=\dfrac{Q_1-Q_2}{Q_1}=1-\dfrac{1}{\gamma}\cdot\dfrac{r_\mathrm{e}^{-\gamma}-r_\mathrm{c}^{-\gamma}}{r_\mathrm{e}^{-1}-r_\mathrm{c}^{-1}}$$

10. (1) $\mathrm{d}'Q$ の熱量がすることができる仕事は $\eta\mathrm{d}'Q$ であるので

$$W=\int\eta\mathrm{d}'Q$$

$$=\int_T^{T_0}\dfrac{T-T_0}{T}(-C\mathrm{d}T)$$

$$=C(T-T_0)-CT_0\log\left(\dfrac{T}{T_0}\right)$$

(2) 吸収する熱量 $C\mathrm{d}T$ は仕事をした残りの熱量 $\mathrm{d}'Q-\eta\mathrm{d}'Q$ に等しいので $\mathrm{d}'Q=T_0/T\cdot C\mathrm{d}T$ と表せる．

$$W=\int\eta\mathrm{d}'Q$$

$$=\int_T^{T_0}\dfrac{T_0-T}{T_0}\cdot\dfrac{T_0}{T}C\mathrm{d}T$$

=(1)の結果と同じ式

11. $\Delta S=2nC_\mathrm{v}\log\left(\dfrac{T_1+T_2}{2}\right)$

$$-nC_\mathrm{v}\log T_1-nC_\mathrm{v}\log T_2$$

$$=nC_\mathrm{v}\log\dfrac{(T_1+T_2)^2}{4T_1T_2}>0.$$

なぜならば
$(T_1-T_2)^2=(T_1+T_2)^2-4T_1T_2>0$
より $\dfrac{(T_1+T_2)^2}{4T_1T_2}>1$ だから．

## 練習問題 7 (p.138)

1. (1) 引力，(2) $F_\mathrm{c}=8.2\times10^{-8}\,\mathrm{N}$,
(3) $F_\mathrm{g}=3.6\times10^{-47}\,\mathrm{N}$,
$F_\mathrm{c}/F_\mathrm{g}=2.3\times10^{39}$ 倍

2. $+\to-$ 方向に平行に．$E=5.4\,\mathrm{V/m}$

3. (1) 2枚の間で $E=0$，両外側で $E=\sigma/\varepsilon_0$

(2) 2枚の間で $E=\sigma/\varepsilon_0$，両外側で

練習問題解答  **247**

     $E=0$
4．$E=\sigma/\varepsilon_0$
5．(1)　$Q=108\,\mathrm{nC}$，(2)　$x=78\,\mathrm{nm}$
6．(1)　$F=1.04\times10^{-8}\,\mathrm{N}$，
    (2)　$a=160\,\mathrm{m/s^2}$
7．(1)　$a=8.43\times10^{14}\,\mathrm{m/s^2}$，
    (2)　$t=7.7\,\mathrm{ns}$，(3)　$1.9\times10^{-17}\,\mathrm{J}$
8．(1)　$E_1=2.8\times10^4\,\mathrm{V/m}$，$E_2=2.5\times10^5$
    V/m，(2)　$V_1=88\,\mathrm{V}$，$V_2=370\,\mathrm{V}$
9．略
10．(1)　$U_0=3.43\times10^{-6}\,\mathrm{J}$，(2)　$V'=0.49\,\mathrm{V}$，(3)　$U=4.0\times10^{-9}\,\mathrm{J}$，
    (4)　$U-U_0(<0)$ は極板がセラミック板を引き込む仕事量
11．$C=82\,\mathrm{pF}$

**練習問題 8**（p. 161）

1．(1)　$v=5.3\times10^7\,\mathrm{m/s}$，(2)　$n=1.04\times10^{14}\,\mathrm{m^{-3}}$，(3)　$x=21\,\mathrm{\mu m}$
2．$R=67\,\Omega$
3．$\mu(\mathrm{Cu, Pt})$
    $=(4.4, 0.89)\times10^{-3}\,\mathrm{m^2/(V\cdot s)}$
4．略
5．図のように点 P から距離 $r$ の導線上の地点で電流素片 $I\mathrm{d}s$ をとり，これを直線上で移動した（$\theta$ を $0\to\pi/2\to\pi$ に変化させた）ときの寄与 $\mathrm{d}H$ を点 P 上で加えればよい．$r$ と $\theta$ で表すと $r=a/\sin\theta$ とな

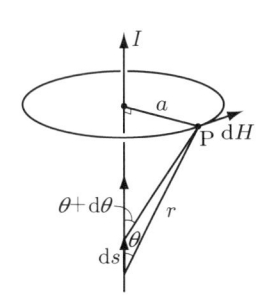

り，また $\mathrm{d}s$ を $r$ と $\theta$ で表すと，
$\mathrm{d}s\cdot\sin\theta=r\mathrm{d}\theta$ の関係より
$\mathrm{d}s=(r/\sin\theta)\mathrm{d}\theta$ と表せる．これらを式 $(8.12)$ へ代入し，$\theta$ について 0 から $\pi$ まで積分すると，
$$H=\frac{I}{4\pi}\int_0^\pi\frac{\sin\theta}{r^2}\frac{r}{\sin\theta}\mathrm{d}\theta$$
$$=\frac{I}{4\pi}\int_0^\pi\frac{1}{r}\mathrm{d}\theta=\frac{I}{4\pi}\int_0^\pi\frac{\sin\theta}{a}\mathrm{d}\theta$$
$$=\frac{I}{4\pi a}[-\cos\theta]_0^\pi=\frac{I}{2\pi a}$$

6．$I=1.1\,\mathrm{A}$
7．i) $r\geqq0.6\,\mathrm{mm}$，$H=0.38/r$　[A/m]，
    ii) $r\leqq0.6\,\mathrm{mm}$，$H=1.06\times10^6 r$ [A/m]
8．$H=2800\,\mathrm{A/m}$，$B=3.5\times10^{-3}\,\mathrm{T}$
9．$5.1\,\mathrm{mm}$
10．$N=IBS\cos\theta$
11．$r=33\,\mathrm{mm}$，$(0,\ 33\,\mathrm{mm},\ 0)$
12．(1)　$L=0.17\,\mathrm{H}$，(2)　$U=0.95\,\mathrm{J}$
13．(1)　$I=-(NBS\omega\cos\omega t)/R$
    (2)　$T=-\omega(NSB\cos\omega t)^2/R$
14．(1)　$\nu=394\,\mathrm{Hz}$，
    (2)　$|I_{\max}|=0.20\,\mathrm{A}$
15．$r\leqq R$ で
    $B=[\mu_0 Cr/(2\pi R^2)](\mathrm{d}V/\mathrm{d}t)$，
    $r\geqq R$ で
    $B=[\mu_0 C/(2\pi r)](\mathrm{d}V/\mathrm{d}t)$
16．略
17．略
18．略

**練習問題 9**（p. 181）

1．(1)(a)　$T=2\pi\sqrt{\dfrac{m}{k_1+k_2}}$
        $v_{\max}=A\sqrt{\dfrac{k_1+k_2}{m}}$

$$E = \frac{1}{2}(k_1+k_2)A^2$$

(b) 力は $F = -\dfrac{k_1 k_2}{k_1+k_2}x$ となり

$$T = 2\pi\sqrt{\frac{m(k_1+k_2)}{k_1 k_2}}$$

$$v_{\max} = A\sqrt{\frac{k_1 k_2}{m(k_1+k_2)}}$$

$$E = \frac{1}{2}\frac{k_1 k_2}{k_1+k_2}A^2$$

(2) $T = \pi\sqrt{\dfrac{mL}{F}}$

$$v_{\max} = 2A\sqrt{\frac{F}{mL}}$$

$$E = 2A^2\frac{F}{L}$$

(3) $T = 2\pi\sqrt{\dfrac{r}{g}}$

$$v_{\max} = \sqrt{\frac{g}{r}}A$$

$$E = \frac{mg}{2r}A^2$$

2. 抗力の最大値：$m(g+A\omega^2)$，最小値：$m(g-A\omega^2)$，離れ始めるのは $A > \dfrac{g}{\omega^2}$ になったとき．

3. $c = \sqrt{(c_1+c_2\cos\phi)^2+(c_2\sin\phi)^2}$

$\tan\theta = \dfrac{c_2\sin\phi}{c_1+c_2\cos\phi}$

4. (1) $\left(\dfrac{x}{c_1}\right)^2+\left(\dfrac{y}{c_2}\right)^2=1$ の楕円．

(2) $y = 2c\cos^2\omega t - c = 2x^2/c - c$ の放物線．

5. $x_1+x_2 = 2c\cos\Delta\omega t\sin\omega t$，
$2c\cos\Delta\omega t$ はゆっくりと変化し，$\sin\omega t$ の振幅とみなせる．

うなりの振動数：$\dfrac{\Delta\omega}{\pi}$

6. $1.5\times 10^3$ m/s

7. 3.1

8. 10m での音の強さのレベルは 89 dB，100m では 69 dB

9. 53 dB, 100倍

10. 19.5 cm，倍音の振動数は奇数倍で，1320 Hz，2200 Hz，3080 Hz などである．3.0 Hz 増加して 443.0 Hz になる．1.4 mm 長くする．

11. $v^2 = \omega^2/(k_x^2+k_y^2+k_z^2)$ であれば満たす．振動数は $\omega/2\pi$，波長は

$$\lambda = \frac{v}{\omega/(2\pi)} = \frac{2\pi}{\sqrt{k_x^2+k_y^2+k_z^2}}$$

$u = C\sin(kr-\omega t)/r$ のような場合に $r$ の中の $x$ を $x$ で微分するときは

$$\frac{\partial u}{\partial x} = \frac{\partial u}{\partial r}\frac{\partial r}{\partial x} = \frac{\partial u}{\partial r}\frac{x}{r}$$

のようにするとよい．$v^2 = \omega^2/k^2$ とすれば満たす．振動数は $\omega/2\pi$，波長は $\lambda = 2\pi/k$ である．

## 練習問題 10 (p. 194)

1. 式 (10.14) に，$v=0.9c$ を代入する．$L/L_0 = 0.436 = 43.6\%$

2. 式 (10.15) に，$v=0.99c$，および $T_0 = 1.0\times 10^{-7}$ s を代入する．$T = 7.1\times 10^{-7}$ s

3. 式 (10.10) の第4式を用いる．$t_1' = 1.2\times 10^{-2}$ s, $t_2' = 7.8\times 10^{-3}$ s

4. 問題の式の左辺に，式 (10.10) の四つの式を代入する．

5. 地面 (系 S) と電子 B (系 S′) から電子 A を観測すると，$v \to -v$, $V_x = v(=0.6c)$ である．$V_x' = 0.88c = 2.65\times 10^8$ m/s（なお，$V_x = 0.6c = 1.80\times 10^8$ m/s）

6. 式 (10.14) を用いる．$v=0.20c = 6.0\times 10^7$ m/s

7. 式 (10.18) を用いる．
(1) $v = 30$ m/s．これから，$m/m_0 = 1/\sqrt{1-10^{-14}} \fallingdotseq 1$．

(2) $m/m_0 = 1.67$

8. 質量欠損は，$1.0078\,\mathrm{u} + 1.0087\,\mathrm{u} - 2.0141\,\mathrm{u} = 3.9970 \times 10^{-30}\,\mathrm{kg}$
 結合エネルギーは式 (10.22) から，$3.592 \times 10^{-13}\,\mathrm{J}$

9. (1) 式 (10.21) から，$E = m_0 c^2 + E_k = 81.870 \times 10^{-15} + 10^7 \times 1.60218 \times 10^{-19} = 1.6841 \times 10^{-12}\,\mathrm{J}$

 (2) 式 (10.22) から，$m = E/c^2 = 1.8738 \times 10^{-29}\,\mathrm{kg}$

 (3) 式 (10.24) を用いる．$p = 5.611 \times 10^{-21}\,\mathrm{kg\cdot m/s}$

 (4) $V = p/m = 2.994 \times 10^8\,\mathrm{m/s}$

 (5) $V = c\sqrt{1-(m_0/m)^2} = 0.9988\,c = 2.994 \times 10^8\,\mathrm{m/s}$

**練習問題 11** (p. 239)

1. 式 (11.2) に代入．$d = 9.10 \times 10^{-11}\,\mathrm{m}$

2. $r_0 = 4Ze^2/(4\pi\varepsilon_0 mv^2) = 4.3 \times 10^{-14}\,\mathrm{m}$

3. 光子の個数を $n$ とすると，$E = nh\nu = nhc/\lambda$．したがって，$n = E\lambda/(hc) = 10^{-18} \times 6 \times 10^{-7}/(6.6 \times 10^{-34} \times 3 \times 10^8) = 3$

4. $\lambda = 5.4 \times 10^{-7}\,\mathrm{m}$ のとき，$(E_k)_{\max} = 0$．式 (11.13) より $W = hc/\lambda$．これから，$W = 3.7 \times 10^{-19}\,\mathrm{J}\,(=2.3\,\mathrm{eV})$

5. (1) $\lambda = 7.21 \times 10^{-11}\,\mathrm{m}$．(2) 式 (10.21) から，反跳電子の運動エネルギー $E_k = \{m_0 c^2/\sqrt{1-(v/c)^2}\} - m_0 c^2$．これに式 (11.17) を用いると，$E_k = hc/\lambda_0 - hc/\lambda = 4.7 \times 10^{-17}\,\mathrm{J}$

6. (1) $p = mv = m_0 v/\sqrt{1-(v/c)^2} = 9.7 \times 10^{-23}\,\mathrm{kg\cdot m/s}$．
 (2) 式 (11.16) を用いると，$\lambda = h/p = 6.9 \times 10^{-12}\,\mathrm{m}$

7. $E_k = eV = 1.60 \times 10^{-19}\,[\mathrm{C}] \times V\,[\mathrm{J/C}] = 1.60 \times 10^{-19}\,V\,[\mathrm{J}]$．これを式 (11.20) に代入する．

8. $\hat{H}\varphi_1(x) = E_1\varphi_1(x)$．$\hat{H}\varphi_2(x) = E_2\varphi_2(x)$ これから，
$$\hat{H}\varphi_c(x) = (a_1 E_1 + a_2 E_2)\varphi_c(x)$$

9. $E = \hbar^2(k_x^2 + k_y^2 + k_z^2)/(2m)$

10. (1)
$$\int_0^L |\varphi_1(x)|^2 dx = \frac{2}{L}\int_0^L \sin^2\left(\frac{\pi}{L}x\right)dx$$
$$= \frac{2}{L}\int_0^L \frac{1-\cos\left(\frac{2\pi}{L}x\right)}{2}dx$$
$$= \frac{2}{2L}\left[x - \frac{L}{2\pi}\sin\left(\frac{2\pi}{L}x\right)\right]_0^L$$
$$= 1$$

 (2)
$$\langle x \rangle = \int_0^L x\,|\varphi_n(x)|^2 dx$$
$$= \frac{2}{L}\int_0^L x\sin^2\left(\frac{n\pi}{L}x\right)dx = \frac{L}{2}$$
$$\langle x^2 \rangle = \int_0^L x^2|\varphi_n(x)|^2 dx$$
$$= \frac{2}{L}\int_0^L x^2\sin^2\left(\frac{n\pi}{L}x\right)dx$$
$$= \frac{L^2}{3} - \frac{L^2}{2n^2\pi^2}$$
$$(\Delta x)^2 = \langle x^2 \rangle - \langle x \rangle^2 = \left(\frac{L^2}{3} - \frac{L^2}{2n^2\pi^2}\right) - \left(\frac{L}{2}\right)^2$$
$$= \left(\frac{1}{12} - \frac{1}{2n^2\pi^2}\right)L^2$$

11. $u_{2,0,0} = C(2 - r/a)e^{-r/(2a)}$ と書くと，
$\partial u/\partial r$
$\quad = C(1/a) \times \{-2 + r/(2a)\}e^{-r/(2a)}$，
$\partial^2 u/\partial r^2$
$\quad = C\{1/(2a^2)\}\{3 - r/(2a)\}e^{-r/(2a)}$，
これらと，$a$ および $E$ を式 (11.55) へ代入する．

12. 電子を見出す確率は，$r^2\{R(r)\}^2$ に比例する．$R(r) = C_1 e^{-r/a}$ と書くと，

$r^2\{R(r)\}^2 = C_1^2 r^2 e^{-2r/a}$

である．最大では，これの微分が 0 であるから，$2r-(2r^2/a)=0$．つまり，$r=a$ で最大になる．

13. $S$ の大きさは，$(\sqrt{3}/2)\hbar$ であり，$S_z$ は，$\pm(1/2)\hbar$ である．

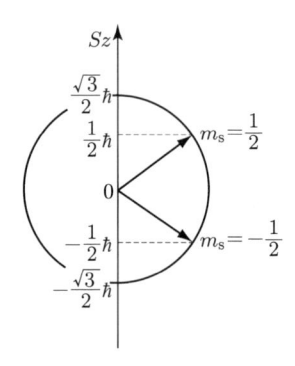

[図: $S_z$ の図。縦軸に $\frac{\sqrt{3}}{2}\hbar$, $\frac{1}{2}\hbar$, $0$, $-\frac{1}{2}\hbar$, $-\frac{\sqrt{3}}{2}\hbar$ の目盛り。$m_s=\frac{1}{2}$ と $m_s=-\frac{1}{2}$ のベクトル。]

14. $1s^2 2s^2 2p^6 3s^2 3p^6 3d^{10} 4s^2 4p^2$

15. (1) $E-E_F=0.55\,\text{eV}$．(2) 式 $(11.88)$ を用いる．$e^{0.55/0.026} \gg 1$ であるから，$f=\exp(-0.55/0.026)=6.5\times10^{-10}$．(3) $\exp\{-0.55\times1.6\times10^{-19}/(1.38\times10^{-23}T)\}=6.5\times10^{-7}$ から $T$ を求める．$T=450\,\text{K}=180°\text{C}$

16. (1) $\lambda_{\min}=hc/(eV[\text{kV}])$ この式に $e, h, c$ の値を代入する．
$\lambda_{\min}=(1.24\times10^{-9}/V)\,[\text{m}]$
$=(1.24/V)\,[\text{nm}]$
(2) $0.124\,\text{nm}\,(=1.24\,\text{Å})$

17. $m, e, h, c$ の値を代入する．ただし，$1/(4\pi\varepsilon_0)=9.0\times10^9\,\text{Nm}^2/\text{C}^2$

18. $\lambda=6\times10^{-7}\,\text{m}$ の光子 1 個のエネルギーは，$E=hc/\lambda=3.3\times10^{-19}\,\text{J/個}$
$0.01[\text{W}]=0.01[\text{J/s}]$ であるから，$0.01[\text{J/s}]/(3.3\times10^{-19}[\text{J/個}])=3\times10^{16}\,[\text{個/s}]$

19. 式 $(11.16)$，つまり，$p=h/\lambda$ の両辺を微分すると，$dp/d\lambda=-h/\lambda^2$．したがって，$|\Delta p|=(h/\lambda^2)|\Delta\lambda|$．不確定性原理の式 $(11.22)$ にこれを用いると，$\Delta x \fallingdotseq h/|\Delta p|=\lambda^2/|\Delta\lambda|$．これに，$\Delta\lambda/\lambda=10^{-8}$ を代入すると，$\Delta x \fallingdotseq \lambda/10^{-8}=10^{-10}\,\text{m}/10^{-8}=10^{-2}\,\text{m}$

20. (1) $\Phi(\varphi)=K_1\varphi+K_2$ に，$\Phi(\varphi+2\pi)=\Phi(\varphi)$ という条件を用いると，$K_1(\varphi+2\pi)+K_2=K_1\varphi+K_2$．したがって，$K_1=0$
(2) 式 $(11.65)$ で，$m_l=0$ とすると，$\Phi(\varphi)=K$ となる．つまり，定数．

21. アンチモン（Sb）原子（$Z=51$）の電子配置は，
$1s^2 2s^2 2p^6 3s^2 3p^6 3d^{10} 4s^2 4p^6 4d^{10} 5s^2 5p^3$．
閉殻の外に 5 個の電子があり，そのうちの 4 個は，Si と同様に共有結合に使われる．残りの 1 個は自由電子になりやすい．このように n 型になる不純物をドナー（donor）という．

# 索　引

### 英字先頭

$LCR$ 回路　170
$LC$ 回路　169
n 型半導体　238
p 型半導体　238
P 偏光　75
S 偏光　75
X 線　195
X 線回折　195

### あ　行

圧縮応力　55
アンペールの法則　147
位置エネルギー　26
位置ベクトル　1
移動度　142
運動エネルギー　24, 192
運動の第 1 法則　10
運動の第 3 法則　13
運動の第 2 法則　11
運動方程式　11
運動量　35
運動量保存則　36
永久電流　143
永久ひずみ　55
液化　95
エネルギーギャップ　233
エネルギー帯　232
エネルギー等分配の法則　90
エルステッド　134
エントロピー　108
エントロピー増大の法則　109
応力　55
オットー・サイクル　112
オームの法則　142
音速　177
温度　84

音波　176

### か　行

ガイガー-ミューラー管　138
外積　5
回折　67, 73
回折格子　73
回転の運動方程式　44
ガウスの法則　117
可干渉距離　69
可干渉性　69
可逆変化　103
角運動量　39
角運動量保存則　41
拡張されたアンペールの法則　158
確率密度　215
過減衰　167
重ね合せの原理　115
可視光　62
加速度　6
加速度ベクトル　6
価電子帯　238
カマリング・オネス　143
ガリレイ変換　184
カルノー・サイクル　101
カルノーの定理　105
干渉　67
慣性系　19
慣性の法則　10
慣性モーメント　44
慣性力　20
完全流体　57
観測　217
気化　95
幾何光学　62
期待値　217
基底状態　203

起電力　140
軌道角運動量　222
軌道量子数　222
基本振動　180
逆2乗則　114
キャリア　140
キュリー温度　131, 136
凝固　95
強磁性体　136
凝縮　95
共振　156, 169
強制振動　168
共鳴　169
共有結合　231
強誘電体　131
屈折の法則　63
屈折率　64
クラウジウスの関係式　107
クラウジウスの原理　103
クラッド　80
クーロン　113
クーロンの法則　114
クーロン力　114
原子核　202
原子スペクトル　202
原子の構造　201
原子番号　201
原子量　201
減衰振動　167
コア　80
光学距離　67
光子　205
格子定数　73
光速度一定　185
抗電界　132
光電効果　204
降伏点　55
効率　101
光路差　68
光路長　67
コーティング　72
コンデンサー　125
コンプトン効果　206

## さ 行

サイクル　99
サイクロトロン運動　148
作業物質　99
作用反作用の法則　13
残留磁化　137
磁化　135
磁荷　134
磁界　134
時間間隔　190
磁気モーメント　135, 224
磁区　137
自己インダクタンス　153
仕事　22
仕事関数　205
仕事率　23
磁石　135
磁性体　135
自然光　75
自然放出　78
磁束　136
磁束密度　135
ジャイロ半径　148
周期　165
周期律　230
重心　34
自由電子　122, 234, 238
自由粒子のシュレーディンガー方程式　212
シュテファン-ボルツマンの法則　86
主量子数　222
シュレーディンガー方程式　212
準静的過程　97
昇華　95
常磁性体　135
状態密度　235
状態量　87
常誘電性　131
真空　92
シンクロトロン軌道放射　82
真性半導体　238
真電荷　129
振動　164
振動数　165
振幅　165
水素分子　230

| | |
|---|---|
| スネルの法則　63 | 弾性限度　55 |
| スピン角運動量　225 | 弾性定数　56 |
| スピン磁気量子数　225 | 断熱過程　98 |
| スペクトル　76 | 単振り子　166 |
| 静圧　59 | 力のモーメント　38 |
| 正弦波　177 | 超伝導　143 |
| 正孔　238 | 調和振動　165 |
| 静止エネルギー　193 | 直線偏光　75 |
| 静止質量　192 | 低圧気体放電　199 |
| 正常ゼーマン効果　224 | 定圧モル比熱　97 |
| 静電気　113 | 定常状態　203 |
| 静電気力　113 | 定常状態のシュレーディンガー方程式　213 |
| 静電遮へい　123 | 定常波　180 |
| 静電誘導　123 | 定常流　57 |
| 絶縁体　128, 238 | 定積モル比熱　96 |
| 接線応力　55 | ディーゼル・サイクル　112 |
| 絶対温度　84 | デシベル　178 |
| 絶対屈折率　64 | 電位　121 |
| 潜熱　95 | 電位差　121 |
| 全反射　64 | 電荷　113 |
| 相　94 | 電界　115 |
| 総圧　59 | 電気感受率　129 |
| 双極子放射　159 | 電気振動　155 |
| 相互インダクタンス　152 | 電気素量　122, 200 |
| 相対屈折率　63 | 電気抵抗　142 |
| 相対性原理　185 | 電気伝導率　142 |
| 相対論的質量　192 | 電気容量　124 |
| 相転移　94 | 電気力線　116 |
| 速度　2 | 電子　199, 200 |
| 速度ベクトル　2 | 電子回折　208 |
| 塑性　54 | 電磁波　160 |
| 疎密波　172 | 電子配置　228 |
| ソレノイド　147 | 電磁誘導　150 |
| | 電束密度　130 |

## た　行

| | |
|---|---|
| 第1種永久機関　104 | 点電荷　114 |
| 対称　227 | 伝導帯　238 |
| 体積弾性率　176 | 電流　140 |
| 体積抵抗率　142 | 動圧　59 |
| 第2種永久機関　104 | 同位体　201 |
| 対流　85 | 透磁率　134 |
| 縦波　171 | 導体　122, 237 |
| 単色光　63 | トムソンの原理　103 |
| 単振動　165 | トリチェリーの定理　60 |
| 弾性　54 | ドリフト速度　142 |
| | トロコイド波　172 |

## な 行

内積　5
内部エネルギー　90
長さ　189
二重性　209
入射面　63
ニュートンの冷却の法則　86
ニュートンリング　72
音色　180
熱　84
熱機関　99
熱伝導　85
熱平衡　84
熱放射　85
熱容量　85
熱力学的絶対温度　106
熱力学の第1法則　96
熱力学の第2法則　104
粘性流体　57

## は 行

倍振動　180
パウリの排他原理　228
白色光　63
波数　160, 177
破断点　55
波動　171
波動関数　212
波動光学　62
波動性　209
波動方程式　160, 173
ハミルトニアン　213
波面　67
腹　180
波列　68
反磁性体　135
反射の法則　63
反射防止膜　72
反対称　227, 230
反転分布　79
半導体　238
万有引力　16
非圧縮性流体　57
ビオ-サヴァールの法則　145
光通信　80
光の分散　76
光ファイバー　80
非干渉性　69
ひずみ　55
引張応力　55
比電荷　200
ピトー管　60
比熱　85
比熱比　99
比例限度　55
ファラデーの電磁誘導の法則　151
ファン・デル・ワールスの状態方程式　87
フェルマーの原理　65
フェルミ準位　236
フェルミ-ディラック分布　236
フォトンファクトリー　82
フォン　179
不可逆変化　103
不確定性原理　210
復元力　164
節　180
フックの法則　55
物質波　207
ブラウン管　148
フラウンホーファー回折　73
ブラッグの条件　197
プランク定数　205
フレネル回折　73
フレミングの左手の法則　149
分域　132
分解能　77
分極　129
分極電荷　128
分光器　76
平均自由行程　91
平面偏光　75
ヘルツ　159
ベルヌーイの定理　59
変位電流　158
変位ベクトル　2
偏角　76
偏光　75
偏光板　75
ボーア半径　203
ボイル-シャルルの法則　87

放射光　82
法線応力　55
保磁力　137
保存力　25
ボルツマン因子　93
ボルツマン定数　90
ボルツマンの関係式　110
ホログラフィー　80
ポンピング　79

## ま　行

マイケルソン-モーレーの実験　185
マイスナー効果　144
マイヤーの関係　97
マクスウェルの電磁方程式　158
マクスウェル-ボルツマンの速度分布則　93
マクスウェル-ボルツマン分布　237
摩擦電気　113
マリュスの法則　75

## や　行

ヤングの実験　67
ヤング率　56
融解　94
誘電体　128
誘電分極　128
誘電率　130
誘導起電力　151
誘導磁界　158
誘導電流　151
誘導放出　78

ゆらぎ　218
横波　160, 171
よどみ点　59

## ら　行

力学的エネルギー保存則　28
理想気体　87
理想気体の状態方程式　87
流管　57
流線　57
流体　56
流量　58
リュードベリ定数　202
量子数空間　235
量子条件　203
量子数　215
履歴曲線　132
臨界温度　143
臨界角　64
臨界磁界　144
臨界制動　167
臨界点　88
臨界電流　144
レイリー干渉計　82
レーザー　78
連続の方程式　58
レンツの法則　151
ローレンツ変換　188
ローレンツ変換における速度の合成則　188
ローレンツ力　149

### 監修者，編集者，執筆者紹介

**監修者**

小暮 陽三　埼玉大学名誉教授・理学博士
(故人)

**編集者**（執筆も兼ねる）

潮　秀樹　東京工業高等専門学校名誉教授・理学博士
(故人)
中岡鑑一郎　茨城工業高等専門学校名誉教授・理学博士

**執筆者**（五十音順）

大野　秀樹　東京工業高等専門学校教授・博士(物理学)
竹内　彰継　米子工業高等専門学校教授・博士(理学)
宮本止戈雄　奈良工業高等専門学校名誉教授

**執筆協力者**

今井　清保　元石川工業高等専門学校教授・理学博士
(故人)
津金　祥生　元東京工業高等専門学校教授
(故人)

---

高専の応用物理（第2版）　　　　　　　Ⓒ　小暮陽三（代表）　2005

1995年4月8日　　第1版第1刷発行　　　【本書の無断転載を禁ず】
2005年3月31日　　第1版第14刷発行
2005年12月12日　第2版第1刷発行
2024年3月19日　　第2版第19刷発行

監 修 者　小暮陽三
発 行 者　森北博巳
発 行 所　森北出版株式会社
　　　　　東京都千代田区富士見1-4-11　（〒102-0071）
　　　　　電話　03-3265-8341／FAX　03-3264-8709
　　　　　https://www.morikita.co.jp/
　　　　　日本書籍出版協会・自然科学書協会　会員
　　　　　JCOPY　＜(一社)出版者著作権管理機構 委託出版物＞

落丁・乱丁本はお取替え致します　　　印刷/中央印刷・製本/協栄製本

Printed in Japan／ISBN 978-4-627-15102-4

# MEMO

# MEMO